碳硅泥岩型铀矿地质地球物理综合研究
——以湖南省怀化地区为例

成剑文　著

吉林大学出版社

·长春·

图书在版编目（CIP）数据

碳硅泥岩型铀矿地质地球物理综合研究 ： 以湖南省怀化地区为例 / 成剑文著． － 长春 ： 吉林大学出版社，2020.11
ISBN 978-7-5692-7867-5

Ⅰ．①碳… Ⅱ．①成… Ⅲ．①铀矿床－地球物理勘探－研究－怀化 Ⅳ．① P619.140.8

中国版本图书馆 CIP 数据核字 (2020) 第 244837 号

书　　名：碳硅泥岩型铀矿地质地球物理综合研究——以湖南省怀化地区为例
TANGUINIYANXINGYOUKUANG DIZHI DIQIU WULI ZONGHE YANJIU
——YI HUNAN SHENG HUAIHUA DIQU WEI LI

作　　者：成剑文　著
策划编辑：邵宇彤
责任编辑：单海霞
责任校对：高珊珊
装帧设计：优盛文化
出版发行：吉林大学出版社
社　　址：长春市人民大街4059号
邮政编码：130021
发行电话：0431-89580028/29/21
网　　址：http://www.jlup.com.cn
电子邮箱：jdcbs@jlu.edu.cn
印　　刷：定州启航印刷有限公司
成品尺寸：170mm×240mm　　16开
印　　张：18.25
字　　数：329千字
版　　次：2020年11月第1版
印　　次：2020年11月第1次
书　　号：ISBN 978-7-5692-7867-5
定　　价：69.00元

前　言

铀是实现我国现代化建设和社会和谐发展的一种十分重要的战略能源。目前，我国核电装机容量约占全国电力装机总容量的 4%。每年需要放射性铀金属约 7 000 t，这就需要大力开展铀矿床的勘探和铀矿产资源的评价工作，建设更多新的矿山基地和扩大老矿山基地的资源量来提供丰富的铀矿资源。

湖南省怀化地区是我国重要的碳硅泥岩型铀矿富集成矿区之一。前人已在此做了一定的基础地质和矿产勘查工作，但以往工作侧重于某些区块或某些基础地质地球物理问题，对于全地区性的地质、地球物理研究以及综合找矿模型研究还较为薄弱，这就影响到铀矿勘探的部署与开发。因此，开展湖南省怀化地区地质地球物理综合模型的研究，不但有助于深化对研究区铀成矿作用的进一步认识，预测本区铀成矿远景区，而且会为地质找矿工作提供新的理论指导。本研究以国土资源大调查项目"怀化、沅陵地区铀资源远景调查"为依托，以野外地质、矿产、地球物理、地球化学等最新资料为依据，以基于 GIS（地理信息系统）的综合信息成矿预测理论、地质异常成矿预测理论、物化探异常成矿理论预测为指导，探讨了湖南省怀化地区碳硅泥岩型铀矿床成矿的地质背景、地质条件、地质特征、地球化学特征、地球物理特征，揭示了研究区铀成矿的基本规律，初步建立了研究区铀成矿模型及地质地球物理综合找矿模型，并应用这些模型对本区铀成矿远景区进行了预测，取得了一定成果。本研究还针对研究区铀矿化特征、控矿因素进行了研究，取得了研究区部分区域的地质异常定量预测成果，这对今后寻找到更多的铀矿资源，解决国内铀矿产品需求量快速增长与原料短缺的矛盾具有重要的意义。

在典型矿床的研究方面，本次研究选择了麻池寨矿床、上龙岩矿床、永丰矿床做了重点调研，从它们的成矿构造背景、地层、矿床地质、铀矿化、矿床模式等方面进行了系统研究和探索。通过对比它们的地质特征，总结了其成矿规律，并分析了其矿床成因。以这三个典型矿床为基础，总结了研究区沉积 – 成岩亚型、热液亚型和外生渗入亚型三种类型铀矿床的成矿构造背景、地层、矿床地质、铀矿化、矿床模式等方面的规律，这对本区碳硅泥岩型铀矿找矿工作和扩大铀矿床规模，具有一定的指导意义。

在区域成矿方面，本次研究从铀源、岩浆、构造、岩相古地理、气候、水文等方面论述了研究区铀的来源和铀矿的形成过程。针对不同的铀成矿条件，选择不同的方法寻找铀矿层，进一步扩大了铀资源量。通过对时间、空间、地层、叠加、淋失、脉体、构造和地球化学成分等控矿因素的研究，确定了铀成矿的年代和所在位置，确立了陡山沱组、留茶坡组、小烟溪组三个层位是研究区铀矿的主要含矿层位，对所在地层地球化学演化与铀矿富集作用的关系进行了探讨。

铀矿资源的勘探离不开地球物理和地球化学方法，研究区应用了重力、放射性、^{210}Po 等物探方法对区域异常进行了探测，大致确定了研究区的主要含矿构造和含矿区域。同时应用高精度磁测、径迹测量、氡气测量、电法测量、放射性测量、^{210}Po 测量等物探方法对一些重点矿床进行了探测，查明了矿体的大致位置及延伸方向。特别是对三个典型矿床中的田慢村、大龙潭、张家滩地区进行了综合地球物理测量，取得了这些地区含矿构造的位置和铀矿的大致分布范围。应用元素分散晕方法在研究区也取得了一定成果，通过在麻池寨矿床、上龙岩矿床、永丰矿床取样、分析和计算，绘出了这三个矿区的 U、V、Mo 元素分散晕图。可见铀矿床发育区形成明显面状的 U、Mo、V 元素地球化学异常晕，而且面积较大，三个晕圈的中心基本一致。经实地验证表明：当三种元素晕圈重叠时，在深部能见到工业矿体；而单铀晕圈，不伴随有 V、Mo 元素地球化学异常晕圈时，则无铀的矿化。在区域上则可以根据元素次生晕圈与航空伽马异常是否重叠，来确定含铀矿床的大概位置。

本次研究，取得主要成果如下。

（1）第一次在本地区建立了较为齐全的含铀岩系"组、段、层"级岩石地层单位及层序地层系统，合理地建立了 8 个系级地层单位。将上震旦统一下寒武统含铀岩系划分出"组、段、层"级岩石地层单位 34 个，其中上震旦统陡山沱组划分为三段 7 层，留茶坡组划分为三段 11 层，下寒武统小烟溪组划分为二段 6 层。

（2）确定了工作区含铀岩系"二条古构造，二个海洼盆地，总体为浅海沉积"的岩相古地理格局。

（3）查明了黄岩—楼溪褶皱系三级褶皱流变学特征，恢复了四期褶皱变形。

（4）根据重力异常特征，对重力场进行了分区，划分出 2 个重力场大区和 7 个重力异常小区，并提取局部重力异常 7 个，其中重力高异常 5 个，重力低异常 2 个，对其逐个进行了地质起因的定性分析；对主要异常进行了半定量剖面反演计算，初步确定了各地质体（密度层）的产出状态。

（5）在岩性突变位置，一般出现强正负磁异常。在层间破碎带上方一般出现负磁异常，异常规模随破碎带规模愈大而愈强。如果磁异常上方出现较强的伽马异常，则指示有含矿破碎带的存在。

（6）根据本区层间褶皱两翼伴生的脆性剪切破裂含矿构造的主要地球物理场具有低磁性、低重力、放射性含量较高等特征，利用地面高精度磁测、重力测量、地面伽马测量、^{210}Po 等测量方法对测区构造及铀矿化进行快速定位，追索隐伏的构造及隐伏铀矿化。这几种方法具有操作简便、迅速、受地形因素影响较小等特征，对于扫面和找寻重点成矿有利地段、查明层间褶皱及伴生的含铀脆性剪切构造的展布情况有很好的效果。

（7）铀矿石与非矿岩石中的元素共生组合是不同的，次生晕异常与铀矿床有一定的内在联系。根据次生晕异常元素的不同，可以区分该地区矿床是否为含铀矿床。

（8）有次生晕的部位，伽马异常低的地区也可能是深部含矿地区。

在取得一定的地质、地球物理和地球化学成果的同时，在研究区建立了地质、地球物理以及地球化学找矿模式和成矿模型，并在这些模式、模型的基础上建立了矿床和区域地质地球物理综合模型，主要成果如下。

（1）建立了区域找矿模型：针对研究区沉积 – 成岩亚型、热液亚型和外生渗入亚型矿床分别建立了侧重点不同的地质地球物理找矿模型。建立找矿模型的目的主要是通过对区域地质、航空能谱、地面物化探测量资料综合分析并结合地面调查和放射性测量结果圈出成矿远景地区。

（2）建立了矿床成矿模式、找矿模型：针对研究区沉积 – 成岩亚型、热液亚型和外生渗入亚型矿床分别建立了不同的成矿模式。针对不同的成矿模式建立了沉积 – 成岩亚型、热液亚型和外生渗入亚型矿床的找矿模型。

（3）建立了矿床、区域地质地球物理综合找矿模型。

①矿床综合找矿模型的建立。以金银寨矿床为例，利用地质、物探、放射性、化探相结合的方法建立了矿床综合找矿模型，并对隐伏铀矿床进行了预测。应用矿床综合找矿模型在探索已知和未知的矿床上，取得了一定的效果，能够探明这些矿床矿体的大概位置和范围。

②区域地质地球物理找矿模型的建立。通过对研究区区域成矿地质模型、地球物理模型的研究，确立了基于 GIS 技术平台的铀矿产资源评价系统（MRAS，mineral rensource assessment system）为核心资源评价方法。按照野外和室内工作相结合、理论和实际工作相结合的原则，在综合分析与解译研究区

已有的地质、物探、化探等各种信息的基础上，提取研究区地质、物探、化探变量，构置预测变量，对本区各种信息综合分析，从而定量圈定铀找矿预测远景区，实现研究区铀矿产资源的定位评价，为研究区铀矿勘查提供了科学依据。

区域综合模型的建立主要通过以下几方面。

（1）充分收集研究区已有的地质、矿点、构造、物探（包括航磁和重力）、放射性、化探等资料，按1:20万精度编图。

（2）在区域铀成矿地质背景、铀成矿规律和评价典型铀矿床研究的基础上，建立燕山期和喜马拉雅期有关的铀成矿系列找矿模式，确定研究区燕山期和喜马拉雅期碳硅泥岩有关的铀成矿的控矿因素。

（3）地质统计单元的划分，地质变量提取、赋值与模型单元的选择。

（4）在地、物、化等多源地学信息分析处理和解译的基础上，通过定性和定量的研究，确定碳硅泥岩型铀矿异常信息专题图层。

（5）利用MRAS软件提供的矿产资源评价功能，研究分析研究区已知铀矿床点与控矿因素的空间关系和分布规律，从而实现地质统计单元对地、物、化等综合铀异常信息专题图层信息的有机关联，建立地质统计单元为因变量，各地学信息为自变量的可计算的矩阵。

（6）对地质统计单元内铀综合异常信息进行统计分析，按地质统计单元的信息权重定量圈定找矿预测远景区。

研究区首次采用了综合信息地质单元法中的特征分析法和证据权法进行矿产资源预测。在预测中，成矿概率采用的是线性插值的计算方法，分组数的设置主要依据每组关联度平均值的模型、单元的个数和见矿概率的大小等方面设定。本次定位预测设置55组。

应用以上综合模型，在研究区进行了找矿远景区预测，取得较好效果。共找到55片远景区，其中A类远景区1处、B类远景区8处、C类远景区46处。

总之，碳硅泥岩型铀矿地质学是一门新兴的地学分支，本书已对碳硅泥岩型铀矿勘探和预测做了初步的研究，并建立了相关的理论模型，为迎接我国下一轮碳硅泥岩型铀矿大规模勘查，提供了必要的基础资料与技术储备。今后的工作中，需要在此基础上做进一步加强勘探理论和模型的研究，为我国寻找更多有铀矿资源做贡献。

成剑文

2020年10月

目 录

第1章 绪 论

1.1 研究选题的依据和来源

铀是一种十分重要的战略资源，在保障我国国家安全和能源供应方面起着十分重要的作用。目前我国的核电装机容量约达全国总电量的 4%，每年需要放射性铀约 7 000 t，这就需要建设新的铀矿山基地和对老矿山进行潜力评价，来满足国家和社会对铀矿资源的需求。本书就是在寻找碳硅泥岩铀矿方面进行了一些有益的尝试，期望能对这一类型铀矿找矿研究方面有所帮助。

"碳硅泥岩型"铀矿床是我国主要铀矿床类型之一，在湖南分布相当广泛。研究区位于湖南省怀化地区，是我国重要的碳硅泥岩型铀成矿带（雪峰山铀成矿带）之一（图 1-1）。笔者参加的湖南省怀化地区碳硅泥岩型铀矿成矿规律和成矿预测，属"全国铀矿资源潜力评价"项目之一，由中国地质调查局下达，项目实施单位为中国核工业地质局，承担单位为核工业 230 研究所。起止时间为 2012 年 1 月—2014 年 12 月，工作周期为 3 年。

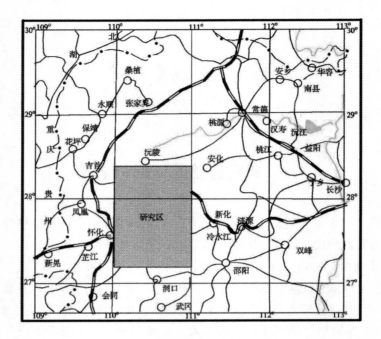

图 1-1 研究区交通位置图

1.2 研究区概况

1.2.1 研究区范围和自然地理条件

1. 研究区范围

研究区范围为东经：110°00′00″ ~ 111°00′00″，北纬：27°20′00″ ~ 28°40′00″，面积约 980 km²。地形上主要以雪峰山脉为主，主要涉及的 1:5 万国标分幅为怀化黄岩地区：G49E002009、G49E002010、G49E003009、G49E003010 和 G49E004009。

2. 交通位置

研究区位于湖南省西部，属于湘西自治州及怀化市、益阳市管辖。区内交通方便，湘黔铁路通过本区西部与焦柳铁路交会于怀化市。公路贯穿全区，怀化—邵阳、怀化—辰溪、怀化—麻阳、怀化—芷江皆有客班车，简易公路沟通各乡镇。其余则为林场和村庄间简易土路，研究区东临长年通航的沅江，每天有往返客轮南北对开，可直达洞庭湖。

3.自然地理概况

研究区整体地势南东高、北西低，地形切割厉害，山高谷深，峭壁林立（图 1-2）。山脉多呈北东走向。西南部海拔一般为 700 ～ 900 m，相对高差 350 ～ 500 m，西北面的凉山海拔 1 174.40 m，为本区最高峰。东北部一般海拔为 450 ～ 650 m，相对高差 100 ～ 250 m。区内水资源较丰富，东部的沅江是湖南省四大江之一。山间溪流多受地形影响，东北部较西南部发育，大部东流注入沅江。该区为温带山区气候，年气温变化较大，夏季最高温度为 38 ℃，冬季最低温度为 –5 ℃，年降雨量为 1 000 mm 左右。深冬初春寒冷，普降霜雪，春末夏初为雨季，阴雨连绵。夏末秋初，天气炎热，深秋干旱少雨。工作区植被发育，草深林密，仅在陡壁悬崖之处才见基岩。

图 1-2　研究区地貌图

1.2.2　经济情况

当地居民皆为汉族，东北部人口较密，乡镇、村落主要在铁路、公路沿线；西南部人口较少。居民主要从事农业、林业活动。农产品以稻谷为主，玉米、甘薯次之。木材、木炭、毛竹是居民的主要经济来源。除怀化市区外，工业不发达，北部有怀化地区办的磷矿、泸阳县磷肥厂。其他皆为乡镇集体企业及个体企业，有加工厂、小煤窑、小水电等。农村经济不活跃，属贫困山区，劳动力缺乏。

1.3　国内外研究现状与发展趋势

1.3.1　国内研究现状与发展趋势

1. 勘探现状与发展趋势

我国碳硅泥岩型铀矿勘探工作经历了起步、大发展、调整、再发展、再调整的过程。

（1）起步—发展期阶段（1955—1960 年）：1955 年 9 月，航空伽马测量在金银寨地区二叠系内发现航空异常，经地面伽马详测和揭露后，认为成矿远景好。1957 年 1 月，提交了金银寨矿床的第一批工业储量。

1955 年，209 队 4 小队对贵阳工学院标本陈列室白马洞汞矿标本检查时，发现其具有较强的放射性，经现场放射性测量，证实存在铀异常。后经详查、初勘和勘探，1960 年，提交储量报告，落实为中型碳硅泥岩型汞 – 铀共生矿床。

1956 年，在华东地区开展航空伽马测量时，发现了上饶坑口 20 号异常，后经评价和研究，于 1958 年提交了一个小型碳硅泥岩型风化壳型铀矿床。

1956 年，在桂北苗儿山花岗岩体外接触带下寒武统碳硅泥岩层内发现了果园里、金鸡岭异常点，在越城岭花岗岩体东侧外接触带的下、中泥盆统碳酸盐岩层内经研究发现了矿山脚异常，在湖南省九嶷山花岗岩体外接触带的下寒武统碳硅泥岩层内研究发现了牛头江、大湾、庙冲等矿化点。

1957 年，309 大队 1 队在安化、烟溪一带上震旦统—下寒武统碳硅泥岩系中开展 1∶50 000 伽马测量，先后发现了老卧龙、十八渡等异常，经初步研究，地表有一定的规模。同年航空伽马测量发现了黄材、泗里河、隆家村等异常。

1958 年，"碳硅泥岩型"铀矿研究范围进一步扩大到湖北省、河南省。同年，陕西省地质局在安康地区也发现了碳硅泥岩型铀矿化。

在 1958—1960 年间，在湖南省九嶷山岩体外接触带碳硅泥岩层中发现了麻江河、庙冲、香草等矿点。在诸广花岗岩体中段外接触带发现了梨花开、沙坝子等矿点。在雪峰山地区的上震旦统—下寒武统中，先后发现了麻池寨、荔枝溪、潘公潭、铜湾等矿化点，在桂北资源县土地坳也发现了矿化点（后发展为铲子坪矿床）。在这期间航空伽马测量还发现了马鞍肚、尖山、岳村等矿化异常点。

（2）收缩调整时期（1961—1963 年）：1961 年后，开始进行经济调整。铀矿勘查研究工作提出"既近又富、缩短战线"的调整工作方针。四川省地质局川西北 202 队、405 队研究发现了产于下志留统硅质岩—灰岩层中的降扎矿床，湖南地质局 418 队在湘西发现了岩湾矿床，并对这些矿床进行了深入研究。

（3）普查揭露为主阶段（1964—1985 年）：1964 年，铀矿地质队伍又重返碳硅泥岩型铀成矿远景区，先后开始对大新、铲子砰、老卧龙、十八渡、烟溪等老矿点进行研究。1970 年，先后探明了大新、中长沟铀矿床，开辟了新的产矿层位、成矿环境和含矿主岩，拓宽了找矿研究领域。

1972 年，华东地质勘探局（原华东 608 大队）到修水地区开辟新区。1975 年，267 大队到修水一带主攻研究上震旦统—下寒武统碳硅泥岩型铀矿化。并在董坑地区的勘查中取得了突破，落实了董坑小型矿床，找到了保峰源矿床和茨窝里、来塘两个矿点。在黔北地区的寒武系和二叠系的灰岩构造破碎带研究中，发现了一批有价值的铀矿点，对大鱼塘矿点进行揭露，落实为一小型矿床。

（4）新一轮收缩调整阶段（1980—2005 年）：20 世纪 80 年代中期后，随着我国改革开放、经济转型，这时基于国内对铀资源量的需求不大，铀矿地质队伍与地质工作也开始进行大的调整。

（5）重新起步阶段（2005 年后）：进入 21 世纪后，我国核电站建设快速发展，对铀资源的需求大幅度增加。2005 年，中国核工业地质局在若尔盖矿田进行找矿研究，陕西省核工业地质局在安康地区进行碳硅泥岩型铀成矿前景研究，广西 310 大队重新在铲子坪、广子田矿床外围进行普查等。这段时期，在上震旦统—下寒武统的白云岩、硅质泥岩、碳质泥岩、碳硅质泥岩中先后探明了铲子坪、老卧龙、麻池寨等大、中型矿床。在泥盆系、石炭系中，先后探明了大新、马鞍肚、垒头等矿床。

2. 研究现状与发展趋势

在开展勘探工作的同时，科研工作也取得了很大的进展。

20 世纪 60 年代末至 20 世纪 70 年代初，北京第三研究所和中南地质勘探局研究人员运用铀源层的概念，探讨了淋积成矿的规律性。

1976 年，涂光炽院士撰写了"大面积、长期发展的灰、硅、泥岩建造中与岩浆活动无明显联系的矿床组合及铀矿找矿方向问题探讨——以我国西南和秦岭地区为例说明"的学术报告。

1982 年 6 月，北京第三研究所编著了《碳硅泥岩型铀矿床文集》，系统地总结了碳硅泥岩型铀矿床的分类、矿化特征、形成和分布规律及找矿地质判据。[①]

1982年11月，核工业230研究所编著了《雪峰山地区云硅泥岩型铀矿床论文集》，全面总结了雪峰山地区的碳硅泥岩型铀矿化特征和成矿规律。[1]

1983年12月，张宝成撰写了《雪峰山西北缘震旦系上统—寒武系下统沉积相及早期铀矿化特点》。对雪峰山地层所分布的沉积相以及早期的铀矿化特点、沉积成岩阶段铀矿化特征、富集情况进行了详细描述。[2]

1986年2月，徐家伦撰写了《淋积型铀矿床的成矿特点》，对雪峰山区隆起带的震旦—寒武纪地层里淋积型铀矿床进行了描述，评价了该类型铀矿矿化点、带，总结了淋积型铀矿床的成矿特点和规律。[3]

1987年1月，黄广荣、庞玉蕙撰写了《碳硅泥岩型铀矿床地下水中铀的存在形式及其沉淀的物理化学条件》，主要认为在这类矿床的形成过程中，地下水对铀的活化、迁移和沉淀富集都起着重要作用。这类矿床地下水中铀的存在形式及沉淀条件的研究，是其成矿规律研究的重要组成部分。文中对四个矿床的地下水进行了分析研究。确定了铀的五种存在形式及其沉淀的物理化学条件。[4]

1989年，毛裕年、闵永明撰写了《西秦岭碳硅泥岩型铀矿》，讨论了碳硅泥岩铀矿床的成矿流体成因和成矿模式。[5]

1987年，张待时撰写了《碳硅泥岩型铀矿床》，对该类铀矿床进行了分类，主要以含矿主岩的主要岩石类型为依据，进行了重新分类。[②]

1993年，杜乐天撰写了《我国碳硅泥岩型金（铀）成矿规律与远景预测》，论述了我国碳硅泥岩型铀矿的地质特征以及铀成矿时代，碳硅泥岩中铀成矿的时空分布规律与我国有关地区地壳演化及地壳运动的关系，对我国碳硅泥岩型铀矿进行了远景预测。[③]

1991年，核工业270研究所梁发辉撰写了《"江南古陆"北缘东段（皖南）震旦—寒武系铀金成矿条件调研》，通过对该带层控铀金矿床含金的建造和矿床地球化学的研究指出，江南型铀金矿最明显的地球化学特征是元古界中铀金矿密集带，其成矿物质来自含铀金建造，成矿过程主要与深部变质热液和浅部

① 北京三所湘西科研站. 湘西武凌山震旦、寒武系铀矿化的初步认识[R]. 北京：核工业北京地质研究院科研报告，1971.

② 张待时，罗毅，天华. 三一〇五地区泥盆系铀成矿条件[R]. 北京：核工业北京地质研究院科研报告，1987.

③ 杜乐天. 我国碳硅泥岩型金（铀）成矿规律及远景预测[R]. 北京：核工业北京地质研究院科研报告，1993: 78-79.

地下热水综合作用有关，在成因上属变质热液铀金矿和地下水渗滤热液金矿之间的过渡类型。①

1992 年 2 月，张待时撰写了《中国晚震旦—古生代海相含铀碳硅泥岩沉积建造及主要含铀层》，对雪峰山地区碳硅泥岩含铀沉积建造做了研究。指出活动型含铀建造主要有发育于加里东地槽沉积区的寒武—志留纪碳质页岩、碳硅质页岩建造、早中志留世硅质岩建造及碎屑岩 - 硅灰质岩建造。文中还评述了我国碳硅泥岩主要含铀层的分布规律。[6]

1993 年 2 月，伍三民撰写了《铀与有机质的联系》研究了有机质中铀存在形式、铀浸出加工性能与有机质变质系列主要成员之间的关系。[7]

1998 年，闵茂中撰写了《华南古岩溶角砾岩中铀矿床研究》，首次将华南地区与古岩溶有关铀矿床中的角砾岩分为古岩溶塌陷角砾岩和复成角砾岩两类，并研究了两类角砾岩在角砾成分、胶结形式、溶蚀面发育程度、微观结构构造、角砾体空间形态等方面的关系，并认为复成角砾岩是该类铀矿床的重要找矿标志。[8]

1994 年，李顺初撰写了《桂北地区寒武纪黑色岩系铀成矿前景研究》，认为该区发生的大规模铀多金属成矿作用受控于陆缘裂陷成矿环境。陆缘裂陷热水沉积作用或喷气 - 沉积作用是该区铀成矿作用的重要机制。②

1990 年，庞述之撰写了《湖南南北带地质特征及铀成矿条件分析》一文，认为本区有良好的碳硅泥岩型铀矿的找矿条件，应列入重点成矿预测区。③

1997 年，周维勋撰写了《湘中及其邻区黑色岩系低成本铀矿找矿靶区优选》，系统分析了该地区盆地基底、盖层及构造地质特征。通过该地区地质条件、铀源、构造、热液蚀变、铀矿化显示、保矿条件等方面的综合分析，认为该地区具有良好的找矿前景，碳硅泥岩型铀矿为该地区主要找矿类型。

1998 年，姚振凯等撰写了《多因复成铀矿床及其成矿演化》，进一步总结、完善和深化了碳硅泥岩型铀矿成矿理论和成矿规律。同时提出了一些有待进一步深化的研究课题和工作方法。[9]

2010 年，杜乐天等在其《中国铀矿研究评价》一书中指出：碳硅泥岩系

① 核工业 270 研究所 . "江南古陆"北缘东段（皖南）震旦—寒武系铀金成矿条件调研 [R]. 北京：核工业北京地质研究院科研报告，1991：56-57.
② 李顺初 . 桂北地区寒武纪黑色岩系铀成矿前景研究 [R]. 长沙核工业二三〇科研报告，1994.
③ 庞述之 . 湖南南北带地质特征及铀成矿条件分析 [R]. 武汉：中南地勘档案馆，1990.

不是陆源风化剥蚀溶水沉积物而是热液化学沉积，裂谷或裂陷构造环境受区域深大断裂和海底热泉活动控制，实际上是沉积形式的热液岩。

2011年6月，张庆玉撰写了《雪峰山西侧海相碳酸盐岩沉积间断古岩溶发育规律研究》，该文主要针对野外调查发现的两处典型露头，即牛蹄塘组—灯影组、上寒武统—下奥陶统之间的不整合面的古岩溶对铀矿化的控制性作用进行了分析研究。[10]

2011年6月，漆富成等发表了《扬子陆块东南缘黑色岩系铀多金属成矿体系和成矿机制》一文，指出该区大规模的铀多金属成矿作用受控于陆缘裂隙成矿环境。陆缘热水沉积作用是包括怀化地区在内扬子陆块东南缘发生的大规模铀成矿作用的主要机制。[11]

2013年8月，核工业北京地质研究院张字龙等撰写了《雪峰山－苗儿山地区碳硅泥岩型铀矿成矿规律》将已有的铀矿床进行系统对比分析，按主导成因将矿床划分为4种类型，分别是沉积－成岩型、沉积－外生改造型、沉积－热液－淋积型和沉积－热液叠加改造型。在此基础上，分析了区域成矿地质环境，划分了4个成矿演化阶段，分别阐述了各阶段的铀成矿特征。通过分析区域成矿作用、沉积相、构造、断陷红盆、侵入岩体等与铀成矿的关系，总结出区域铀成矿的时空分布规律，建立了区域铀成矿模式。[12]

我国碳硅泥岩型铀矿经过多年一系列基础地质研究和区域评价工作，在铀成矿理论、时空分布规律、铀成矿区划、铀矿床分类、不同类型矿床成矿作用和控矿因素、铀成矿模式、预测评价准则、找矿判据等方面研究取得了丰硕成果，重点地区勘查也取得了重大突破。但由于区域辽阔，投入十分有限，碳硅泥岩型铀矿地质工作程度总体上还较低，勘查前景广阔。下一步应以突出重点地区勘查、加大区域潜力评价的力度、加快落实新的后备基地为基本方针，坚持分层次部署、分区域推进的部署原则，坚持系统勘查、整体评价的多类型找矿方向，从大基地勘查、区域评价和航空物探重大基础地质问题研究3个方面形成新的部署格局，推进我国碳硅泥岩型铀矿勘查向纵深方向发展。

1.3.2　国外研究现状与发展趋势

1. 勘探现状与发展趋势

根据收集到的资料，世界碳硅泥岩型铀矿床的勘探史大致可以分为以下几个阶段。

（1）初始阶段（20世纪40年代中期以前）。1941年，在瑞典厄勒布鲁省南部和东部发现了黑色页岩型铀矿化，规模不大的柯姆煤透镜体广泛而不均匀

地分布于碳质 – 泥质页岩中。根据 E. 斯维凯的研究 [13]，厄勒布鲁省的铀资源量约 10 万 t。在瑞典中部西博腾省比林格恩 – 法里比尤格德地区，也发现有的微小的透镜状和层状类似煤的柯姆煤岩，其 U 含量达 0.3%。经钻探查证，其含铀区呈三角形状，面积达 500 km²，富铀层厚 3.0 m，U208 平均含量达 0.03%，含铀页岩和其围岩层中石油含量为 1%。富铀地段一般富含有机质和黄铁矿。[14-16] 根据 E. 斯维凯的报道（1958），该地区的铀资源量约 100 万 t，是世界上最大的黑色页岩铀矿产地之一。[17] 在佩尔图拉斯卡拉巴奥伊德兹带也发现上寒武统铀矿化层，由沥青质页岩组成，其中约含有 22% 的有机物和 13% 的黄铁矿。铀品位为 0.01% ～ 0.03%。约 90% 的铀均匀地分布在含铀层内，其余分布在富碳"含铀煤结核"包裹体中。在挪威和美国田纳西州的查培努加页岩中也发育含铀页岩，但是铀的含量较低，一般小于 100×10^{-6}。[18-19]

（2）大规模勘查阶段（20 世纪 40 年代中期至 60 年代中期）。1944—1947 年，在美国田纳西州达卡尔布地区研究发现了放射性高的泥盆——密西西比期卡塔诺加组黑色页岩，其中油页岩内有铀矿化。[20]1950 年，在东德东南部的波希米亚地块上发现了世界上最大的碳硅泥岩型工业铀矿田：格拉——罗奈布尔格（Gera–Ronneburg）铀矿田，20 世纪 90 年代初，由于其铀产品生产成本高与环境保护问题，先后关闭了所有矿山。[21-22]20 世纪 40 年代，苏联在中亚地区先后研究发现了一批产自寒武系库鲁姆萨克组碳质片岩层中的钒 – 钼 – 铀矿床。含钒层的特点是富含铀、钒、钼、磷、铜、铅等多种金属元素。矿石中铀品位为 0.01% ～ 0.n%；V_2O_5 品位为 0.45% ～ 0.73%，平均为 0.62%；钼为 0.002% ～ 0.03%，平均为 0.008%。[23]1949—1952 年，俄罗斯在西伯利亚北部泰尔梅地区研究发现富铀黑色碳质页岩，铀品位 60×10^{-6}，个别达 0.03%，并在其中探明有铀矿床。[24]1957—1982 年，在西伯利亚北部新地岛南部和泰梅尔半岛地区，发现了三个富铀层位：新元古界、下石炭统和下二叠统。其中下石炭统黑色页岩对铀、钪、铋、钼、锑、砷、银、钒具专属性，在富铀的炭质层内见有铀矿化。在南阿尔希别加岛的罗加切构造带内发育由铀矿点组成的 150 km 长的矿化带，矿石中铀含量 0.n% ～ n%。[25]20 世纪 50 年代，在韩国北部也发现了下古生界库昂吉富铀海相黑色页岩层，并探明了欧格昌铀矿床。[26]

（3）勘查研究低潮阶段（20 世纪 60 年代中期到 21 世纪初）。随着铀矿勘查的广泛开展和深入，一批新型的经济效益高的铀矿床不断被发现，随之对碳硅泥岩型沉积 – 成岩亚型铀矿的勘查大多停止。在这期间开展了国际合作研究项目"黑色页岩含矿性"研究，对全球黑色页岩进行了全面研究探讨，一些铀矿地质工作者也对以往资料进行了综合研究与总结。

（4）新的发展阶段（21世纪初以来）。进入21世纪后，兴起了新的核电站建设高潮，对铀的需求量快速增加，铀产品价格急剧上升，加上一些碳硅泥岩型铀矿床的矿石还富含一系列有用元素，有的经济价值甚至超过铀的价值。在这样的背景下，开始重新重视碳硅泥岩型铀矿的勘查和利用问题。碳硅泥岩型铀矿的潜在总资源量为全球现有统计的可利用的铀资源量的数倍，这对今后世界核电的快速发展非常重要，是解决核电大规模发展铀资源保障的最根本的后备资源之一。

（5）日本福岛核电站事故后（2011年）。由于日本福岛核电站事故造成核电站建设变缓，随之铀矿勘查进入低谷。近年来随着技术进步和电力需求的加大，核电又走进了大家的视野，铀矿勘探工作也进入了一个新阶段。

2. 研究现状与发展趋势

在研究方面，苏联铀矿地质学家就对碳硅泥岩型铀矿床的形成机理、成矿环境、矿床的时空分布规律和找矿识别标志进行了研究，形成了一套完整的针对层间渗入型碳硅泥岩型铀矿成矿理论及其判别标志。在研究层间氧化带铀矿形成的大地构造背景过程中，提出了著名的"次级造山带"控矿的理论。俄罗斯专家经过对古河道型铀矿的成因机制方面研究后，提出古河谷型渗入潜水－层间水氧化作用成因的理论。

美国的地质学家对铀矿的研究集中在20世纪六七十年代。由于美国众多的铀矿床分布在怀俄明盆地、科罗拉多高原和得克萨斯海岸平原，所以研究工作主要是针对上述三个地区进行的，铀矿地质工作者提出和完善了怀俄明式、科罗拉多式和得克萨斯式等几种不同类型砂岩型铀矿的找矿模式和判别依据，建立了世界最著名的卷型铀矿床的矿床模式和成矿理论。

国外总结的成矿规律和矿床模式、找矿标志虽然有着重要的指导作用和借鉴意义，但对我国的地质实际情况并不适用，如俄罗斯20世纪90年代初出版的铀矿专著（关于乌奇库杜克型铀矿床、哈萨克斯坦铀矿床等），这些著作反映的是东土伦台坪上3个极为独特的铀矿省的地质特征。[27] 美国在区域评价和成矿省识别方面的最新研究成果，也是在分析美国科罗拉多高原铀矿省地质条件的基础上，综合各种地质信息而后抽象概括的成果。因此，结合我国地质实际，寻找更加符合中国国情的碳硅泥岩型铀矿的找矿标志、预测准则和成矿模式是今后工作的重中之重。

1983年2月，苏联地质学家高尔特施金对碳硅泥岩型铀矿中后生淋滤成因铀矿进行了研究，提出了黑色岩层分布区边缘地带形成含有铀矿化的区域性氧化带前缘的设想，并根据这些设想发现了一系列新的铀矿床，大大扩大了造山区铀矿床的远景区。[28]

1984 年 6 月，苏联地质学家 Р.В.ГОПва、Н.Г.ЪеПЯеВСКаЯ 和 ПАЪеРеЗИНа 提出了层状铀矿床形成机理，对碳硅泥岩型铀矿床中沉积 - 成岩型铀矿床铀矿体 形成特点及矿体中铀的富集形式进行了研究，提出了在具有加里东褶皱基底晚期 造山洼地的沉积盖中，在层控铀矿化的细粒矿石中，铀呈吸附状态存在于非晶质 含硅物质和铝硅酸盐中的观点。并根据含铀结核和海相沉积物层理关系确定， 铀矿化形成于晚期成岩作用阶段。[29]

1985 年 2 月，P.Landais、J.Connan 发表了法国两个二叠系盆地中铀与有 机质的关系，提出了从初富集铀的页岩起，后生现象、化学作用和动力作用 （有机质成熟、铀的淋滤）都是矿化动力的观点。[30]

1986 年 4 月，Joel S.Levental、Elmer S.Santos 发表了怀俄明州卷状铀矿床 中有机碳和硫化物硫的重要性一文，提出了卷状碳硅泥岩矿物中硫化物是铀的 富集剂，而有机碳（可能是外来的）仅为硫酸盐还原细菌的一种能源的观点。 在此类铀矿床形成中碳和硫都起着主要的但性质不同的作用。[31]

1987 年 2 月，J.E.Gingrich、刘庆余发表了《氡是一种地球化学勘探工具》 一文，提出了在探测隐伏矿床上，氡有着十分重要作用的观点。还探讨了氡积 分可以运移一定距离的原因，改进了有关氡积分测量技术，克服了陈旧的人工 手动取样的方法。并应用此方法找到了若干有意义的碳硅泥型铀矿床。[32]

1990 年 4 月，Sadeghi A、SteeleF V 发表了《在美国阿肯色州地化探中应 用水系沉积物元素的富集作用指数寻找碳硅泥岩型铀》一文，提出了应用水系 沉积物对碳硅泥岩型铀进行化学勘探。对于地质情况复杂并差别很大的碳硅泥 岩型铀矿区中寻找铀矿床和碳酸盐侵入体是成功的。[33]

1995 年 8 月，李田港发表《波希米亚地块铀矿床》一文，论述了波希米 亚地块的地质构造和演化历史，重点介绍了碳硅泥岩型铀矿中的 Runneburg 铀 矿床的地质特征、控制因素，并对比了我国碳硅泥岩型铀矿床与该矿床的异同 点，对我国今后碳硅泥岩铀矿找矿工作提出了具体建议。[34]

1997 年 6 月，邢绍和、周平在《东西伯利亚铀矿区形成的主要规律和产出 条件》一文中指出该矿区碳硅泥岩铀矿的成矿特点是交代型和多成因型多期沉 积结果，主导活化构造内部组构复杂，有明显的地球化学属性。这些特点有利 今后研究总结这类矿床形成的规律性，为预测高铀性的新矿区打下了基础。[35]

2000 年 4 月，宁静发表了《乌克兰地盾钠交代岩中铀矿床矿石的矿物类 型》一文，提出了围岩成分是确定乌克兰中部铀矿床矿体构造控制和决定钠交 代岩、铀矿石的矿物共生组合的最重要因素。为我们探明这一类碳硅泥岩型铀矿指明了方向。[36]

2002 年 2 月，列娜发表了《预测铀矿靶区时航空地球物理资料及放射性地球化学参数处理的计算机操作》一文，指出在俄罗斯的铀矿普查中应用伽马全能谱分析方法处理放射性测量数据，能够保证资料的真实性和信息量。证明了将计算机处理航空数据用于预测和普查铀矿床是有效的。[37]

2005 年 2 月，丛卫克编译的《澳大利亚蜜月铀矿区》指出此类碳硅泥岩型铀矿床矿体呈典型的卷峰状板状体，并沿河谷的走向延伸，说明此类铀矿体在古河道中扩大铀资源的潜力很大。[38]

2007 年 8 月，林子瑜、刘晓东和杨亚新发表《捷克斯特拉铀矿地质与原地浸出采矿》一文，指出应用大范围地下水动力学的经验和方法包括水力屏障、泵站等对碳硅泥岩型铀矿的探测、生产、安全、环境保护和地下水恢复等方面有重要的意义。[39]

2009 年 6 月，姚振凯等发表了《乌兹别克斯坦江图阿尔大型复成因铀矿床》一文，介绍了乌兹别克斯坦江图阿尔铀和床的矿床地质、地质特征，并提出该矿床同时有内生和外生成矿特征，是多阶段成因前后叠加所成铀矿床，与本研究区铀矿床性质类似，有很好的借鉴作用。[40]

2012 年 6 月，许强等发表了《尼日尔阿里克铀矿床控矿因素初探》一文，在结合前人研究的基础上通过对该矿床进行野外地质勘探，初步探讨了此类碳硅泥岩型铀矿床控矿因素。此矿床受构造控制明显，蚀变明显。存在碳酸盐化、褐铁矿化、铜矿化、还原性流体的还原作用，这对研究区铀矿床的控矿因素有很好的借鉴作用。[41]

2013 年 6 月，喻翔等发表了《AMT 方法在纳米比亚欢乐谷地区的应用研究》，针对该地区地表露头较少特点，应用音频大地电磁剖面测量方法查明了该区的电性结构、划分了不同的岩性界面，这表明 AMT 方法能够有效探测深部地质体结构，这对研究区今后开展有关物探工作有一定的启示作用。[42]

2014 年 6 月，王木清发表了《欧洲铀矿化与大地构造活动及演化的关系》一文，指出按地洼理论，欧洲在中新生代时应属华夏期地洼区和中亚地洼区的演化阶段，铀矿作用是多成因的，这与研究区的演化有一定的相似性。[43]

2015 年 2 月，贺婷、林子喻发表了《澳大利亚派因·克里克铀矿区成矿能分析》一文，对澳大利亚派因·克里克铀矿区不整合面型碳硅泥岩型铀矿床进行了分析研究，根据航放 U、Th、K 信息结合浓度克拉克值（K）计算该区的成矿能力和梯度。该矿区主要位于成矿能高低值的过渡带及差值的漏斗型区域，这为今后的探矿提供了新的依据。[44]

近半个世纪以来，国外开展了较大规模的铀矿地质工作，已完成相当面积的航空放射性测量、地面放射性地质、物探、放射性水化学、遥感地质等工作。专业性区域通过重点勘查查明了一批铀矿产地，提交和控制了一定规模的铀矿资源储量，为近期核电建设所需的铀资源提供了保障，推动了世界铀矿勘探的进一步发展。

1.4　研究区前人地质工作综合分析

（1）研究区位于江南古陆雪峰山–摩天岭成矿带的北部，找矿目标层为富含 U、Mo、V 等元素的碳硅泥岩沉积建造，目前已发现 1 个中型和 5 个小型的碳硅泥岩型铀矿和大批的矿化、异常点带，铀成矿潜力较大。以往的矿产调查虽然有一定的工作程度，但矿床深部和外围地区值得进一步探索，有必要开展远景研究调查。

（2）本区震旦–寒武系含矿岩系发育，沉积–成岩型矿床勘查工作尚有广阔的空间，扩大其规模或发现新的矿床仍有较大潜力。

（3）区内岩相古地理及地质构造研究薄弱，不能准确反映沉积作用及构造演化。碳硅泥岩型铀矿床受沉积环境和深部构造控制，由于前人对矿床形成的岩相古地理及反演深部构造的地球物理探测方法开展得比较少，严重制约了深部的找矿勘查。

（4）在地壳演化成熟度较高的湘西地区，碳硅泥岩中赋存的资源是多种多样的，形成碳硅泥岩型铀矿床的构造的判别标志、成矿元素活化、迁移和沉积条件，以及成矿的地球化学因素等研究较为薄弱。

前人的工作说明研究区还有大量的研究工作没有完成，完成这些研究工作将会进一步将本区的铀矿勘探工作推向深入。

1.5　研究的目的和意义

碳硅泥岩型铀矿床是我国发现最早的工业铀矿床之一，研究本区的碳硅泥岩型铀矿具有以下目的和意义。

（1）为我国大规模发展核电寻找足够的铀资源。一些碳硅泥岩型铀矿床的铀资源为经济型，在中近期就可以开发利用；其他一些次经济型铀资源量，随着采冶技术的进步，也会逐渐地被利用。另外，在我国广泛发育铀含量为0.01%～0.04%的矿化层，其铀资源量巨大。如果能应用综合模型找到更多、更大规模的碳硅泥岩型铀矿床，那么我国核电发展需要的铀资源量将会基本得到满足。

（2）碳硅泥岩矿床是多种元素综合型矿床，如果应用地质地球物理综合模型能够寻找到更多的碳硅泥岩型铀矿床，那么其伴生的其他金属矿床也将会被发现。因为碳硅泥岩建造的黑色岩系中富含一系列有用元素，如钒、金、钼、钨、铜、铅、锌、镍、汞、铂等。产于上震旦统—下寒武统含铀层与下中志留统含铀层内的沉积、成岩型铀矿床常伴生有钒、钼、锌、镍、铜、镉等元素。而热液亚型矿床则与所处地区的成矿环境有关。例如，产于华南钨、钼、铅、锌、铜、汞矿化带内的矿床就会有相应的伴生元素。在有些热液型碳硅泥岩型矿床中，铀其实是伴生元素；而对沉积成岩–热液叠加型矿床，其伴生有用元素则同时具有以上两种类型的特征。由于勘探工作一直以铀为主，对其他矿产重视不足，如能应用综合模型去合理预测这些金属远景区，那么它们的资源量也将大幅度增加。

（3）碳硅泥岩系是一些矿床的矿源层，研究碳硅泥岩系不仅可以找到碳硅泥岩型铀成矿规律，还可获知其他类型铀矿床的分布规律和基本特点。

大量的研究证明，黑色碳硅泥岩系是多种矿床的矿源层，如产于富铀黑色碳硅泥岩中的外生渗入亚型铀矿床，地层本身就是唯一的或主要的成矿物源；富含各种金属元素的碳硅泥岩系也是花岗岩型、火山岩型铀成矿的铀源；最近有的学者还提出它也是与不整合面有关的铀矿床的铀源。所以，通过应用综合模型研究碳硅泥岩型铀矿，有助于深化对其他类型铀矿床的形成和分布规律的认识，并能指导其勘探工作。

（4）研究碳硅泥岩型铀矿床可丰富铀成矿理论，为下一步铀矿勘探打下坚实的基础。

碳硅泥岩型铀矿床产于多样的地质环境，与花岗岩型、火山岩型、外生渗入砂岩型等铀矿床有着一定的差异。那么，应用本研究所得出的综合模型能否解决这些问题，这种差异表现在综合模型上会出现什么样的情况，这些问题的解决会进一步丰富铀成矿理论，将铀矿勘探工作推上一个新台阶。

1.6　主要研究内容与工作量

1.6.1　主要研究内容

1. 地质调查研究

（1）研究岩石地层单位的沉积序列、岩石组成、岩性、主要矿物成分、结构、构造、岩相、厚度、产状、构造特征以及接触关系、地球化学特征。

（2）研究其含（控）矿性质、时空分布变化等。

（3）研究构造的基本类型和主要构造的形态、规模、产状、性质、生成序次和组合特征；建立区域构造格架，探讨不同期次构造叠加关系及演化序列。

（4）研究含矿层、蚀变带、矿化带、矿体以及与成矿有关的侵入体、接触变质带、构造带以及矿化转石等的种类、规模、展布范围、产状、形态及其空间变化，采集标本和化学分析样品。观察研究矿石质量特征、矿石的物质组成、矿石矿物、脉石矿物、结构构造等。

2. 化学勘查研究

重要远景区采用 ^{210}Po 测量、土壤岩石原生晕测量，根据区内前人地质矿产资料，圈定各元素异常。以 1:1 万 ^{210}Po 测量为先导，对其运用地质、物、化、遥综合方法进行检查，控制蚀变矿化带的产状、规模，定性评价其含矿性。

3. 地球物理勘查研究

（1）以 1:20 万重力测量为手段，综合研究区内地物化找矿信息和已经取得的工作成果。在重点成矿区带布置 1:2 千磁法扫面工作，以详细圈定有望成矿地段，为进一步的地质工程布置提供依据；并配合地质、化探及其他地质工作对 1:2 千磁异常进行研究，达到新发现矿产地之目的。

（2）通过 1:1 万电法测量和 1:1 万高精度磁法测量，分析和辨识有直接或间接找矿意义的异常，要特别注意筛选具有寻找大矿前景的异常，并通过初步查证进一步解释推断。对所有已定性解释的重要矿致异常，定量反演异常源的埋深、形态、产状和边界。

4. 综合研究

（1）综合研究贯穿于项目的全过程，且在与上述各个工作环节保持衔接的基础上，应用新的成矿理论和勘查技术方法，不断提高和深化调查成果。

（2）从取得的成果资料整理和数据分析入手，采用新技术、新方法通过对工作区不同地质体、矿化蚀变带等各类数据参数统计研究，建立地质、物化探模型、基于 GIS 的综合模型，确定找矿标志，划分成矿远景区（带）。

1.6.2　完成的工作量

本研究计划完成矿产远景调查研究工作区面积为 980 km²，主要是系统收集工作区内地质、物化探和遥感成果。工作重点是在怀化黄岩地区开展路线矿产地质调查研究。以上震旦统陡山沱组、留茶坡组、下寒武统小烟溪组为主要研究对象，建立与大地构造格局和构造演化各阶段相适应的沉积序列，大致查明区内地质构造及其形成发展演化史。对区内典型矿床（点）开展地质观察、大比例尺高精度磁测、^{210}Po、地面伽马总量测量以及槽探等综合地质物化探研究工作，查明重点区域铀矿化特征，建立初步的成矿模式和综合成矿模型。根据区域地质、物化探和遥感资料，选择成矿有利地段，开展 1∶1 万地质简测，1∶5 000 ^{210}Po 测量、1∶2 000 高精度磁测、土壤化探测量、槽探等综合地质物化探研究工作，同时配以伽马总量测量工作进行矿产检查，来进一步验证研究工作的正确性。现已完成 1∶1 万地质简测 480 km²；1∶5 000 ^{210}Po 面积测量 12 km²、剖面测量 30 km；1∶2 000 高精度磁测 10 km²；1∶2 000 伽马测量 10 km²、剖面测量 60 km；1∶10 000 土壤面积测量 12 km²、剖面测量 30 km，基本满足了研究需要。

1.7　取得的成果与创新点及技术路线

1.7.1　取得的成果与创新点

（1）地质方面的成果。通过认真细致的地质工作，本研究在地质方面创新成果如下。

首先，本研究建立了较为齐全的含铀岩系"组、段、层级"岩石地层单位及层序地层系统；其次，确定了工作区含铀岩系"两条古构造，两个海洼盆地，总体为浅海陆棚沉积"的岩相古地理格局；最后，首次查明了黄岩—楼溪褶皱系三级褶皱系流变学特征，恢复了四期褶皱变形。在此基础上建立了三个旋回、六个世代的构造变形序列与含铀岩系伸展 – 滑脱构造系统。

（2）地球物理方面的创新性成果。在本区共实施了重力、磁法、放射性、²¹⁰Po 等地球物理方法，且为首次在本区使用，取得了如下成果。

首先，根据重力异常特征对重力场进行了分区，推测出研究区主要构造和盆地；其次，通过在本区进行磁法勘探推测岩性突变位置；最后，在本区勘探中应用了几种不同的物探方法进行测量，并进行了相互验证和补充。

（3）在研究区建立了 3 个不同类型矿床的地质、地球物理以及地球化学模型，并在这些模型的基础上建立了地质地球物理综合模型；建立了 3 个不同类型铀矿区域上的勘探模型与成矿模型；并建立了基于 GIS 技术平台的铀矿产资源评价系统（MRAS）为核心的资源评价方法。

在铀资源矿产资源预测评价方面，首次在研究区应用特征分析法和证据权法进行矿产资源预测；其次，在区域铀成矿地质背景、铀成矿规律和评价典型铀矿床研究的基础上，建立了燕山期和喜马拉雅期有关的铀的综合信息的铀成矿系列找矿模式和典型铀矿床的成因模式，探讨了研究区燕山期和喜马拉雅期碳硅泥岩有关的铀成矿的控矿因素；同时利用 MRAS 软件提供的矿产资源评价这一功能，研究分析已知铀矿床点与控矿因素的空间关系和分布规律，从而实现地质统计单元对地、物、化等综合铀异常信息专题图层信息的有机关联，建立地质统计单元为因变量、各地学信息为自变量的可计算的矩阵。在此基础上对地质统计单元内铀综合异常信息进行统计分析，按地质统计单元的信息权重定量圈定了找矿预测远景区。应用综合模型对研究区进行了找矿预测，取得了较好效果。在全区共找到 55 片远景区，其中 A 类远景区 1 处、B 类远景区 8 处、C 类远景区 46 处。

1.7.2　技术路线

本书在广泛收集、研究前人资料与成果的基础上，充分利用野外调研及近年生产钻探成果，分析、总结区域地层、构造、古气候变化、沉积岩相古地理等成矿和控矿因素与已发现的铀矿床铀矿化特征等内容，针对研究区铀矿成矿条件，系统分析地层及沉积体系特征，并综合应用各种地球物理、地球化学方法为进一步的地质工作提供可靠依据。通过对比分析建立地质、地球物理、地球化学矿床模型和区域模型以及它们的综合模型，并应用综合模型来预测成矿远景区，具体技术路线如图 1–3 所示。

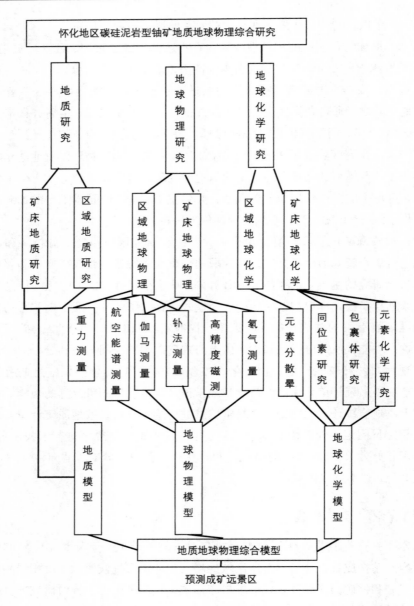

图 1-3　技术路线图

第2章 区域地质背景

2.1 区域构造特征

研究区大地构造位置处于江南古陆西段东南缘，雪峰山复背斜带中段北西侧，西邻沅麻盆地（图2-1）。

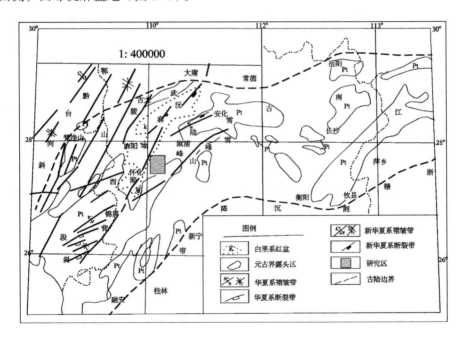

图2-1 研究区区域构造位置图

（资料来源：《中南铀矿地质志》）

本区构造格局是经历了长期复杂构造演化的结果，形成了一系列褶皱与断裂，构造走向呈向西北方突出的弧形，在最西南段具有北北东走向，然后转向近东西向。褶皱以复向斜为主，少量复背斜、区域性断裂以北东向为主，多为逆冲断层，这些断层多具有形成早和多次活化的特点。

2.1.1 褶皱构造

黄岩向斜是雪峰复背斜内一个次级复向斜构造，轴向 40° ~ 45°，基底为板溪群，震旦系和下寒武统组成两翼，核部为中上寒武统，泥盆系 – 石炭系不整合覆盖其上。向斜南西端稍翘起，北东端被中石炭统覆盖，岩层产状平缓，岩层出露较好，北西翼除刘马塘地段外，都被上古生界超覆掩盖。黄岩向斜内包括若干次一级向斜和背斜，表现较明显的有塘子边向斜、老山坡向斜、流溪塘—黄溪向斜、保良向斜、罗家山背斜、老树寨—西牛塘背斜、刘马塘背斜等，所有这些向、背斜轴均呈北东向。

2.1.2 断裂构造

工作区断裂构造按走向可划分为北东组、北北西组、北西组、北东东—东西组、北北东组，各组特征简述如下。

（1）北东断裂组。本组断裂多平行于褶皱轴面，贯穿向斜构造，为压扭性断裂，显示上盘上升并有向南西扭动特征，区内出露主要有以下几条。

①主坡寨—龙场断裂。平行并接近于向斜轴部，经钻孔揭露走向北东，南段倾向南东，在八家以北倾向北西，倾角 15°，断层走向在北东段龙场乡以北，有向北偏转之势，南西段则向西偏转。

②塘子边—田家断裂。位于向斜南东翼，走向北东，倾向南东，倾角 45° ~ 75°，为逆断层。该断裂至大岩头以北向东偏转，从塘子边往南西经红岩屋有向西偏转现象。与上述断裂性质相近而规模相当的还有袁家—铜湾断裂、大源溪—黄溪断裂、高良坡—老树斋断裂和流溪塘断裂。

（2）北北西组断裂：规模较大的见于向斜北半部，南半部一般规模较小，该组断裂多切断北东向和近东西向两组断裂，表现为张扭性特征。

（3）北西组断裂：规模较小，走向变化大，往往切断北东向断裂。

（4）北东东—东西向断裂：切割向斜轴及北东向断裂构造，而本身又被北东向断裂切断，主断面呈舒缓波状延伸，主要有以下几条：分水坳断裂，走向近东西，倾向南，倾角 75°，长 7 km，破碎带宽 0.5 ~ 2 m，上盘出露地层为小烟溪组，下盘为震旦系，为正断层，垂直断裂约 100 m，往东与北东向主坡寨断裂斜接复合，往西分支撒开。田家村—下长坪断裂走向北东东，倾向南，倾角 29° ~ 37°，长 10 km 以上。

2.1.3　层间构造

表现为破碎带，主要在寒武系下统小烟溪组下段和震旦系上统留茶坡组上段中沿层发育，偶见切层现象。破碎带多呈透镜状，呈串珠状出现。

2.2　区域地质特征

研究区沉积了三种完全不同的沉积类型。

（1）以冷家溪和板溪群为代表，碎屑岩夹火山岩。

（2）震旦系—古生界可分两部分，震旦系—下古生界为复理石碎屑岩，火山活动较弱且以中酸性成分为主。沉积物成分中，泥砂质粗碎屑成分较少，泥炭质、硅质及碳酸盐等成分较多，并出现广泛的大陆冰川活动；上古生界以硅泥质碳酸盐建造为主，地层厚度薄，延伸稳定，火山活动基本停息。

（3）中新生代陆相盆地为特征，主要是指陆相山间盆地和凹陷－断陷盆地沉积。

2.2.1　地层特征

出露地层（图 2-2，表 2-1）为元古界板溪群、震旦系；古生界寒武系、奥陶系、志留系，泥盆－二叠系；中、新生界主要为三叠－侏罗系、白垩－第四系。其中以板溪群、震旦－寒武系出露面积最大。本区铀矿最主要的含矿层是上震旦统、下寒武统，岩性主要为薄层硅质岩、白云岩、碳质硅质泥岩、硅质页岩夹碳质页岩等。区内地层主要受古隆起的影响，以冷家溪群、板溪群及震旦系为中心并呈向北展布的弧形隆起是研究区铀成矿带的基本的构造形态（图 2-3）。白垩纪沉麻盆地呈弧形展布于隆起北西侧。区内地层从老到新分别简述如表 2-1。

（1）前震旦系板溪群：可分为马底驿组和五强溪组。马底驿组（Ptbnm）：自下而上划分为四个岩性段。

①第一段，变质砂岩段（Ptbnm1）：下部为灰绿色厚层状变质石英砂岩、粉砂岩及绢云母板岩夹长石石英粉砂岩，局部见含砾板岩。上部为灰色、灰绿色中厚层中细粒变质长石石英砂岩、石英砂岩和条带状硅质绢云母板岩互层，含白云质团块或白云质条带。

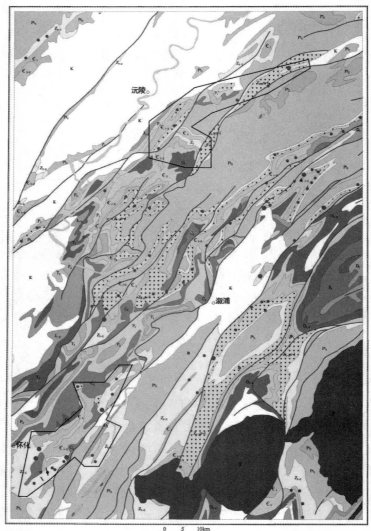

0   5   10km

| K | 1 | J | 2 | T₂ | 3 | T₁ | 4 | P₂ | 5 | P₁ | 6 | C₂ | 7 | D₂ | 8 | S₁ | 9 | O₁ | 10 | ∈₃ | 11 | ∈₁₋₂ | 12 | ∈₁ | 13 |

| Z_{a-d} | 14 | Z_{1-2} | 15 | Pt₃ | 16 | Pt₂ | 17 | γ | 18 | β | 19 | ╱ | 20 | ╱ | 21 | ●• | 22 | ▭ | 23 |

1—白垩系；2—侏罗系；3—中三叠统；4—下三叠统；5—上二叠统；6—下二叠统；
7—中石炭统；8—中泥盆统；9—下志留统；10—下奥陶统；11—上寒武统；12—寒
武系下统～中统（未分）；13—下寒武统；14—震旦系下统南沱组—上统陡山沱组、
留茶坡组（未分）；15—震旦系（未分）；16—上元古界；17—中元古界；18—花岗岩；
19—基性喷发岩；20—断层；21—地质界线；22—铀矿床及铀矿点；23—重点研究区。

图 2-2　研究区地质简图

表 2-1　怀化黄岩地区区域地层表

界	系	统	地方性名称 群 组 段		符 号	厚度 /m	岩性描述
新生界	第四系				Q	46~170	棕红色亚黏土，红土，砂砾层局部含金
中生界	白垩系	下统	上组	上段	$K_{13\text{-}2}$	324	砖红色泥质粉砂岩，细砂岩与砂砾岩互层，局部含钙质结核
				下段	$K_{13\text{-}1}$	851	砖红色砂泥岩，粉砂岩夹砂砾岩，局部夹浅灰色铜砂砾岩，底部厚层砾岩
			中组		K_{12}	503	上部砖红色泥质粉细砂岩与长英质砂岩互层，下部巨厚砂砾岩，块状砾岩
			下组		K_{11}	480	砖红色泥质或含钙质细砂岩夹含砾砂岩，中下部紫红色砂岩，底部块状砾岩
	侏罗系	中统			J_2	598~1 008	上部灰白色巨厚含砾石英砂岩夹长英质砂岩，中下部紫红色砂泥岩，底部块状砾岩
		下侏罗—上三叠统	小江口群		$T_3\text{–}J1xj_2$	349~427	浅灰色含砾长英质砂岩，紫红色砂质泥岩层
					$T_3\text{–}J1xj_2$		灰黑色石英砂岩，砂质泥岩，中下部夹煤，局部夹砂砾岩，菱铁矿层

续 表

界	系	统	群组	段	符号	厚度/m	岩 性 描 述
中生界		下三叠统	大冶组	上段	T_1d_2	35	浅灰色巨厚层灰岩、白云质灰岩,下部中厚层灰岩
				下段	T_1d_1	215	浅灰色薄层灰岩夹中层灰岩,底部为泥岩
古生界	二叠系	上统	长兴组		P_2ch	103～191	上部灰色含硅质团块灰岩,下部深灰色中层灰岩与薄中层硅质岩互层
			吴家坪组		P_2w	74～132	深灰色中厚层灰岩、灰黑色硅质岩,含煤层及铝土矿
		下统	茅口组		P_1m	174～254	上部厚层灰岩,含硅质泥岩含白云质条带或白云质团块
			栖霞组	上段	P_1q_2	16～43	深灰、黑灰色中厚层灰岩含硅质团块
				下段	P_1q_1	9～44	灰白色块状石英砂岩夹黑色砂质页岩,局部夹多层透镜状煤层
	石炭系	上统	船山组		C_3ch	154～209	灰白色厚层白云岩、白云岩,局部夹白云质灰岩
		中统	黄龙组		C_2h	320～385	灰白色厚层白云岩夹白云质灰岩,局部夹泥岩,底部为硅质砾岩

续表

界	系	统	地方性名称 群组	段	符号	厚度/m	岩 性 描 述
古生界	泥盆系	中统	棋子桥组		D_2q	300～490	上部中层灰岩，下部中厚层灰岩或泥质灰岩夹白云质灰岩，泥岩
		中统	跳马涧组		D_2t	115	上部灰白、灰紫色石英粉砂岩，中下部石英砂岩、含砾砂岩
	寒武系	上统	田家坪组		$Є_3t$	167～189	灰、黄灰色泥灰岩、泥岩、钙质泥岩
			米粮坡组		$Є3\,m$	70～186	灰色薄中层灰岩夹条带状泥灰岩
		中统	探溪组		$Є_2t$	40～113	黑色硅质碳质泥岩，含灰质球状结核
		下统	小烟溪组	上段	$Є_1x_2$	142～232	粉砂质泥岩、黑色硅质泥岩、薄层隐晶灰岩
				下段	$Є_1x_1$		上中部薄中层含碳泥岩，下部碳质泥岩夹硅岩、含硅碳质泥岩，底部为含磷层，含海绵骨针
元古界	震旦系	上统	留茶坡组	上段	Z_2l_3	13.31～36.9	薄层硅质岩夹碳硅质泥岩
				中段	Z_2l_2	0.25～8.45	灰色中层含硅质泥岩夹白云岩，底偶见黑色硅质团块或同生砾岩
				下段	Z_2l_1	18.58～35	黑色中厚层硅岩，顶部偶见泥质透镜体或团块

续表

界	系	统	群组	段	符号	厚度/m	岩 性 描 述
	震旦系	上统	陡山沱组		Z2d	37～71	碳质页岩夹含碳硅岩、泥质白云岩、底部含白云泥岩、角砾状硅质白云岩
		下统	南沱组		Z_1n	915～1 231	黄绿、灰绿色块状冰碛砂泥砾岩
			江口组		Z_1j	0～1 302	顶部灰绿色硅灰岩、含锰灰岩、中下部巨厚层含砾及凝灰质泥岩、砂岩夹变质长石英砂岩
元古界			五强溪组	第二段	$Ptbnw_2$	1 465～1 935	条带状硅质凝灰质板岩、凝灰岩、层状凝灰岩、局部夹变质砂岩
				第一段	$Ptbnw_1$	166～208	细粒变质凝灰质砂岩、泥砾凝灰质砂岩、局部条带状板岩与凝灰质变质砂岩互层
			马底驿组	第四段	$Ptbnm_4$	451～504	灰绿色条带状绢云母板岩与硅质绢云母板岩互层、夹变质英长石英砂岩
				第三段	$Ptbnm_3$	408～681	暗灰、黑色碳质板岩与绢云母板岩、其中加夹灰绿色板岩
				第二段	$Ptbnm_2$	230～1 222	紫灰、灰绿色含钙绢云母板岩、钙质千枚岩、灰岩含大理岩透镜体夹凝灰质板岩
				第一段	$Ptbnm_1$	149～210	灰绿色变质石英砂岩夹条带状绢云母板岩、含砾板岩

（板溪群）

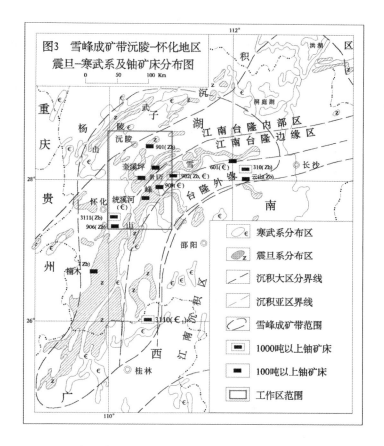

图 2-3　雪峰成矿带沅陵－怀化地区震旦－寒武系及铀矿床分布图

②第二段，千枚状钙质板岩段：下部为紫灰、灰绿色千枚状含钙绢云母板岩、条带状钙质千枚岩、夹条带状凝灰质绢云母板岩、砂质板岩。局部有黄铜矿和孔雀石的含铜层位。中部为灰色、灰绿色中厚层状含大理岩透镜体的钙质千枚岩、含钙硅质粉砂质绢云母板岩、夹千枚状泥灰岩、粉砂质灰岩 2～3 层，局部变为大理岩。上部为棕、灰色、灰绿色中厚层状钙质千枚岩、千枚状（绢云母）板岩，偶夹大理岩透镜体和硅质绢云母板岩。

③第三段，碳泥质板岩段：下部为灰色、灰黑色条带状千枚状含碳绢云母板岩、灰绿色绢云母板岩、灰黑色含钙碳泥质板岩夹叶片状高碳质板岩。

④第四段，灰黑色板岩段：灰绿、黄绿色绢云母板岩，部分为条带状，中下部夹凝灰质砂岩及长石石英砂岩 1～2 层。

五强溪组：主要为一套变质凝灰质砂岩、含粉砂凝灰质板岩、凝灰岩，与下伏 Ptbnm4 呈整合接触。划分两个岩性段，如下所示。

①第一段：黄褐色厚层细粒变质凝灰质砂岩，偶见透镜状泥砾凝灰质石英砂岩，局部为条带状板岩与凝灰质砂岩互层。

②第二段：灰色、灰绿色含粉砂凝灰质板岩、条带状含硅凝灰质板岩、凝灰岩、层状灰岩，局部夹变质砂岩。

（2）震旦系（Z）：主要分布在中南部的麻池寨、主坡寨、塘子边，南部的上龙岩、下龙岩、张家山，东部的铜湾—新路河—大龙潭一带，北部的老树斋、西牛潭、刘马塘也有出露。与下伏板溪群呈角度不整合接触，据岩石特征划为上、下两个统。下统（Z_1）为一套砂岩，冰碛砂砾岩。划为江口、南沱两个组。

① 江口组（Z_1j）：中、下部为绿色巨厚层含砾泥岩、砂质泥岩、含砾凝灰质砂岩、凝灰质粉砂岩夹变质长石石英砂岩。顶部灰绿色硅质灰岩、含锰灰岩。

② 南沱组（Z_1n）：深灰色、灰绿色冰碛砂砾岩、冰碛泥砾岩，砾砂成分主要为石英、长石、硅质碎块、砂岩碎块、板岩碎块和极少锆石，与江口组呈假整合接触。

上统（Z_2）为一套白云岩，硅质沉积，分为陡山沱组和留茶坡组。

①陡山沱组（Z_2d）：根据岩性变化特点，本组大致分为三个沉积旋回。陡山沱组大致与南沱组呈假整合或角度不整合接触。

第一段（Z_2d_1）：在一个旋回中从上到下岩性特点是下部为硅质白云岩、含硅白云岩、泥质白云岩；中部为白云质泥岩、硅质泥岩、白云质硅岩、硅岩；上部为含碳泥岩、含白云含碳泥岩。

第二段（Z_2d_2）：底部灰色薄层含硅泥岩，泥质结构，含星散状黄铁矿，风化岩石表面呈杂色，见黄铁矿氧化的小空洞。下部黑色中薄层含硅碳质泥岩，风化后呈杂色。中部为灰白色薄层硅质白云岩与薄层泥质白云岩互层，夹含硅泥岩，含星散状黄铁矿。上部灰白色中厚层状硅质白云岩，风化呈棕红、褐黑色粉砂状物质。

第三段（Z_2d_3）：底部黑色中厚层至微层状碳质泥岩，泥质结构，风化成灰白色。下部灰色中薄层含硅泥岩夹中层硅质岩，星散状黄铁矿较多；中部厚至薄层含硅碳质泥岩。上部黑色薄层含碳硅岩夹微薄层含碳泥岩；顶部浅灰、灰白色中层硅质白云岩，局部见波状纹理，风化后呈棕红、褐黑色粉砂状物质。

第四段（Z_2d_4）：底部为灰色薄层硅岩，隐晶质结构，下部为灰色薄至微层含硅泥岩，泥质结构。

　　陡山沱组在区域上的厚度变化大，岩性复杂，多含黄铁矿，为本区铀矿化层，含硅泥岩在区域上有工业矿化体产出，该组中磷具工业意义，异常点、带多。

　　②留茶坡组（Z_2l）：是本区主要含铀岩组。按岩石组合特征分为下段（Z_2l_1）、中段（Z_2l_2）和上段（Z_2l_3）三个岩性段。剖面总厚度：57 ~ 167 m，与下伏 Z_2d 呈整合接触。

　　下段（Z_2l_1）：下部为灰色中层硅质岩，夹薄至微层黑色硅质岩及碳质泥岩，底界面见圆形印模。上部为灰色、黑色中厚层状硅质岩、条纹状硅质岩、微晶及隐晶质结构，块状构造，白色团块状石英及脉石英发育。主要矿物成分微晶石英95%；水云母3%左右，多呈针状零散分布；碳质物2%左右，多呈云雾状。该段岩石致密坚硬，抗风化能力强，地表上多形成悬崖陡壁。厚度：20 ~ 79 m。

　　中段（Z_2l_2）：是本区主含矿层，为一套泥、硅、钙镁碳酸盐的混杂沉积，其岩性、厚度、含矿性在区内变化很大。根据岩性特点及含矿特征又分为 Z_2l_{2-1}、Z_2l_{2-2}、Z_2l_{2-3} 和 Z_2l_{2-4} 四个小层。

　　第一小层（Z_2l_{2-1}）：灰色、深灰色硅质泥岩、含硅质泥岩，局部为泥质硅岩，微层理发育。岩石主要由水云母及微晶石英组成，另有少量伊利石、高岭石等黏土矿物和黄铁矿。水云母多呈针状、叶片状，微晶石英呈粒状，黄铁矿呈细分散状沿层理分布，另一种呈团块状及结核状。该层在走向及倾向上均不稳定，常呈似层状及扁豆体状产出。见铀矿化。

　　第二小层（Z_2l_{2-2}）：灰色、深灰色硅质白云岩、泥质白云岩、白云质硅岩、白云质泥岩。风化呈褐黄色。

　　第三小层（Z_2l_{2-3}）：为本区最主要的工业矿化层。下部为深灰色中至薄层含硅泥岩，泥质结构。

　　第四小层（Z_2l_{2-4}）：灰色含泥硅岩，泥质硅岩，其上部往往有两层硅岩，层面上有"象形印模"。

　　上段（Z_2l_3）主要是黑色、灰色硅质岩和含泥硅岩，据岩性特征分为 Z_2l_{3-1}、Z_2l_{3-2}、Z_2l_{3-3}、Z_2l_{3-4}、Z_2l_{3-5}、Z_2l_{3-6} 六个小层。

　　第一小层（Z_2l_{3-1}）：下部灰黑色及黑色条带状硅岩。

　　第二小层（Z_2l_{3-2}）：灰色薄中层状含泥硅岩、泥质硅岩。

　　第三小层（Z_2l_{3-3}）：黑色硅岩。

　　第四小层（Z_2l_{3-4}）：灰黑色薄层硅岩夹少量微薄层含碳泥岩。

第五小层（Z_2l_{3-5}）：黑色中层条带状含碳硅岩。

第六小层（Z_2l_{3-6}）：下部黑色薄层硅岩夹薄层含碳泥岩。上部为薄层硅岩与薄层含碳泥岩互层。顶部有成球状分布的磷结核（图 2-4）。局部有铀矿化。

归纳起来：留茶坡组的三个段，岩性差异大，界线清楚。Z_2l_2 和 Z_2l_3 之间为渐变过渡，只是硅含量增多，泥含量减少。而 Z_2l_1 和 Z_2l_2 之间是一种突变，从岩性上是硅岩到泥岩的变化，从颜色上是黑色到浅灰色的变化，发育有褐铁矿薄膜的凹凸不平之层面，推测可能存在一个小的沉积间断，可称之为水下沉积间断。反映了沉积环境的改变，Z_2l_2 工业矿化的形成与此有一定关系。

图 2-4　成球状分布的磷结核（麻池寨）

（3）寒武系（Є）：分布较广，主要分布在黄岩向斜的中部，田家村—笔架山—新建—田慢村—田家一带发育最为完全。与下伏 Z 呈整合接触。划分为下、中、上三个统。

下统小烟溪组（$Є_1x$）：根据岩性组合特征划分为上、下两段，野外对该层以及顶底实测了剖面。

①下段（$Є_1x_1$）：该段出露较广，层理清楚，产状平缓，倾角一般为 10°～20°。分为以下四个小层。

第一小层（$Є_1x_{1-1}$）：黑色，薄层含硅碳质泥岩，泥质结构，层状构造。

第二小层（$Є_1x_{1-2}$）：下部为灰黑色薄层含碳硅岩与含硅碳质泥岩互层，单层厚 2～3 cm。中部为黑色中层含碳硅岩夹黑色薄—微层含硅碳质泥岩、硅岩。上部灰黑色薄层含碳硅岩，与含硅碳质泥岩互层。局部地段有工业铀矿化。

第三小层（$Є_1x_{1-3}$）：该层亦为本区主要含矿层之一。下部为黑灰色薄层含磷含硅碳质泥岩，沿层理分布有较多的硅质结核和磷结核。上部为灰色，薄—中层含磷含硅泥岩。

第四小层（$\mathcal{C}_1x_{1-4}$）：下部为黑色中层含硅碳质泥岩，中部黑色中层碳质泥岩，见较多星散状及团块状黄铁矿，上部为黑色中层碳质泥岩，含碳硅结核，见海绵骨针化石。要特别指出的是该段中铀丰度值高，异常点、带多，在 $\mathcal{C}_1x_{1-2}$ 和 $\mathcal{C}_1x_{1-3}$ 中具工业铀矿化；$\mathcal{C}_1x_{1-3}$ 在区域上相变厉害，上龙岩地区为磷块岩、含硅磷块岩，往北东方向逐渐相变为含磷结核碳质泥岩和碳质泥岩。

②上段（$\mathcal{C}_1x_2$）分为两小层。

第一小层（$\mathcal{C}_1x_{2-1}$）：下部灰黑色含碳、含白云质灰岩，隐晶结构，致密块状构造。岩石主要成分为方解石、白云石及碳泥质物，并含少量石英，微层理发育。中部灰黑色中层状含硅碳质泥岩，泥质结构。上部灰黑色含碳钙质白云岩、青灰色含钙白云岩，隐晶结构，岩石中见重晶石分布。

第二小层（$\mathcal{C}_1x_{2-2}$）：紫红色，青灰色硅质泥岩、含硅泥岩，鳞片状结构。

中统探溪组（$\mathcal{C}_2t$），与下伏 $\mathcal{C}_1x$ 呈整合接触。下部灰黑色中层含钙碳质泥岩，风化为黄铁矿，含较多球状白云质结核。中部灰黑色中厚层状含碳泥质灰岩，显微粒状结构，条纹构造。主要由方解石、黏土矿物组成，含少量碳质物、碎屑石英、黄铁矿，含较多钙质结核，结核多呈扁球状。

上统（$\mathcal{C}_3$）：分为米粮坡组（$\mathcal{C}_3m$）和田家坪组（$\mathcal{C}_3t$），与下伏 $\mathcal{C}_2t$ 呈整合接触。

米粮坡组（$\mathcal{C}_3m$）：灰黑色、中层状含碳灰岩夹灰黑色薄—中层状含粉砂含碳泥质灰岩。含碳灰岩显微粒状结构，团块状构造。

田家坪组（$\mathcal{C}_3t$）：深灰色中厚层状含碳泥质灰岩，局部夹含碳灰岩。显微粒状结构，层状构造。

（4）泥盆系（D）：本区只沉积了泥盆系中统，且分布面积较小，只在袁家—铜湾一带出露。根据岩性组合特点划分为跳马涧组（D_2t）和棋子桥组（D_2q），不整合于较老地层之上。

①跳马涧组（D_2t）：中下部为白色、灰白色石英砂岩，石英细砂岩、含砾石英砂岩及砂砾岩。上部为中厚层状含铁石英砂岩、含铁石英粉砂岩。岩石坚硬，抗风化能力强，地貌上常形成陡壁。

②棋子桥组（D_2q）：下部灰色、深灰色中厚层状灰岩、含泥灰岩夹粉砂质泥岩；上部为含钙泥岩、含泥炭岩，隐晶－微晶结构，层状构造。

（5）石炭系（C）：主要分布在本区西北部的泸阳、布村一带，南部的大坪、塘子边一带也有出露。下统缺失。不整合超覆于较老地层之上。在与震旦系、寒武系接触的不整合面上发育着一个风化壳，其岩性为紫红色、青灰色硅岩和泥岩类。风化层沿走向及倾向皆呈透镜状。塘子边矿床内古风化层与构造的叠加部位有工业铀矿体的形成。

①中统黄龙组（C_2h）：底部为砾岩，呈褐黄色及杂色。

②上统船山组（C_2ch）：下部灰色、青灰色中层致密块状含白云质灰岩，白云石呈网状并突出于表面。中部灰色白云质灰岩、钙质白云岩夹薄层含铁砂岩，钙质泥岩透镜体。上部灰色致密块状灰岩、白云质灰岩夹白云岩。岩石表面凹凸不平。

（6）二叠系（P）：主要分布在西北部的泸阳一带，划分为P_1、P_2两个统，与下伏石炭系呈不整合接触。

①下统（P_1）。

栖霞组（P_1q）分为上下两段：下段含煤段（P_1q_1）称黔阳煤系。灰色中厚层石英砂岩、含碳白云质泥岩、黑色薄层碳质泥岩夹 1～2 层烟煤，煤层不稳定，呈鸡窝状，可作工业用煤。上段灰岩段（P_1q_2）：下部黑色、灰黑色薄层钙质泥岩夹含碳灰岩透镜体；中部黑色厚层含有机质灰岩，普遍发育燧石条带，硅质团块及硅质结核；上部为角砾状白云质灰岩，层状，层理清楚，角砾成分为灰岩。

茅口组（P_1m）：由一套灰岩组成。下部灰色、浅灰色中层灰岩，隐晶质结构，含泥质条带及泥质、白云质团块；上部灰白色厚层、中厚层灰岩，隐晶质结构，块状构造，含硅、泥团块。

②上统（P_2）。

吴家坪组（P_2w）：下部灰黑色硅岩、硅质泥岩。含似层状、透镜状煤层及铝土矿层。上部深灰色、灰色中厚层灰岩、泥灰岩。

长兴组（P_2ch）：下部深灰色灰岩、含泥灰岩夹薄层硅岩、泥质硅岩。上部灰色、深灰色灰岩，含硅质团块。

（7）三叠系（T）和侏罗系（J）：主要分布在工作区的西北角，即泸阳以西。三叠系上统和侏罗系下统未分开。

①三叠系下统大冶组（T_1d）。下段（T_1d_1），下部为浅灰色、灰色黏土岩、泥岩，上部为巨厚层灰岩、白云质灰岩。上段（T_1d_2），下部为中厚层灰岩，上部为巨厚层灰岩、白云质灰岩。

②三叠系上统–侏系下统小江口群（T_3–J_1xj）。下段（T_3–J_1xj_1）：灰色石英砂岩及灰黑色砂质泥岩，底部为砾岩，中下部夹似层状、透镜状煤层及菱铁矿，局部为含砾砂岩，与下伏 T_1d_2 呈不整合接触。上段（T_3–J_1xj_2）：中下部为紫红色砂质泥岩与泥质细砂岩互层。上部为浅灰色含砾长石、石英砂岩。

（8）白垩系（K）：主要分布在东部铜湾一带。与下伏三叠系、侏罗系呈不整合接触。

①下组（K_{11}）：下部砖红色块状砾岩，砾石成分复杂，主要有脉石英、硅岩、砂岩、板岩、灰岩、泥岩等碎块，砾石分选不好，大小混杂，分布不均匀，磨圆一般较好，泥、铁质胶结。中上部为砖红色厚层泥质细砂岩、浅灰色含钙细砂岩夹含砾砂岩。

②中上组（K_{12}）：底部为团块状砾岩。下部巨厚层砂砾岩。上部砖红色泥质粉砂岩、细砂岩与含砾长石石英砂岩互层。

（9）第四系（Q）：分布面积较小，主要在山间盆地和河流两侧。主要为棕红色、灰黄色、浅灰色亚黏土、红土及沙砾层。

2.2.2 岩浆岩

区内岩浆活动微弱，仅在其南东角见少量超基性 – 基性岩，呈 30° ~ 40° 方向线状展布，岩墙状产出，岩性为超基性岩、基性岩和碱性岩。超基性岩由橄榄岩、橄辉岩组成；基性岩由辉长辉绿岩、辉绿岩组成；碱性岩由钠长岩和钠长、正长岩组成。

2.3 区域地球物理特征

2.3.1 区域重力异常特征

从 1:50 万区域重力异常资料（图 2-5）可看出：工作区重力异常可分为三部分，具有不同的异常特征。在工作区中部及中北部，布格重力异常比较平稳，梯度变化不大，重力在 $-10 \times 10^{-5} \sim -25 \times 10^{-5}$ m/s² 间变化。其中芷江—麻阳一带存在有明显的局部重力高异常，异常值为 -10×10^{-5} m/s²，并向北东方向延伸，与麻阳盆地相对应。在工作区西南和西部及溆浦—黔阳—会同一带存在明显的重力梯级带，异常复杂，重力值在 $-30 \times 10^{-5} \sim -75 \times 10^{-5}$ m/s² 间变化。而溆浦—黔阳—会同重力梯级带主要受白马山东西向构造岩浆岩带以及中华山—五团构造岩浆岩带控制。在工作区东南部白马山一带有三个明显的重力低异常存在，走向近东西向，异常幅值达 -75×10^{-5} m/s²，为白马山复式岩体的反映。

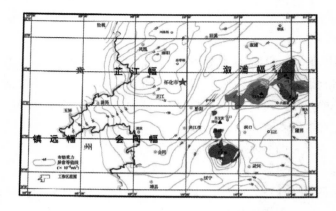

图 2-5　怀化地区区域重力异常图

（资料来源：《中南铀矿地质志》）

2.3.2　区域航磁异常特征

从图 2-6 可知，测区内航磁异常总体变化趋势是东南高西北低，大致以溆浦—洪江为界[45]，分为不同的磁场特征区。东南部白马山复式岩体一带，航磁异常发育，异常正负伴生，整体走向为北东向，异常强度为 –20 ～ 80 nT，其与热液蚀变作用有关，反映了北东向含矿构造带的存在。[46] 西北部磁场微弱、低缓、平稳，主要反映岩系为中元古界浅变质，表现为弱磁场特征。在铲子坪以西及会同、芷江附近有 10 nT 的正异常显示，这些局部异常与基性 – 超基性岩群分布有关。[47]

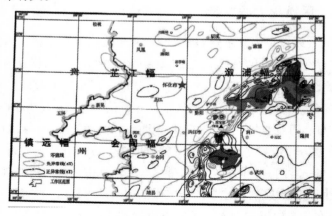

图 2-6　怀化地区航磁异常图

（资料来源：《中南铀矿地质志》）

2.4 区域地球化学异常特征

区域地球化学异常亦很发育，以 Au、Sb 异常为主（图 2-7），而金与铀常常伴生，U 的地球化学异常与 Au 基本上是一致的。据 1∶50 万溆浦幅地球化学图说明书，Au、Sb 具有如下地球化学异常特征。

（1）板溪群地层有关的 Au、Sb 异常，主要集中在白马山岩体周围和不太远的地方，与区内金矿产基本对应，可能与岩体的侵入给矿化作用提供热源有关。这种异常都有高值出现，面积大，衬度高，有一定的浓集中心，分带较好，成矿意义最大。

（2）与震旦系－寒武系地层有关的 Au、Sb 异常，异常组合较复杂，具有多元素组合特征，多与寒武系碳质板岩有关，此地层是本区主要含铀地层。

（3）与石炭系、二叠系地层有关的 Au、Sb 异常，具有多元素组合特征。这类异常 Sb 强度较高，规模较大，其次是 Au。对于寻找微细浸染型 Sb、Au、U 和破碎带型 Sb、Hg、U 等矿产意义较大。

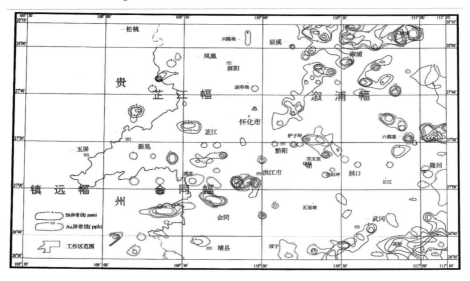

图 2-7 研究区区域地球化学异常

（资料来源：《中南铀矿地质志》）

第3章 典型矿床成矿特征与成矿模式

3.1 研究区铀矿床分布

3.1.1 研究区铀矿分布概况

研究区范围内上震旦—下寒武统岩系中，已发现和提交的铀矿床 15 个，其中中型铀矿床 3 个、小型矿床 12 个，铀矿点 23 个，如图 3-1、表 3-1 所示。矿化点和异常点多达 2 800 多个，可谓星罗棋布，占全区已发现的矿（点）、矿化点、异常点总数的 95%。这些铀矿化的分布如同震旦系、寒武系地层的分布一样，主要分部在雪峰山主脉的北西缘和南东缘，其次为凤凰—麻阳（武陵山南东缘）地段及工作区东部的宁乡地段。同时，这些铀矿床，矿点及矿化的分布又是不均匀的。

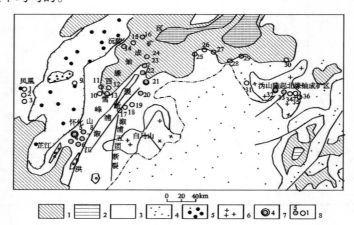

1—冷家溪群；2—板溪群；3—震旦—志留系；4—上古生界；5—白垩-第三系；

6—侵入岩；7—中型矿床及编号；8—小型矿床、矿化点及编号。

图 3-1 研究区铀矿分布略图

表 3-1　研究区铀矿床、矿化点一览表

矿床名称及编号			主要矿点名称及编号					
4	麻池寨	22	岩湾	1	迎风关	13	黄羊屯	26	西家冲
5	主坡寨	23	奎溪坪	2	潘公潭	17	西冲	27	沙湾
6	上龙岩	16	荔枝溪	3	杨柳坪	19	茶子堂	28	岩门
7	塘子边	29	泗里河	9	贺庵寨	37	落雨坳	31	张家仑
8	铜湾	30	隆家村	14	蒙福	38	岩屋	34	望北峰
18	统溪河	32	黄材	11	罗坡	15	黑洞溪	35	陈家湾
20	永丰	33	云山	10	火麻冲	24	楠木坪	36	罗溪寺
21	老卧龙			12	思蒙	25	烟竹		

3.1.2　研究区铀矿床分类

研究区碳硅泥岩型铀矿床主要划分为沉积 – 成岩亚型、外生渗入亚型、热液亚型三类，简述如下。

1. 沉积 – 成岩亚型

指沉积 – 成岩阶段形成的铀矿床，即在被动大陆边缘盆地的凹陷中，铀随沉积物同步沉淀，并在成岩过程中进一步富集或成矿。其特征是铀矿化受层位和岩相控制。赋矿岩石为硅质泥岩、泥岩，呈灰色、深灰色，具条带状构造，矿石主要矿物成分为水云母、黏土及微晶石英，局部含少量碳酸盐矿物，富含有机质、黄铁矿（含量达 3% ～ 5% 或更多）和磷。矿体呈似层状、层状透镜体，与岩层产状一致，铀含量一般小于 0.05%，伴生元素有钒、钼、镍、钴、铅、锌等。铀主要呈吸附状均匀分布于矿石中，极少量呈极微细的沥青铀矿。典型矿床为国外的一些含铀碳质和沥青黑色页岩建造中的铀矿床（如瑞典的兰斯塔德矿床）。我国还未对有大资源量的沉积 – 成岩亚型低品位（0.01% ～ 0.04%）的矿化层进行评价。研究区产于上震旦统陡山沱组及上震旦统—下寒武统留茶坡组内的层控铀矿床（如麻池寨、潘公潭矿等）基本具备沉积 – 成岩亚型矿床特征，但工业矿化都有不同程度的后生成矿作用叠加，矿石铀品位为 0.06% ～ 0.08%，铀含量往往与磷呈正相关。

2. 热液亚型

指深源含铀热液形成的铀矿床，与花岗岩型和火山岩型热液矿床属同一成矿作用的产物，区别只是赋矿围岩不同。该类型矿床的特点是矿化受断裂构造控制，岩层时代对铀矿化的专属性差，可产于多个时代的岩层内，围岩热液蚀变明显，铀矿物中沥青铀矿发育，而且晶胞参数较大，矿石中伴生元素与围岩有较大的差异。根据矿石成分组合特征，可以划分为单铀建造、铀–铜建造、铀–钼建造、铀–汞建造、铀–钨建造等。该类型矿床形成的矿石一般较富（大于 0.1%），矿化垂幅大（最大达 800 m 以上）。

3. 外生渗入亚型

指碳硅泥岩层形成之后，由于地壳隆升，富铀地层出露地表，在地表水渗入作用下，赋矿岩层或汇水区内其他富铀地质体中的铀发生活化，随地下水进入岩溶地貌上的堆积物、切层间或切层的构造碎裂岩带内，铀在地球化学障附近沉淀或被吸附剂吸附富集所形成的矿床。研究区内大部分矿床为外生渗入亚型铀矿床。

3.2 典型铀矿床的地质特征与控矿因素

3.2.1 麻池寨矿床地质特征与控矿因素

1. 区域地质概况

（1）成矿构造背景。该矿床位于湖南省西部，产于扬子陆块区东南部被动陆缘带的向斜或背斜翼部。

（2）出露地层有板溪群、震旦系、寒武系、中泥盆统、中上石炭统、二叠系。

（3）区内岩浆活动很微弱，仅在一些地段见少量的超基性–基性岩脉和碱性岩脉。

（4）区内褶皱和构造发育。褶皱：主要为黄岩复向斜。总轴向 40° ~ 50°，长 50 km，宽 10 km，为不对称复向斜，次级褶皱发育。断裂：按走向分为 NE、NNW、NW、NEE-EW 几组，其中以 NE 最大，条达数千条，呈密集束状展布。多为陡倾角逆断层，有多期次活动特征。

2. 矿床地质

（1）地层。矿区出露的地层有震旦系、寒武系和上石炭统（图 3-2）。

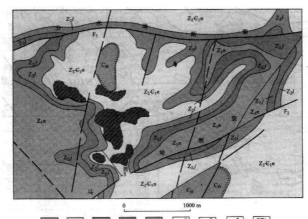

1—石炭系壶天群；2—上震旦—下寒武牛蹄塘组；3—上震旦统留茶坡组；

4—上震旦统金家洞组；5—下震旦统南沱组；6—地质界线；7—不整合界线；

8—断层及编号；9—矿体地表投影。

图 3-2　麻池寨铀矿床地质示意图

①震旦系：震旦系分为下统和上统。

下统（Z_1）：仅出露南沱组（Z_1n），为冰碛泥砾岩，出露不全。

上统（Z_2）：分为金家洞组和留茶坡组。

金家洞组（Z_2j）：又划分为下、中、上三段。

a. 下段（Z_2j_1）：底部为角砾状白云岩，下部为硅质白云岩，中部为硅质泥岩，上部为含钙质碳质泥岩，厚 18.5 ～ 29 m，其中局部产有铀矿化。

b. 中段（Z_2j_2）：下部为硅质白云岩，中部为泥质白云岩，上部为含碳泥岩，厚 11 ～ 27 m。

c. 上段（Z_2j_3）：下部为硅质白云岩，中部为泥质白云岩，上部为碳质泥岩夹含碳硅质岩，厚 6.25 ～ 13.33 m。该层中局部产有铀矿化。

留茶坡组（Z_2l）：出露于矿区东部和北部，是主要含矿层。此层按岩性可划分为二层。

第一层（Z_2l_{2-1}）：为灰—深灰色硅质白云岩，局部相变为泥质白云岩、白云质硅质泥岩。主要由白云石、微晶石英或玉髓以及少量方解石组成，富含黄铁矿。地层局部缺失，厚度小于 3.1 m。岩石铀含量最高达 2.0×10^{-4} ～ 2.1×10^{-4}，其中局部产有工业铀矿体。

第二层（Z_2l_{2-2}）：为灰色中—厚层状含硅（质）泥岩，岩性与第一层相似，但分布稳定，厚 0.4 ～ 2.62 m，上部为 0.20 ～ 0.4 m 厚的薄—中层硅质泥岩。岩石铀含量为 77×10^{-6} ～ 317×10^{-6}，此层为主要含矿层，中部为条带状硅质岩，下部为含碳硅质岩与碳质泥岩互层，厚 22.6 ～ 48.5 m。岩石铀含量为 2.0×10^{-5} ～ 6.1×10^{-5}。

②下寒武统小烟溪组（$Z_2 \sim \epsilon_1 n$）（分为下、上两段）。

a. 下段（$Z \sim \epsilon_1 n_1$）：中厚层碳质泥岩。下部常含有碳、硅、磷质及黄铁矿结核，顶部含海绵骨针化石，厚 120 ～ 160 m。其中局部见有铀矿化。

b. 上段（$Z_2 \sim \epsilon_1 n_2$）：灰色薄层砂质泥岩。风化后呈紫红色，厚度大于 25 m，未见顶。

③上石炭统壶天群（C_3H）：壶天群不整合覆盖于上震旦统—下寒武统牛蹄塘组之上。底部为砾岩，下部为紫红色石英砂岩，上部为微红色白云岩，厚度大于 80 m，未见顶。

（2）构造。矿区内断裂构造发育。主要断裂为分水坳和马颈坳两条断层，麻池寨矿床位于这两个断层中间。

分水坳断层（F_1）：长约 8 km，近 EW 走向，倾向南，倾角 74° ～ 80°，属正断层，垂直断距大于 110 m，东段断距较大，具多期活动特点。

马颈坳断层（F_2）：区域性四堡断裂的分支断层，长度大于 10 km，走向 NEE，倾向 160°，倾角 70° ～ 80°，为正断裂，断距为 80 ～ 100 m。

本矿床次一级断层发育有 248 条，一般长几米到数十米，个别大于 100 m，走向多为 NEE，宽 0.5 ～ 0.8 m，断距一般 1 m 左右，少数大于 10 m，多为正断层，平行排列，形成大小不等的地堑、陡壁峡谷，破坏矿体的连续性，在局部地段也造成铀矿的再富集或贫化。

（3）产矿层与矿化特征。

①赋矿岩性为灰—灰黑色中—薄层含硅或硅质板岩、硅质泥质板岩，岩石具条带状构造，发育微层理，泥质成分含量较高，硅质和碳酸盐成分含量较低，富含黄铁矿（呈团块状、鲕状、微层状、细分散状、胶状、结核状），同时富含钒、钼、磷等元素。矿石按岩性分为硅质板岩型和含铀黄铁矿裂隙型。矿石品位低、变化不大，一般铀含量为 0.05% ～ 0.1%，平均为 0.075%。矿石与围岩没有明显区别，物质成分较简单。原生铀矿物为沥青铀矿，次生铀矿物为翠砷铜铀矿等，其他金属矿物有黄铁矿、白铁矿、方铅矿、闪锌矿等。

②铀矿的存在形式：独立的铀矿物、铀元素以类质同象形式进入含铀矿物、铀呈吸附态赋存于黏土矿物等吸附剂内。

③类质同象类型的铀最为牢固，不易活化；原生铀矿物（沥青铀矿、铀

石）次之；次生铀矿物和矿物中吸附态的铀最容易活化，各类水中的铀实际上是处于活化状态。本矿床的铀主要以吸附态存在。中南地勘局309队第1队研究认为，本矿床铀与结核状、纹层状、星点状分布的黄铁矿有一定关系。核工业北京地质研究院科研人员通过对富铀层岩石进行电渗析和浸泡实验（表3-2）认为，铀在岩石中主要以吸附态存在。中国科学院贵阳地球化学研究所对本矿床含镍、钼富矿层的两个原矿样（粒级为4 mm和0.02 mm）在常温常压条件下，用浓度为5%的硫酸溶液浸泡了11 h，过滤后将浸出液和残渣分别进行铀分析，计算出的铀浸出率为50% ～ 60%，表明易溶的铀含量相当高（表3-3）。

表3-2　富铀层岩石进行电渗析和浸泡实验结果

岩　性	多结核磷块岩 / 基质结核		含碳灰岩	含硅钙质板结岩 / 页岩	风化碳质板岩 / 页岩
电渗率	61.61%	60.40%	62.92%	60.61%	71.79%

注：据李顺初资料，1982。

表3-3　中国南方下寒武统黑色岩系镍、钼富集层中铀的浸出率

铀含量（%）			浸出率 /%
镍、钼富集层	浸泡液	残　渣	
0.028	0.016 7	0.012	59.96
0.034	0.016 7	0.014	49.1

注：中科院贵阳地化所六室资料。

根据矿点岩矿石铀的电渗析率和浸出率实验资料，铀的电渗析率和浸出率以碳质泥岩、磷质岩类为最高，说明铀主要以分散吸附状态形式存在于碳质、黏土矿物和磷质物中。

（4）矿体特征与空间展布：矿床内共圈出15个矿体，矿体在剖面上呈层状、似层状，平面上呈多边形和不规则形，产状与地层一致，倾角平缓，约10°（图3-3）。矿体规模大小悬殊，主矿体明显，最大矿体长500 ～ 1 000 m，宽300 ～ 500 m；最小矿体长宽仅数十米，在矿床东南部与西北部矿体厚度变小。Ⅰ号主矿体呈北西—南东向展布，长1 000 m，宽500 m，厚0.52 ～ 3.1 m，平均厚1.38 m，埋藏浅，地表多处出露，最深200 m，向北西侧伏。矿石铀品位一般为0.05% ～ 0.10%，平均为0.075%。主矿体最高品位为0.124%。虽然

矿体呈层状、似层状，但在其内的矿化强度分布并不十分均匀。矿体向北西侧伏，埋深数米至百米，最深不超过 200 m，矿化赋存标高 737～660 m，在地表多处出露。

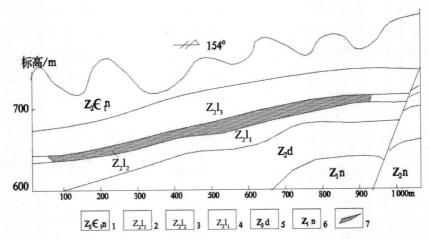

1—小烟溪组到留茶坡组接触带；2—留茶坡组上段；3—留茶坡组中段；

4—留茶坡组下段；5—陡山沱组；6—南沱组；7—矿体。

图 3-3　麻池寨矿床似层状矿体

（5）成矿时代。

①单个样品的 U-Pb 年龄的计算。地表的岩石样品没有 Pb^{204} 的分析结果，这是不具备矿物 U-Pb 同位素年龄测定要求的。但是，若要定性了解铀矿化的发展变化过程，在一定条件下计算单个样品的地质年龄仍有一定的意义，其条件是 U 矿石中 Th 的含量要很低（小于 20×10^{-6}）。因此，Pb^{208} 可以作为普通 Pb 的标志来进行校正。U 的含量大于 1.00×10^{-6}。对这类样品求出的 $P/100$。

$$Pb^{206}/U^{238}=P/100=e^{\lambda t}-1 \qquad (3-1)$$

计算年龄或直接查有关的表就可求出年龄 t 值，如表 3-4 所示。

表 3-4　麻池寨矿床 U 年龄表

地　区	地　段	样　数	年龄 t 范围 /Ma	平均 /Ma
麻池寨	有矿	17	53～328	197
	无矿	3	470～508	486

② U-Pb 等时线年龄计算。这是目前认为较为广泛适用于全岩年龄的方法，它的应用条件如下。

a. 岩石形成时进入全组样品的普通 Pb 相同，即形成时的 Pb 同位素组成相同。

b. 全组样品是同时形成的。

c. 测定的岩石样品在其存在时间内对于 U-Pb 及其中间产物都是封闭系统。在以找矿为目的所取的样品中，没有严格按照这些条件进行分组取样。因此，要采用数学处理的方法来找出适合这些条件的各组样品。实践证明这是行之有效的。

具体做法：采用通用的数学模式，在 Th 含量不高的条件下，以 Pb^{208} 作为普通 Pb 的标志，因而 Pb^{208}/Pb^{204} 就是确定的，经实测得到 $Pb^{208}/Pb^{204}=40$。所以，对某个样品就有

$$Pb^{204}=Pb^{208}/40 \tag{3-2}$$

于是，就有

$$\alpha=Pb^{206}/Pb^{204}=40 \times Pb^{206}/Pb^{208} \quad \beta=Pb^{207}/Pb^{204}=40 \times Pb^{207}/Pb^{208} \tag{3-3}$$

$$\mu=U^{238}/Pb^{204}=35.1 \times U/(Pb^{204} \times Pb^{208}) \tag{3-4}$$

（a）同一地段的全部样品都可以按上式计算出每个样品的 α、μ。

（b）在 $\alpha-\mu$ 坐标系中作出散点图，按点的分布情况分出哪些点是一组。

（c）用相关系数检验的统计方法来确定确实是一组的样品。

（d）计算这组样品的回归方程：$\alpha=\alpha+\beta\mu$，从而求出一组样品的地质年龄。用 β、μ 同样可以计算出年龄，但考虑到精度问题，主要采用 α、μ 的结果。如表 3-5 所示。通过本区计算结果所作的散点可知，大部分地段的样品都是呈两群分布的，可以分成两组，以两条直线作为回归线，从而计算出两组年龄，如表 3-5 所示。一组是 580 Ma 以上，属于沉积成岩阶段的年龄；另一组是 130 ~ 370 Ma，属于较富矿化的后生富集阶段年龄。

以上年龄值均代表沉积至成岩、成矿后期变质与表生改造的富矿石年龄，并不代表初始的成矿年龄。

从表 3-4、表 3-5 可以看出矿石 U-Pb 同位素测定的成矿年龄为 197 Ma，而根据 U-Pb 等时线计算得到两组年龄值第一组值明显偏大，证明了沉积时发生了铀矿的富集。

表 3-5　麻池寨矿床矿石的年龄表

地 区	地 段	矿化情况	回归系数		相关系数	矿化年龄	样数	备注
			α	β	R	t/ma		
麻池寨	坑 T1、T2	U>0.03%	51.4	0.020 2	0.902	130	15	
	坑 T1、T2	U<0.03%	13.75	0.095	0.91	590	8	
	T1、T2 坑口		42.28	0.030 8	0.938 7	198	20	
	T1、T2 坑口		21.07	0.141 9	0.947 3	370	7	
	无矿段		26.1	0.050 1		318	8	
	$Z_b{}^3dn—C_1{}^1$		26.5	0.187 5		118	8	

（6）矿床同位素特征。

①铅同位素研究。在矿床的坑道中揭露矿体的部位取样 23 个。矿区取样选择了三种类型的地段，即矿体出露到地表的地段；地表无矿，但离隐伏矿体几米远的地段；远离矿体达千米的地段。多数剖面仅在 Z_2l_2 层中取样，少量剖面到了 Z_2l_1 和 Z_2l_3。

a. 背景值的确定。据无矿化 Pb 的样品分析结果分别确定矿区的各项背景值，如表 3-6 所示。Pb 同位素异常下限是由同位素组成背景值加上仪器分析误差（±10%）来确定的。据此，本矿床确定 $Pb^{206} \geq 21\%$ 为 Pb 同位素异常。大多数样品都具有 Pb 同位素的异常。

表 3-6　麻池寨样品分析结果表

地 区	正常样品数	正常剖面数	U/10^{-6}	Pb/10^{-6}	Pb^{206}/%	Pb^{207}/%	Pb^{208}/%
麻池寨	23	4	27	17	27.9	21.0	51.1

b. 放射成因 Pb 异常 $\triangle Pb^{206}$ 的计算公式如下：

$$\triangle Pb^{206} = Pb[Pb^{206} - (Pb^{206}/Pb^{208}) \times Pb^{208}] \qquad (3-5)$$

式中，Pb、Pb^{206}、Pb^{208} 分别为某个样品的分析结果的 Pb 的总含量（×10^{-6}）和 Pb 同位素组成量（%）。Pb^{206}、Pb^{208} 前述确定的背景值，代表普通 Pb 同位素组成。

因此，$\triangle Pb^{206}$ 是在扣除了普通 Pb 以后，U 矿化（异常）形成的放射成因铅异常的重量含量（×10^{-6}），统计结果如表 3-7 所示。

表 3-7　麻池寨统计结果表

地　区	地　段	样品数	$\triangle Pb^{206}$ 范围 $/10^{-6}$	$\triangle Pb^{206}/10^{-6}$
麻池寨	有矿段	42	0～52	14
麻池寨	无矿段	28	0～28	6

地表 Z_2l_2U 含量高，蜕变形成的 $\triangle Pb^{206}$ 与 U 呈正相关关系。

c. U–Pb 平衡系数 P。P 值的计算公式如下：

$$P=（\triangle Pb^{206}/\triangle U^{238}）\times 100=（\triangle Pb^{206}/\triangle U\times 0.992\,7）\times 100\times$$
$$238/206= 116.4\times \triangle Pb^{206}/U \qquad （3-6）$$

P 值反映了 U 矿化（异常）含量与它蜕变形成的放射成因 Pb 的平衡关系。当矿化年龄确定以后，U^{238}–Pb^{206} 放射平衡条件下 P 是一个定值，即 $P=100\times$（$e^{\lambda t}-1$），同一层位中各样品的 P 值不同，反映出各处的 U 矿化作用的时间和程度不同。计算统计本矿床 P 值如表 3-8 所示。

表 3-8　麻池寨 P 值统计表

地　区	地　段	样品数	P 变化范围	平均 P
麻池寨	有矿段	42	0～30	6.9
麻池寨	无矿段	28	0～26	6.4

由表 3-8 可见，同一地区有矿段与无矿段 P 值差别不明显。这反映了矿床的 U^{238}–Pb^{206} 平衡变化较小，或者 U 成矿时代较晚，成矿后遭受的剥蚀作用不太强烈。

由上述研究可知，U 与 Pb 同位素成正相关关系。本矿床 P 值差别不大，说明本矿床成矿时代较晚，成矿后受剥蚀程度较小，这也符合沉积成矿特点。

②硫同位素。不同研究者测得本矿床的硫同位素数据如表 3-9 所示。有关数据表明，不同产出条件的黄铁矿硫同位素组成有明显差异。从铀矿层不同类型黄铁矿硫的同位素测定结果（表 3-9）看，硫同位素特征表现为区间大，$\delta S^{34}‰$ 为 –39.7～9.1，具脉冲式展布，以"重硫型"沉积，这是沉积成因的特点，且矿体和围岩（轻变质沉积岩）硫化物的硫同位素组成基本一致，说明硫源是一个，是在沉积成岩作用下形成的。本矿床的硫为沉积来源，不是来自地球深部的岩浆作用。

表 3-9　麻池寨矿区不同黄铁矿同位素组成

序　号	产出环境	δS³⁴/（‰）（−PDB）	平均值	资料来源
1	矿石中的似块状黄铁矿	8	8.77	赵兵，1996[48]
2		9.1		
3		8.4		
4	富矿石中的黄铁矿	−18.43	−17.42	
5		−16.41		
6	矿石中的微粒状胶状黄铁矿	−23.9	−30.35	毛裕年，1989[49]
7		−34.4		
8		−39.7		
9		−32.6		
10		−32.3		
11		−32.7		
12		−35.5		
13		−26.4		
14		−30.1		

（7）矿区铀岩石化学性质。留茶坡组岩石的化学成分如表 3-10 所示。从表中可以看出矿层与岩层的化学成分区别明显，除岩性差异造成的 SiO_2、Al_2O_3 高，CaO、MgO 低外，最大特点是铁和硫的含量高，这与矿石含大量黄铁矿和铁的氧化物有关，矿石虽然都含磷，但含量不高，与矿石铀品位关系也不明显；有机碳含量多少，与矿石铀品位无关。矿石为单铀型，无有利用价值的伴生元素。

不同品位矿石的化学成分如表 3-11 所示，从有关数据可以看出 SiO_2、CaO 随矿石品位增高而降低，而 Al_2O_3、P_2O_5、Fe_2O、MgO、SO_2 有增高趋势。

表 3-10　麻池寨矿床含矿层（Z₂l₂）矿石与围岩岩化学成分（%）

岩石	SiO$_2$	Fe$_全$	Al$_2$O$_3$	TiO$_2$	MnO	CaO	MgO	P$_2$O$_5$	K$_2$O	Na$_2$O	V$_2$O$_5$	S$_全$	FeO	C$_有$	Fe$_2$O$_3$	U	样品数
白云岩	20.31		0.81	0.306	0.18	23.41	1.36	0.111		0.094	0.019	1.4	6.42	4.2		0.022	5
硅质泥岩矿石	61.64	9.76	0.95	1.04	0.029	0.033	1.48	0.161	3.63	0.08	0.082	6.37	1.45	0.086	1.67	0.103	15
硅质泥岩	65.84	14.13	6.55	0.85	0.026	0.425	1.36	0.178			0.05	5.28	5.35	0.097	0.908	0.01	17

表 3-11　麻池寨矿床不同品级矿/岩岩化学成分

铀含量	样品数	元素氧（硫）化物含量 /%										
		SiO$_2$	Al$_2$O$_3$	Fe$_2$O$_3$	TiO$_2$	CaO	MgO	P$_2$O$_5$	SO$_3$	V$_2$O$_5$	FeS$_2$
<0.01	13	67.41	12.62	3.92	0.642	0.23	1.18	0.081	4.4	0.052 3	3.43
0.01～0.03	4	72.12	12.78	4.92	0.50	0.62	1.31	0.095	5.05	0.046	7.13
0.03～0.05	2	64.17	13.27	1.20	0.92	0.40	1.57	0.125	6.46	0.048	7.20
0.05～0.1	11	63.40	13.00	2.01	0.75	0.81	1.79	0.121	5.84	0.050 1	8.43
>0.1	8	64.32	13.48	5.77	0.69	0.36	1.60	1.25	6.70	0.050	6.26

为了进一步探索铀与其他岩石元素组合之间的关系及其在含矿地段与非含矿地段元素组分之间的差异。我们将化学组分和微量元素分析数据进行了相关分析和主因子分析的电算处理，现将本矿床所得的结果简述如下。

①含铀矿地段的元素组合，根据 14 个样品的相关系数计算发现，U 与 FeO、P_2O_5、MnO 及 H_2O/SiO_2 比值正相关，相关系数分别为 0.76、0.64、0.56、0.73。U 与 SiO_2、TiO_2、MgO、Fe_2O_3 呈负相关，相关系数分别为 -0.78、-0.59、-0.69 和 -0.39，见表 3-12。样品的半定量分析处理结果表明：U 与 Be、Pb、Ti、Cu、Zn 呈正相关的趋势，相关系数分别为 0.78、0.94、0.82、0.78、0.92，从图 3-4 看出，U 与 P_2O_5、Fe_2O_3、MnO 呈密切小群，对应因子有较大的正载荷，与表 3-10 所得结论相一致。

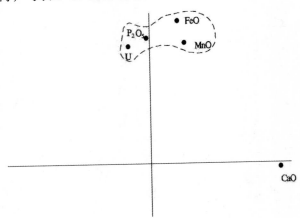

图 3-4　麻池寨矿床 14 个含矿样品方差极大旋转因子载荷矩阵

②不含矿地段的元素相关性及元素组合。据 14 个样品的数据处理结果，U 与常量元素氧化物相关性不明显，相关系数均小于显信水平（表 3-13），据七个样品的光谱半定量分析数据统计结果，U 与 Pb、Ga、Ni、Y、Zn 元素呈正相关趋势。相关系数分别为 0.85、0.85、0.83、0.78、0.96。从图 3-5 看出：SiO_2、Al_2O_3、TiO_2、MgO 呈密切小群，均与因子 1 有较大的负载荷，U 与 Fe_2O_3 组合密切，均对因子 2 有较大的负载荷。

表 3-12　麻池寨矿床 14 个含矿化学多项分析相关矩阵

	H₂O/SiO₂	SiO₂	Fe₂O₃	FeO	Al₂O₃	TiO₂	MnO	CaO	MgO	P₂O₅	FeS₂	U
H_2O/SiO_2	1	-0.09	-0.76	0.06	-0.95	-0.05	0.70	0.12	-0.84	0.77	-0.82	0.73
SiO_2		1	0.74	-0.98	0.94	0.92	-0.80	-0.10	0.872	-0.76	-0.79	-0.78
Fe_2O_3			1	-0.75	0.85	0.84	-0.57	-0.50	0.47	-0.45	0.62	-0.39
FeO				1	-0.95	-0.95	0.79	0.16	0.83	0.81	0.80	0.76
Al_2O_3					1	0.09	-0.78	-0.24	0.80	-0.75	0.86	-0.60
TiO_2						1	-0.76	-0.18	0.83	-0.73	0.85	-0.59
MnO							1	0.22	-0.66	0.62	-0.65	0.56
CaO								1	0.36	-0.004	-0.17	-0.08
MgO									1	0.75	0.71	-0.69
P_2O_5										1	-0.91	0.64
FeS_2											1	-0.53
U												1

因子变量	H₂O/SiO₂	SiO₂	Fe₂O₃	FeO	Al₂O₃	TiO₂	MnO	CaO	MgO	P₂O₅	FeS₂	U	特征值	累计值	%
1	0.96	-0.96	-0.65	0.96	-0.92	-0.92	0.79	-0.054	-0.93	0.86	-0.85	0.79	8.8	8.8	73
2	0.19	0.20	-0.65	0.21	-0.34	-0.29	-0.25	0.96	0.28	0.02	0.20	0.15	1.5	10.31	86

表3-13 麻池寨矿床14个不含矿化学多项分析相关矩阵

因子变量	H_2O/SiO_2	SiO_2	Fe_2O_3	FeO	Al_2O_3	TiO_2	MnO	CaO	MgO	P_2O_5	FeS_2	U	特征值	累计值	%
1	-0.93	0.9	-0.012	-0.13	0.94	-0.95	-0.16	-0.08	-0.16	-0.17	-0.52	0.18	5.05	5.08	42.4
2	0.077	0.08	0.89	0.17	0.11	-0.003	0.26	0.59	0.37	-0.08	-0.21	-0.74	2.08	7.17	59.5
3	-0.15	0.037	-0.082	-0.13	-0.15	-0.16	-0.82	0.73	0.30	0.036	0.17	0.32	1.54	8.71	72.6
4	0.20	0.36	0.08	0.88	0.1	0.09	0.08	0.08	0.03	-0.02	0.67	0.21	1.08	9.79	81.6
5	0.21	0.18	0.07	0.086	0.17	-0.14	-0.17	-0.17	-0.02	0.96	0.15	-0.04	0.87	10.66	88.9

	H$_2$O/SiO$_2$	SiO$_2$	Fe$_2$O$_3$	FeO	Al$_2$O$_3$	TiO$_2$	MnO	CaO	MgO	P$_2$O$_5$	FeS$_2$	U
H$_2$O/SiO$_2$	1	-0.11	-0.043	0.33	0.99	0.87	0.22	-0.016	0.70	0.33	0.61	-0.32
SiO$_2$		1	-0.13	-0.42	-0.90	-0.84	-0.12	-0.70	-0.7	-0.34	-0.76	-0.16
Fe$_2$O$_3$			1	0.13	-0.1	0.05	-0.09	-0.53	-0.24	0.15	0.28	0.51
FeO				1	0.26	0.29	0.26	0.11	0.11	-0.48	0.43	-0.23
Al$_2$O$_3$					1	0.9	0.22	-0.013	0.71	0.30	0.51	-0.31
TiO$_2$						1	0.25	-0.039	0.63	-0.029	0.46	-0.19
MnO							1	0.29	0.86	0.14	-0.076	-0.41
CaO								1	0.57	-0.12	0.063	-0.17
MgO									1	0.13	0.36	0.33
P$_2$O$_5$										1	0.20	0.086
FeS$_2$											1	0.16
U												1

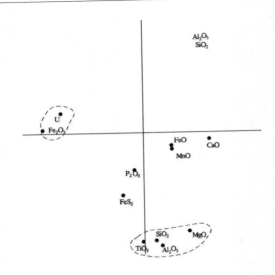

图 3-5　麻池寨矿床 14 个不含矿样品方差极大旋转因子载荷矩阵

上述数据表明，本矿床无论是含矿地段还是非含矿地段，U 总是与 Pb、Zn 密切相关，与 SiO$_2$、Al$_2$O$_3$、TiO$_2$、MgO 密切组合。根据本区重砂资料可知，铀同方铅矿、闪锌矿密切相关；同游离石英、黏土矿物、白铁矿、钛铁矿、菱铁矿等密切组合。这些共同特征可能反映了该区铀矿层的主岩的基本面貌，都是处在相似的沉积古地理条件和成岩的地质环境下。含矿地段相对应在矿物的组分，为含铀水白云母以及与之共生的磷灰石、钛铁矿、黄铁矿、白铁矿、方铅矿、白铁矿、方解石、闪锌矿等的密切组合。这是有一定的介质酸碱度的还原作用为主的矿物组合，这种环境和条件是有利于铀的沉淀富集和稳定的。在不含矿地段中，U 与常量元素氧化物不相关，在因子分析中铀与 Fe$_2$O$_3$ 组合在一起，这可能是保留同生沉积时黏土矿物吸附 Fe$_2$O$_3$ 和铀的原因。也可能说明在发生氧化过程中，Fe$_2$O$_3$ 吸附着铀。但是由于高铁矿物少而吸附铀的底数低，未达到工业品位。这也说明本矿床铀的伴生元素没有利用价值，铀矿石为单铀型。

（8）矿床类型。该类矿床属沉积－成岩亚型，后期遭受动力变质和外生渗入成矿作用叠加。

（9）矿床成因。根据矿化明显受地层岩性和岩相古地理环境控制，构造对矿化控制作用弱、矿化分布较均匀、铀矿石品位低、铀以吸附态为主、地层产状平缓等因素，将该矿床定为沉积－成岩亚型。但铀的不均匀性，特别沿构造裂隙铀变富或贫化等表明，在沉积、成岩后，发生多次构造运动，形成切穿含矿层的断裂构造，特别是新生代发生隆起，出现沉积间断，产矿层出露地表，在与大气降水的作用下，铀发生局部活化与迁移，造成铀沿断裂、裂隙带富集形成较富矿石。

3.2.2　沉积－成岩亚型铀矿床地质特征与控矿因素

通过对典型矿床的分析，结合前人资料总结出沉积－成岩型铀矿床的地质特征与控矿因素如下。

1. 成矿构造背景

该类矿床分布于研究区西部，在大地构造上产于扬子陆块区东南部大陆被动边缘带的向斜或背斜翼部。震旦纪到寒武纪期间在陆块被动边缘斜坡带局部半封闭的低洼地区形成富含铀、钡、磷的黑色碳硅泥岩系，局部地段的岩层铀含量达到 0.01% ~ 0.04%，形成贫的铀矿化。

2. 矿床地质特征

（1）主要控矿构造。该类型铀矿床在研究区主要位于雪峰山基底逆冲推覆带的中南部与相邻的湘中—桂中被动褶皱冲断带西侧，铀矿化产于一些宽缓的向斜或背斜内，矿区构造活动相对较弱。

（2）产矿层与矿化特征。赋矿岩性为灰—灰黑色，中—薄层含硅或硅质板岩，岩石有条带状结构，发育微层理，泥质成分较高，硅质碳酸盐成分含量较低。富含黄铁矿（呈粒状、分散状、网状），同时富含磷、钼、钒等元素。矿石与围岩没有明显的区别，矿石物质成分比较简单，原生铀矿物主要为沥青铀矿；次生铀矿物主要为翠砷铜铀矿。其他金属矿物有褐铁矿、白铁矿、方铅矿、闪锌矿、黄铜矿、针镍矿、水铝英石等。

（3）矿体特征与空间分布。铀矿体在平面上呈不规则状；剖面上呈似层状分布，产状与地层一致。

（4）铀矿体与其他元素的关系。矿石中铀与 F_2O_3、Zn、Pb、Co 正相关，在岩石中，铀与 Fe_2O_3、Zn、Ni 正相关。无论是矿石或岩石中，铀均与 Al_2O_3、Fe_2O_3、TiO_2、Zn、Co、Pb 关系密切，并与 Zn 正相关，相关系数为 0.828，表明铀与这些元素有着共同的地球化学性质，在同一环境中沉淀富集。

（5）成矿时代。同位素测定铀成矿年龄数值有 83 Ma、60 ~ 66 Ma、40 Ma，根据光谱铅同位素分析数据，确定的成矿年龄为 128 Ma。以上年龄为本类型矿床后期变质与表生改造的富矿石年龄，并不代表初始的成矿年龄。

（6）矿床同位素特征。矿区留茶坡组内黄铁矿的 δS34‰为 -4.8 ~ 18.2，其 Co/Ni 比值小于 1，矿石中黄铁矿的 δS34‰为 -8.9 ~ 1.4，其 Co/Ni 比值小于 1。

3.矿床模式概述

该类矿床形成于沉积—成岩期，在成矿后，遭受一定的变质或外生改造。总的成矿过程可划分为沉积期的铀沉淀富集阶段、成岩期与浅变质期的铀重分配阶段、表生期的铀迁移富集阶段[48]（图3-6）。

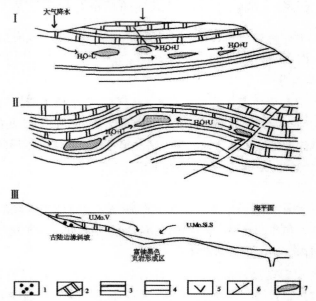

Ⅰ.沉积期铀成矿作用；Ⅱ.成岩期与浅变质期铀重分配；Ⅲ.表生期铀迁移富集

1—碎屑岩；2—白云岩；3—碳质硅质岩；4—产矿层；5—海底火山；6—断层和裂隙；

7—铀富集区。

图3-6　麻池寨式成矿模式图

（资料来源：《中南铀矿地质》）

（1）沉积期的铀沉淀富集阶段：新元古宙，大气圈处于氧和二氧化碳都丰富的过渡时期，当时气温又相当高，十分有利于铀的活化迁移。进入晚震旦世后，发生海侵。由于海水盐度降低，海底生物的分解与火山作用使海水 Eh值降低等因素，碳酸铀酰络合物变得不稳定，加上极其缓慢的沉积作用，在海底低洼地区形成泥质、含泥硅质岩和泥质沉积物。通过海水不断作用，水中的铀部分被黏土矿物与有机质残屑所吸附，部分铀则被还原沉淀，也可能还有少量铀被海水中的生物或微生物吸收，在其死亡后沉积于硅质泥质之中。在这些因素的综合作用下形成了富铀地层（铀含量一般为 $2.0 \times 10^{-5} \sim 5.0 \times 10^{-5}$），在部分有利地段形成铀矿化层。

（2）成岩期与浅变质期的铀重分配阶段：进入成岩期与区域浅变质期，随着沉积物被压实，孔隙水被挤出并向一些应力强度小、岩性粒度较粗的地段迁移，其中溶解的铀和其他金属元素随之迁移，形成较富的铀矿化。进入燕山期后，由于强烈的断裂构造活动，使铀与一些金属元素进一步发生迁移和富集，形成沥青铀矿和黄铁矿、闪锌矿等金属矿物。

（3）表生期的铀迁移富集阶段：喜马拉雅运动期，随着地壳抬升，产矿层到达近地表处，在渗入水的作用下，在氧化带内铀发生活化迁移，沿裂隙形成较富矿石。

4. 矿床模式应用

（1）震旦纪至寒武纪，古陆块被动边缘相对封闭、平静的浅海区，特别是一些局部半封闭洼陷槽发育区。

（2）震旦纪至寒武纪富铀黑色页岩系发育区，岩石富含有机质、黄铁矿，有时还含磷块岩结核，铀含量高，一般为 $2 \times 10^{-5} \sim 5 \times 10^{-5}$，个别地段铀含量大于 100×10^{-4}。

（3）岩相变化区，特别是碳酸盐岩与硅质岩、泥岩的过渡相区。

（4）岩层发生弱的褶皱，现在为宽阔的向斜或背斜构造。

（5）在矿床内广泛发育明显的放射性异常和铀矿化，以及 U、V、Mo 的元素地球化学异常。

3.2.3　上龙岩矿床地质特征与控矿因素

1. 区域地质概况

（1）该矿床位于雪峰山基底逆冲推覆带黄岩向斜南西端南东翼。出露地层有新元古界板溪群、震旦系、寒武系、奥陶系、泥盆系、石炭系、二叠系及白垩系—古近系。

（2）褶皱－断裂构造发育，地层多发生褶皱，并被不同方向断裂切割，叙浦—四堡区域性断裂从本区东南部通过，并发育一组与深断裂平行的北东向断裂，以及东西向与近东西向断裂。

2. 矿床地质

（1）地层。矿床内出露的地层有震旦系、寒武系和石炭系。产矿层为上震旦统金家洞组、留茶坡组和上震旦统至下寒武统（图 3-7）。

①震旦系。仅出露上段，分为金家洞组、留茶坡组。

a. 金家洞组（Z_2j）：上部为含灰泥岩，中部为硅质岩或硅质泥岩，下部为含硅白云岩、硅质白云岩。

b. 留茶坡组（Z_2l）：矿区内仅发育其下段与中段。

（a）下段（Z_2l_1）：为黑色薄中层条带状含碳硅质岩及灰色中厚层硅质岩，与下伏金家洞组整合接触，厚 26～41 m。

（b）中段（Z_2l_2）：为中薄层—中厚层硅质板岩、含硅碳质板岩、含泥硅质岩，厚 25.3～26.3 m。

②上震旦统—下寒武统（$Z_2～\epsilon_1n$）：含矿层主要为牛蹄塘组。矿区内分为下、上两段。

a. 下段（$Z_2～\epsilon_1n_1$）：分为四大层。

（a）第一层：为黑色薄层含硅碳质板岩，下部夹少量薄层含碳质岩，底部含少量磷结核，厚 12.7～18 m。

（c）第二层：为黑色薄层含碳硅质板岩与薄层含硅碳质板岩互层，含海绵骨针化硅质结核和少量磷结核，厚 2～2.5 m。

（b）第三层：下部为黑色薄层含磷硅碳质板岩，沿层理分布较多硅质结核和磷结核（大小为 1～2 cm），为次要含矿层。上部为灰色薄中层含磷硅质板岩，含硅磷块岩及硅质磷块，厚 1.80～0.40 m，为主要含矿层。

（d）第四层：为黑色中层含硅碳质板岩，含细分散状微晶黄铁矿和褐铁矿，具斑点构造。在距板岩底部 5 m 处有厚约 1 m 左右的磷结核层，底部夹少量单层厚约 1 cm 的黑色含碳硅岩，有不连续的富含黄铁矿的浅色条纹（带），局部含黄铁矿结核，厚 58～69 m。

b. 上段（$Z_2～\epsilon_1n_2$）：为灰紫色、紫红色中厚层含硅碳质板岩，厚度不详。

③上石炭统壶天群（C_3H）：为灰白色厚层—巨厚层白云岩夹灰岩，厚度不详。与下伏下寒武统呈不整合接触。

（2）构造。

①褶皱：矿区为一小型复向斜，核部为牛蹄塘组下段第四层及牛蹄塘组中段，翼部为留茶坡组。复向斜轴向为 NE 向，在北东部受断裂影响，轴向转为 NEE 向，部分地段次级褶皱发育。受小褶皱、断裂及地形切割影响，向斜核部留茶坡组呈"天窗"出露。

②断裂：主要为 EW 向和 NE 向，局部发育 SN 向与 NW 断裂。

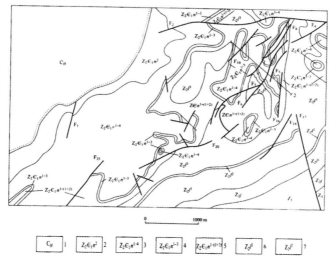

1—上石炭统壶天群；2—上震旦统至下寒武统牛蹄塘组中段；3—牛蹄塘组下段；

4—牛蹄塘组下段第三层；5—牛蹄塘组下段第一、二层；6—上震旦统留茶坡组；

7—留茶坡组中段；8—留茶坡组下段；9—上震旦统金家洞组；10—下震旦统；

11—不整合界面；12—断裂及编号；13—剖面线及编号。

图 3-7　上龙岩矿床地质示意图

（资料来源《中南铀矿地质》）

a. EW 向断裂：主要为 F_2，分布于矿床北部，长 750 m，宽 1.5 ～ 2.3 m，倾向 175° ～ 192°，倾角 53° ～ 62°。破碎带为破碎角砾岩，两侧有片理化，石墨化和不规则石英脉及石英团块分布，属平移 - 正断层，断距西部小，东部变大。

b. NE 向断裂：主要为 F_5、F_6、F_7、F_8 和 F_{25} 等，呈 "多" 字形排列，长 200 ～ 500 m。F_5、F_6、F_7 倾向 ES，倾角 43° ～ 65°；F_8 倾向 NW，倾角 86° ～ 88°。断裂一般宽 0.5 m 左右，以挤压破碎形式出现，主要为含碳质板岩、含碳硅质岩等的破碎物，两侧挤压明显，局部小褶曲发育，都为逆断层，断距 1 ～ 5 m；F_{25} 位于矿区西南部，长 800 m，构造面清晰，产状 114° ～ 140°/22° ～ 52°。充填物主要为松散破碎的碳硅泥物，上盘破碎带范围宽 1 ～ 3 m，下盘 4 m 左右，断距较大。

（3）铀矿化。

①铀矿化产出地质环境。矿床位于复向斜南东翼断裂 - 褶曲发育地段。铀矿化受层位、岩性和构造控制。铀矿化主要产于牛蹄塘组下段第三层内，少量产于留茶坡组上段内，含矿层沿山脊、山坡呈不规则环形出露，第四层覆盖其

上。环形规模大小不等，大者直径 300 ~ 400 m，短者直径 100 ~ 300 m，小者直径小于 10 m。

断裂 - 褶曲对矿化也有明显的控制作用，主矿体分布于近 EW 向断裂与 NE 向断裂相交的夹持区，在两组断裂复合部位矿化变富。在褶皱构造方面，小向斜由陡变缓部位控制矿体形态和产状，在小褶曲挤压强烈的次级断裂发育部位，矿体明显变富，矿体厚度增大，呈层状展布。后期断裂对矿化有破坏作用，使矿体变得不连续与贫化，但也发现在局部地段形成新的矿化。

②产矿层特征。牛蹄塘组下段第三层为主要含矿层，赋矿岩性为含磷含硅钙质板岩、含磷含硅质板岩、含磷硅质板岩、含硅磷块岩，特别是上部灰色中层含硅（硅质）磷块岩、含磷含硅板岩、含硅磷质板岩。铀矿化随硅质增高而变贫，当岩石中含有较多含碳硅质条带、结核、团块时，铀矿化一般较差。

③矿体特征与空间分布。矿区内共圈定 6 个矿体，主要呈层状、似层状，局部受构造影响，形态变得较复杂。矿体产状与地层产状基本一致，长轴为近南北向和北东东向，倾向西或北西，倾角在南东部陡，在北西部变缓，总体为缓倾斜矿体。

矿体面积 80 ~ 17 140 m²，厚度 0.25 ~ 4.34 m，平均厚度 0.87 m，厚度变化系数 13% ~ 102%。主矿体为 Ⅲ、Ⅰ 号矿体，其中 Ⅲ 号矿体规模最大，面积 17 140 m²，平均厚度 0.42 m，平均铀品位 0.378%；其次为 Ⅰ 号矿体，面积 14 390 m²，平均厚度 0.39 m，平均品味 2.81%。两个矿体控制铀资源量占矿床总资源量的 84%。矿床矿石铀品位富，为 0.087% ~ 1.061%，矿床平均品位达 0.34%，品位变化系数 27% ~ 98%。需要指出的是，该矿床矿石铀品位是同类型矿床中最高的，达到富矿标准。这可能与该矿床独特的控矿断裂 - 褶曲构造有关。主要矿体赋存标高 475 ~ 695 m，垂幅 220 m，矿体埋深 0 ~ 40 m。

④矿石特征。

a. 矿石类型。按含矿主岩矿石分为硅质磷块岩、含磷硅质板岩、含硅碳质板岩、含磷碳质板岩等类型，按矿石结构构造分为块状型、似角砾状型和碎裂岩型矿石。

b. 矿石物质成分。矿石物质成分较简单，主要金属矿物为沥青铀矿、黄铁矿、黄铜矿、闪锌矿；非金属矿物有石英、玉髓、水云母、高岭石、胶磷矿、磷灰石、重晶石、方解石和极少量钾长石、沸石；次生矿物为钙铀云母、铁铀云母、翠砷铜铀云母、褐铁矿、赤铁矿和磷铝石等。

沥青铀矿：呈微粒状、浸染状分布于含磷含硅质板岩、含硅磷块岩微裂隙和微晶石英脉中，部分赋存于似角砾岩胶结物中，颗粒直径

$0.001 \sim 0.1$ mm。

黄铁矿：广泛发育（含量 3%～5%），呈星点状、团块状，颗粒间和周围分布有磷铝石、纤纹状石英和胶磷矿。

闪锌矿：呈不规则状或微脉状产于岩石裂隙中，部分与微晶石英脉共生，与铀矿化关系密切。

黏土矿物：含量 15%～60%，主要为水云母、高岭石，多呈团粒状、条带状分布，是铀的主要吸附剂。

碳质物：含量 1%～2%，呈不均匀尘状、絮状，是铀的主要吸附剂。

胶磷矿：含量 8%～10%，主要以结核状存在，结核中心为玉髓和石英，常与碳质物相间组成环带，有时混入黏土物质，胶磷矿常含铀。

重晶石：含量 3%～4%，呈瘤状分布于矿石碎裂孔隙中或与石英、闪锌矿共生。

c. 铀的存在形式。铀主要以吸附形式存在，其次为铀矿物。

（4）矿石化学成分与包裹体研究。

①矿石化学成分。

a. 矿石微量元素含量如表 3-14 所示，矿石中 Ba、P、Pb、Cr、Ni、Mo、Cu、Zn、As、Y 等元素含量较高，银含量一般为克拉克值的 100～200 倍，最高达 714.3 倍。铀含量与 Pb、Cu、Zn、P、Y 呈正相关，与 Mo 呈负相关。

表3-14　上龙岩矿床主要微量元素化学成分（10^{-6}）

样数	Ba	Be	Pb	Ti	Cs	Ni	Mo	Ag	V
39	1 000～10 000	3～2	20～15	1 000～10 000	300～1 000	10～500	3～150	5～50	100～3 000
	Zr	Cu	Y	Zn	P	K	Th	U	
	100～500	100～1 000	30～500	100～10 000	5 000～30 000	80 000	26	100～1 275	

b. 本矿床铀与伴生元素的相关性各类岩石有所不同（表 3-15），在 Z_2j 泥岩中，U 与 CaO 负相关，相关系数为 -0.146，与其他伴生元素正相关，较明显的有 Ni、Cu、Zn、Ba、P_2O_5 等；在 Z_2l_{1+2} 泥岩中，U 与 Ga、Ba、Al_2O_3、CaO 呈不明显的负相关，与 Cu、P_2O_5 呈明显正相关；在 ϵ_1n 泥岩中，U 与 Cu、Al_2O_3、P_2O_5 呈正相关，相关系数为 0.624；在硅质泥岩中，U 与 MgO、Al_2O_3 呈不甚明显的正相关，与 Pb、Ca、Ba 呈较明显的负相关；在 ϵ_1n_2 硅质泥岩中，U 与 Zn、CaO 呈正相关。

表3-15 铀与伴生元素相关系数表

样本		Pb	Ga	Ni	V	Cu	Zn	Ba	Al$_2$O$_3$	MgO	CaO	P$_2$O$_5$	α=0.05 γ检验
						元 素							
Z$_2$j泥岩		0.125	0.101	0.588	0.325	0.351	0.492	0.597	0.205	0.239	-0.146	0.440	0.381
Z$_2$l$_{1+2}$泥岩		0.004	-0.135	0.007	0.551	0.556	0.285	-0.351	-0.185	0.309	-0.203	0.517	0.468
Є$_1$n$_1$泥岩		-0.183	-0.255	-0.256	-0.288	0.119	-0.025	-0.350	0.351	-0.022	-0.168	0.624	0.374
Z$_2$l$_{1+2}$硅质岩		-0.646	-0.604	-0.090	-0.142	-0.269	-0.173	-0.485	0.185	0.390	-0.301	-0.003	0.532
Є$_1$n$_1$硅质岩		-0.211	-0.240	0.059	0.451	0.155	0.650	-0.231	-0.309	0.120	0.500	0.630	0.514
Є$_1$n$_2$	各岩类组分	-0.226	-0.203	-0.135	-0.249	-0.206	-0.084	-0.191	0.069	0.821	-0.1	0.052	0.423
Є$_1$n$_2$		-0.378	-0.199	-0.143	-0.069	0.378	0.313	-0.024	0.099	-0.342	-0.459	-0.110	0.444
Є$_1$n$_2$		0.166	-0.042	-0.042	-0.046	0.086	-0.182	0.008	0.178	0.191	-0.116	-0.116	0.273
Є$_1$n$_2$		0.025	0.089	0.089	0.290	-0.208	-0.063	0.188	-0.226	0.575	-0.51	-0.472	0.413

②流体包裹体研究。

a. 测量矿物包裹体的温度。我们采用均一法对本矿床含矿热液的不同阶段形成的石英和方解石进行了温度测定，一共测定了8件样品（表3-16）。从表3-16可知，热液的初始温度在成矿前期比较高，在280～310 ℃之间，平均温度为301 ℃；而在成矿期，含矿热液的温度在160～248 ℃之间，平均温度为201 ℃；成矿后期热液的温度在116～150 ℃之间，平均温度为136 ℃。由此可见，上龙岩矿床属于中低温热液矿床。在成矿前期，热液形成了粗晶石英，其形成时温度较高，从热液温度的变化情况可以看出，该矿初始含矿热液并不是大气降水或浅源地下水，而应该是一种上升的深源流体。

表3-16 上龙岩矿床石英和方解石温度测定表

样品编号	样品名称	温度范围 /℃	平均温度 /℃	热液阶段	主要矿物组合
H-1	方解石	285～302	301	矿前期	粗晶石英，少量方铅矿等
HY-2	石英	296～312			
HY-3	方解石	224～244	201	成矿期	主要为细晶石英，杂色方解石，少量黄铁矿及沥青铀矿
DL-1	石英	185～203			
DL-2	方解石	162～178			
DL-3	方解石	135～149	136	矿后期	细晶石英脉，方解石脉等
DL-4	石英	119～142			
DL-5	方解石	116～139			

b. 铀矿床成矿热液压力的研究。我们主要是依据已测出的矿物包裹体的均一温度和包裹体的气液比，来计算出成矿时的 CO_2 密度，然后利用已知的压力校正曲线，来查出包裹体形成的最小捕获温度，在不同密度的NaCl溶液的等溶线图中，求出成矿热液压力，最后按上覆岩石的静压力换算其形成深度（表3-17）。[49] 对应深度以上覆岩静压力约为 2.68×10^7 Pa/km换算，由表3-17可知，在不同阶段，热液的压力有如下变化总趋势：在矿前期，其热液压力为 1.2×10^8 Pa ～ 1.96×10^8 Pa，其形成的深度大约为4.5～7.45 km，这表明热液形成于压力较高来源比较深，并不是大气降水所形成；到成矿期，热液压力降至 4.99×10^7 Pa ～ 6.01×10^7 Pa，与矿前期热液压力相比，降低至原压力的 $\frac{1}{3}$ ～ $\frac{1}{2}$，热液上升高度相应上升了约2～3倍，即

由 4.5 ~ 7.45 km 深度升高到 1.88 ~ 2.07 km；矿后期，热液压力发生突然降低，与成矿前期相比，降低至原压力的 $\frac{1}{19}$ ~ $\frac{1}{12}$，热液的上升高度改变到了 0.35 m 左右。从热液压力的垂向变化可以看出，在矿前期，温度呈连续递减，而压力则呈不连续降低状态，并且热液以很快的上升速度接近了地表。这说明在含矿热液演化过程中，热液压力曾经发生了突降，热液系统由相对封闭转入相对开放环境时挥发组分逸散过快是其主要原因。[50]

表 3-17　上龙岩矿床压力深度换算表

热液阶段	样品编号	测试矿物	温度 /℃	压力 /Pa	对应深度 /km
矿前期	H-1	石英	353	1.96×10^7	7.45
	H-2	石英	321	1.50×10^7	5.60
	H-3	方解石	301	1.20×10^7	4.50
	H-4	石英	305	1.25×10^7	4.65
成矿期	H-5	石英	224	5.49×10^7	2.07
	H-6	石英	201	4.99×10^7	1.88
	H-7	方解石	191	5.51×10^7	2.05
	H-8	方解石	231	6.01×10^7	2.24
	H-9	石英	191	5.51×10^7	2.05
	H-10	方解石	176	5.01×10^7	1.88
矿后期	H-11	石英	164	1.01×10^7	0.4
	H-12	石英	151	$<1.00 \times 10^7$	<0.35
	H-13	方解石	141	$<1.00 \times 10^7$	<0.35

　　c. 计算热液的 pH。在对上龙岩矿床样品包裹体成分分析（表 3-18）的同时，测定了样品的 pH，由于是在常温常压下测定的，此值并不能真实反映出 pH 在高温高压下热液的变化。因此，通过热力学方法可以计算出不同阶段热液的 pH（表 3-19）。

表3-18　上龙岩矿床包裹体成分分析结果表

样品编号	矿　物	CO_2	CH_4	H_2	K^+	Na^+	Ca^{2+}	Mg^{2+}	F^-	Cl^-	成矿阶段
H-11	方解石	2.15	0.03	0.12	0.001	0.15	0.3	0.01	0.08	0.15	矿前期
H-12	石英	2.80	0.04	0.09	0.005	0.1	0.46	0.05	0.16	0.11	
H-13	方解石	2.01	0.02	0.11	0.01	0.16	0.24	0.03	0.09	1.16	成矿期
H-14	石英	1.06	0.03	0.09	0.09	0.05	0.2	0.02	0.06	0.08	
H-15	方解石	1.34	0.03	0.15	0.003	0.05	0.41	0.02	0.05	0.08	
H-16	方解石	2.59	0.02	0.09	0.010	0.06	0.27	0.04	0.1	0.07	矿后期
H-17	石英	0.87	0.03	0.11	0.064	0.05	0.5	0.02	0.05	0.0.8	
H-18	方解石	2.25	0.03	0.08	0.007	0.12	0.34	0.04	0.14	0.13	

注：各成分值为物质的量浓度。

表3-19　不同阶段热液的 pH

成矿阶段	温度/℃	样品件数	HCO_3^-	CO_3^{2-}	CO_2	pH	中性水 pH
矿前期	300	3	0.36	0.009	0.98	6.55	5.53
成矿期	200	3	0.26	0.019	2.15	5.34	5.64
矿后期	150	3	0.12	0.008	2.63	5.18	5.88

注：1.中性水 pH 据张祖还等；2.碳酸离解常数（K_1）据章邦桐；各成分值为物质的量浓度。

矿物包裹体中主要成分之一是 CO_2，CO_2 溶于水后，通常会发生以下平衡反应：

$$CO_2（aq）+ H_2O(1)= H^+（aq）+ HCO_3^-（aq） \quad （3-7）$$

因此，可以利用下式计算出 H^+ 离子浓度：

$$[H^+] = K_1 \cdot [CO_2] / [HCO_3^-] \cdot f \quad （3-8）$$

式中：K_1 为均一温度时碳酸的第一离解常数；$[CO_2]$、$[HCO_3^-]$ 为包裹体中已溶解、并未离解的 CO_2 和 HCO_3^- 的物质的量浓度；f 为在均一温度时，HCO_3^- 的活度系数。

为了简化计算，在矿物包裹体成分分析结果（表3-18）中按不同阶段取其温度的代表值，即矿前期温度取 325 ℃、成矿期 201 ℃ 及矿后期 152 ℃，计算结果如表3-19所示。因为热液中的 $\sum CO_2$ 的浓度较低，所以我们认为浓度近似于活度，即活度系数 $f \approx 1$。从表 3-19 可知包裹体向中性或弱酸性转变，其原因可能是，热液系统中成分自我调整或大气降水的混合作用。这种演化规律与华南花岗岩型铀矿床含铀热液演化规律基本相似。[51]

d. 含矿热液的 Eh 值。为了解上龙岩矿床含矿热液的氧化还原状态随热液过程的变化状况，我们利用了热力学方法，计算了各个阶段热液的 Eh 值。因为含矿热液中有较多的 CO_2 和 CH_4，它们之间通常存在如下平衡反应：

$$CO_2（aq）+8H^+（q）+8e \rightarrow CH_4（aq）+H_2O \tag{3-9}$$

因此：

$$Eh=E_T^0+2.303RT/n \cdot F（lg\alpha_{CO_2}/\alpha_{CH_4}）-pH \tag{3-10}$$

式中：E_T^0 温度为 T 时的标准氧化 - 还原电位；R 为气体常数，8.314 J/（mol·K）；F 为法拉第常数，96.49 kJ/V；T 为热力学温度（K）；n 为电子得失数，$n=8$；α 为相应物质的活度。由于式中有几个常数是已知的，故可简化为

$$Eh=E_T^0+2.48 \times 10^{-5} \times T（lg\alpha_{CO_2}/\alpha_{CH_4}-pH） \tag{3-11}$$

式中：

$$E_T^0=\Delta G_T^0/n \cdot F \tag{3-12}$$

从《矿物及有关化合物热力学数据手册》查出反应式中各组分在不同温度下生成的热能，代入式（3-12），求出 E_T^0 值，最后求出 Eh 值（表 3-20）。从表 3-20 可以看出，随着温度发生下降，Eh 值也发生了变化（-0.310 5 V → -0.201 5 V → -0.020 4 V），Eh 值逐渐增高，说明了含矿热液随着温度降低，它的氧化能力增强，还原能力减弱；热液 Eh 值早阶段相对较低，晚阶段相对增高，这就说明铀可能在相对还原环境中迁移，在相对氧化环境中被还原。

表3-20　龙岩矿床不同阶段含矿热液 Eh 值的热力学计算结果

成矿阶段	温度 /℃	样品件数	CH_4	CO_2	pH	Eh/V
矿前期	300	3	0.050	0.960	6.57	-0.310 5
成矿期	200	4	0.040	2.150	2.14	-0.201 4
矿后期	150	5	0.020	2.630	5.18	-0.020 5

注：CH_4、CO_2 值为物质的量浓度。

e. 含矿热液的氧逸度。我们知道在热液系统中富含 CO_2 和 CH_4，所以可以采用矿物包裹体气相组分平衡法，来求氧逸度。对于含矿热液中的 CO_2 和 CH_4 来说，存在如下平衡反应：

$$CH_4+2O_2=2H_2O+CO_2 \tag{3-13}$$

根据式（3-8），我们可得出下列方程式：

$$\ln f_{O_2} = 1/2 \left(2\ln\alpha_{H_2O} + \ln\alpha_{CO_2}/\alpha_{CH_4} - \ln K \right) \quad （3-14）$$

方程式右边 α_{CO_2} 和 α_{CH_4} 已知，H_2O 的活度为 1，$\ln K$ 由下式求出：

$$\ln K = -\Delta G_T^0/RT \quad （3-15）$$

ΔG_T^0 值由《矿物及有关化合物热力学数据手册》[52] 分别查出，并代入，计算结果（表 3-21）。

从表 3-21 可以看出，随着热液温度的降低，f_{O_2} 值的变化由 5.8×10^{-29} Pa → 1.4×10^{-36} Pa → 3.9×10^{-42} Pa，呈指数关系降低，这说明在氧逸度不断降低的条件下发生了铀矿化作用。我们通过对热液型铀矿床温度和压力的研究发现，初始的含矿热液形成于较高温压环境，这表明含矿热液来源于深部，有上升热液，并不是大气降水的特征。该矿床随着含矿热液的演化，其温度、压力降低，pH 也随之降低，Eh 值升高，氧逸度低，说明铀矿化的成矿介质属于中低温、中压、低氧逸度、中性或弱酸性的还原环境。

表 3-21　上龙岩矿床不同阶段含矿热液 f_{O_2} 值的热力学计算结果

成矿阶段	温度 /°C	CH_4	CO_2	$\ln K$	$f_{O_2}/10^5$ Pa
矿前期	300	0.05	0.96	137.78	5.8×10^{-29}
成矿期	200	0.04	2.15	182.83	1.4×10^{-36}
矿后期	150	0.02	2.63	215.93	3.9×10^{-42}

注：CH_4、CO_2 值为物质的量浓度。

（5）表生氧化作用。该矿床氧化带发育，具有清楚的分带，工业铀矿体主要产于弱氧化带中，铀矿物以次生铀矿物主（表 3-22）。

表 3-22　上龙岩矿床 216 地段氧化带垂直分带特征

氧化带分带		发育部位	岩石特征	矿物组合	水文地球化学指标				矿化状况
					pH	矿化度 (g/L)	水质类型		
氧化带	强氧化带	潜水面之上地下水饱和带	岩石全部氧化为黄褐色、钙、镁流失、质轻多孔	褐铁矿、水铝英石、多水高岭石、次生石英、少量硅钙铀矿、钙铀云母	5	0.06	$HCO_3^- \sim SO_4^{2-}$		少量残留矿体
	弱氧化带	侵蚀基准面附近地下水交替带	杂斑色、钙、镁大量流失、但含碳岩石还未完全褪色	钙铀云母、多水钙铀云母、铜铀云母、少量铀黑、软锰矿、水铝英石、次生石英、重晶石、多水高岭石	$4 \sim 5$	0.24	$HCO_3^- \sim SO_4^{2-}$ 或 SO_4^{2-}	最高可达 $n \times 10^{-3}$	工业矿体多赋于该矿带中
氧化 - 还原带		侵蚀基准面之下对应于地下水缓慢交替带	岩石呈灰白色或浅灰色、沿裂隙慢有褐铁矿	胶状黄铁矿、高岭石、次生石英、重晶石、铀以吸附状态为主	$6 \sim 7$	0.17	HCO_3^-、SO_4^{2-} 或 HCO_3^-	$n \times 10^{-3} \sim n \times 10^{-6}$	只有贫矿化
还原带			未发生氧化作用		>7		HCO_3^-		

（6）同位素研究。

①铅同位素研究。我们在本矿床取了 20 个样品，对矿化带中矿化较好的地段都分别取样。

a 背景值的确定。Pb^{206} 的样品分析结果确定各项背景值如表 3-23 所示，多数样品都具有 Pb 同位素的异常。由表 3-24 可知，本矿床 ΔPb^{206} 较麻池寨矿床要低。

表 3-23　样品分析结果表

地　区	样品数	剖面数	$U/10^{-6}$	$Pb/10^{-6}$	Pb^{206}	Pb^{207}	Pb^{208}
上龙岩	6	3	15	12	28.2%	21.5%	50.3%

表 3-24　统计结果表

地　区	地　段	样　数	ΔPb^{206} 范围	ΔPb^{206}
上龙岩	1～3 号带	50	1～17	6.9
上龙岩	4～9 号带	52	0～18	4.2

b. 根据前述计算公式，同一层位中各样品的 P 值不同，反应各处的 U 矿化作用的时间和程度不同。本矿床分别计算统计 P 值如表 3-25 所示，由此可看出本矿床 P 值较低。

表 3-25　龙岩矿床 P 值统计表

地　区	地　段	样　数	P 变化范围	平均 P
上龙岩	1～3 号带（有矿）	50	3～30	12.8
上龙岩	4～9 号带（无矿）	52	1～40	13

由表 3-25 可见，同一地区有矿段与无矿段 P 值差别不明显但比麻池寨要低。这反映了上龙岩矿床的 $U^{238}～Pb^{206}$ 平衡变化较小，或者 U 成矿时代较晚，成矿后遭受的剥蚀作用要比麻池寨强。

c. 铅同位素综合分析。对各个剖面样品的分析结果和按前述计算的特征参数分析如下。

（a）含 U 较高的层位是 Z_2l_2 和 $Z_2～\mathcal{C}_1n_1$，本矿区这两层 U 含量不都呈正相关关系，它的 1、6 号带是 Z_2l_2 层 U 含量高，而 2、7、8 号带是 $Z_2～\mathcal{C}_1n_1$ 层 U 含量高，只有 3 号带是两层含量都高。

（b）Z_2l_2 和 $Z_2 \sim \in_1n_1$ 两层中的 Pb 含量、Pb^{206}、$\triangle Pb^{206}$ 与 U 含量的关系不呈正相关关系。

（c）U–Pb 平衡系数，5、6 号带 Z_2l_3 的 P 值最高，表明本矿床无矿时 P 值高。

②碳同位素。不同类型方解石脉的碳同位素测定数据如表 3-26 所示，可以看出与沥青铀矿共生的含矿方解石脉的 $\delta^{13}C$ 为 –2.78‰～–5.05‰，平均为 –4.24‰；矿区与矿化有关的方解石脉的 $\delta^{13}C$ 为 –0.78‰～–6.355‰，平均为 –4.46‰。明显区别于地层中的方解石脉的碳同位素组成（0.86‰～5.41‰，平均为 3.56‰）。陈友良（2008）认为反映这些与成矿作用有关的碳具深源特征；李耀松认为矿床方解石与区域地层中方解石的碳同位素组成的明显差异，表明成矿期方解石碳的来源比较复杂，可能具多源特征，而区域地层中方解石脉的碳是来自地层本身，可能是成岩作用的产物。赵兵（1994）对矿床中方解石、白云石和石英包裹体碳同位素进行了测定（表 3-27），方解石脉和白云石脉流体包裹体的 $\delta^{13}C$ 值为 –4.02%～–14.09%，平均为 –9.43%；石英脉流体包裹体的 $\delta^{13}C$ 值为 –4.03%～–16.09%，平均为 –12.13%。这些数据与一般热液矿床碳酸盐矿物的碳同位素组成相似。

表 3-26　矿区不同方解石碳同位素组成

产出特征	样品号	测定矿物	$\delta^{13}C/(‰)(PDB)$	平均值	资料来源
含矿方解石	CC–1	含矿方解石	–4.68	–4.24	张待时 1984
	CC–2	含矿方解石	–4.71		
	CC–3	含矿方解石	–4.87		
	CC–4	含矿方解石	–4.69		
	2–2–1	含矿方解石	–3.53		赵兵 1994
	L–1–3	含矿方解石	–5.05		
	L–3–7–1	含矿方解石	–4.46		
	510–4	含矿方解石	–3.44		
	R–46	含矿白色方解石	–4.55		陈友良 2008
	R–53	含矿白色方解石	–4.81		
	R–58	含矿灰黄色方解石	–2.78		
	R–59	含矿灰黑色方解石	–3.25		

产出特征	样品号	测定矿物	δ¹³C/(‰)(PDB)	平均值	资料来源
矿区与矿化有关的方解石脉	510-Y	方解石	-6.21	-4.46	赵兵 1994
	LP-20	方解石	-4.98		
	ZK051	方解石	-3.53		
	PD-8	方解石	-4.28		
	PD6-4	方解石	-5.03		
	PD8-1	方解石	-4.36		
	ZK051	方解石	-3.28		
	R-38	方解石	-6.35		陈友良
	R-41	方解石	-5.38		
	A379	方解石	-4.88		李耀松 1997
	C126	方解石	-4.68		
	C329	方解石	-4.71		
	C347	方解石	-4.87		
矿区与矿化有关的方解石脉	C375	方解石	-4.69	-4.46	
地层中的方解石脉	L-1	方解石	5.24	3.56	赵兵 1994
	L-2	方解石	4.17		
	PD1	方解石	5.41		
	R-45	方解石	2.19		陈友良
	R-50	方解石	0.86		
现代温泉		石灰华	-4.57		李耀松

表 3-27　矿区不同方解石、白云石和石英包裹体碳同位素组成

产出特征	样品号	测定矿物	δ¹³C/(‰)(PDB)	平均值
方解石脉	S10–8	方解石	–9.60	
	S10–21	方解石	–5.92	
	S 南 –2	方解石	–13.93	
	LP–21	方解石	–14.09	
	L1–1		–9.13	
	LP–20		–5.78	
	ZK051	方解石	–4.20	
白云石脉	PD–8	白云石	–2.77	
石英脉	90–2	石英	–7.18	
	GN–9–2	石英	–9.82	
	Y–8	石英	–12.74	
	510–2P	石英	–9.52	
	S 南 –2	石英	–9.49	
	S10–10	石英	–4.01	
石英脉	Ln–10	石英	–16.09	

③氢、氧同位素。本区方解石、石英包裹体的氢、氧同位素数据如表 3-28 所示，将有关数据放到 S. M. F. Sheppatt 的不同来源水的氢、氧同位素组成图上[53]（图 3-8），可见其值比较分散，表明本区铀成矿区的成矿水具混合水的特征。与沥青铀矿密切共生的脉石矿物方解石、石英的氢、氧同位素的 H_2O 值为 –1.08‰～5.86‰，平均值为 2.04‰；$\delta^{18}DH_2O$ 也为不大的负值（–4.75‰～9.0‰），$\delta^{18}O$ 为 13.12‰～21.45‰，与当地温泉水差别较大。这种同位素组成也表明其成矿溶液是一种混合成因水，它是由沉积同生水、变质水，组成的热液体系。

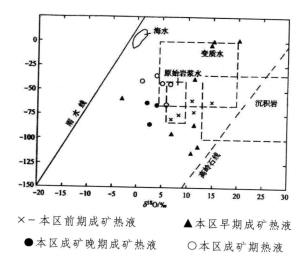

×－本区前期成矿热液　　　　▲ 本区早期成矿热液

● 本区成矿晚期成矿热液　　　○ 本区成矿期热液

图 3-8　矿区氢、氧同位素组成特征图

表 3-28　方解石、石英包裹体的氢、氧同位素数据

样品号	样品名称	均一温度 /°C	$\delta dH_2O/(‰)$ (SHOW)	$\delta^{18}d_{20}/(‰)$ (SHOW)	$\delta^{18}O_{20}/(‰)$ (SHOW)
S 南 -2	成矿前方解石	360	-78.6	10.202	6.65
L-3	成矿前石英	280	-62.90	22.56	14.91
S13-4	成矿前石英	240	-7.40	17.69	8.25
PD4-4	成矿前石英	230	-60.50	21.32	11.362
S10-23	成矿前石英	220	-106.50	21.05	11.102
S 南 -4	成矿前石英	215	-114.20	22.43	12.14
S-1	成矿早期石英	210	-38.00	22.63	10.767
L3-10	成矿早期石英	210	-82.70	21.56	11.34
510-2r	成矿早期石英	210	-5.4	22.3	11.24
Y-8	成矿早期石英	190	-64.50	22.99	7.07
510-21	成矿晚期方解石	210	-66.50	18.16	-3.03
L-5	成矿晚期石英	150	-85.70	5.50	4.24

样品号	样品名称	均一温度 /℃	$\delta d_{H2O}/(‰)$ (SHOW)	$\delta^{18}O_{2O}/(‰)$ (SHOW)	$\delta^{18}O_{2O}/(‰)$ (SHOW)
ZK051	成矿晚期方解石	145	−63.90	16.61	2.71
A382	成矿期石英	146		14.40	5.86
C329	成矿期方解石	170		13.12	1.20
C347	成矿期方解石	166		15.44	3.27
C375	方解石	152	115.86	14.44	−0.18
现代温泉	温泉	51			−13.9

（7）成矿时代。根据本区在志留纪至早石炭纪、中三叠世至侏罗纪出现两次沉积间断分析，推测成矿作用有可能始于华力西期，并断续延续至现代，具体表现在现代地下水具有明显的地球化学分带。在本矿床，强氧化带地下水为 SO_4^{2-} 型、pH<4，铀含量为 $n×10^{-3}$ g/L；在不完全氧化带地下水为 SO_4^{2-}、HCO_3^- 型或 SO_4^{2-}、HCO_3^- 型、pH=4～7，铀含量为 $n×10^{-4}$ g/L～$n×10^{-6}$ g/L，到未氧化带地下水变为 HCO_3^- 型、pH=7～8，铀含量为 $n×10^{-7}$ g/L。

（8）矿床类型。该类矿床为热液亚型，前人曾经定为沉积—成岩—淋积改造成因。本书根据铀矿化见到闪锌矿呈不规则状或微脉状产于岩石裂隙中，与微晶石英脉共生，而且与铀关系密切，同时当岩石新鲜完整时，一般矿化较好、矿石品位高等地质现象，认为是矿区存在中低温热液成矿作用，则该矿床为热液亚型矿床。

3.2.4　热液亚型铀矿床地质特征与控矿因素

1.成矿构造背景

该类矿床分布于研究区东南部，在大地构造上，它们产于中扬子陆块区雪峰山基底逆冲推覆带与江南古岛弧—活动大陆边缘东段构造－岩浆活化区，出露地层有新元古界、震旦系、寒武系、奥陶系、志留系、泥盆系及古近系。

2.矿床地质特征

（1）主要控矿构造。矿区内或附近产有花岗岩体和各种岩脉；发育与地层走向近似的区域性逆断层和横切断层，同时广泛发育层间破碎带。铀矿化主要产于层间破碎带内。

（2）产矿围岩与矿化特征。主要产矿层为上震旦统留茶坡组、上震旦统金家洞组、上震旦统—下寒武统牛蹄塘组、下寒武统，少量矿化产于辉绿岩、云斜煌斑岩内。矿石按岩性分为富碳泥岩型、硅质泥岩型、云斜煌斑岩型和辉绿岩型。

铀矿物有沥青铀矿、铀黑、铜铀云母、钙铀云母、水铀矾等；含铀矿物有黏土矿物褐铁矿、水铝英石、磷铅石等。铀主要呈吸附态。

（3）矿体特征与空间分布。矿体产状与地层基本一致，局部有切层现象。主要矿体产于弱氧化带与氧化–还原过渡带内，矿体呈似层状、透镜状、团块状等。矿体一般长 15～80 m，最长 300 m，倾向延伸 10～50 m，最大 200 m，厚度一般数米，最厚 13.5 m。矿石平均铀品位为 0.136%。

（4）矿床同位素。岩石中黄铁矿的 $\delta^{34}S$ 的同位素值变化范围大（$-6‰～+42‰$），而且基本都为正值，为重硫型，含铀辉绿岩中黄铁矿的 δ^{34} 分布区间为 10.3‰～1.0‰。这表明其可能属后生成因。

（5）成矿时代。本类矿床同位素测定的成矿年龄为 81 Ma、54 Ma、52 Ma、43 Ma、33 Ma、7 Ma。

（6）矿床类型。关于对该类矿床成因有不同观点，大多数人认为属热液亚型，也有些人认为属外生渗入亚型。

3. 矿床模式概述

本书将该矿床划为热液亚型，但认为其成矿机理与湘西地区外生渗入亚型铀矿床基本一致。不同之处是在矿区内有花岗岩体侵入，岩墙发育。总的成矿过程也是经历了富铀沉积层形成阶段、赋矿构造形成阶段和铀成矿阶段，如图 3-9 所示。

（1）富铀沉积层形成阶段。震旦纪—寒武纪，在扬子陆块被动陆缘带内低洼地段形成了黑色碳硅泥岩系，其特点是富铀（$2.0 \times 10^{-5}～4.0 \times 10^{-5}$）、有机质和黄铁矿。

（2）赋矿构造形成阶段。华力西—印支—燕山期构造岩，浆活化作用，在矿区内或其附近先后有花岗岩浆侵入，形成复式花岗岩体或各种岩墙，同时导致岩层褶皱并形成背斜，产生一系列断裂构造，其中包括层间破碎带。岩浆的侵入会导致地温升高，导致了岩层中部分铀的活化与迁移。

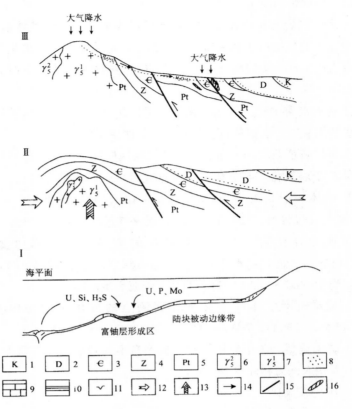

1—白垩系；2—泥盆系；3—寒武系；4—震旦系；5—元古宙；6—燕山期花岗岩；7—印支期花岗岩；8—碎屑岩；9—碳酸盐岩；10—富铀碳硅泥岩；11—火山岩；12—水平地应力；13—花岗岩浆侵入应力；14—地下水流方向；15—断层；16—铀矿体。

图 3-9　热液亚型铀矿床成矿模式图

（3）铀成矿阶段。燕山晚期到喜马拉雅期，该区大幅度隆升，遭受剥蚀，富铀的上震旦统—下寒武统出露地表，大气降水沿破碎带渗入，形成层间裂隙渗入型氧化带。在氧化作用过程中，岩石中的铀活化，并在下降的过程中被各种吸附剂吸附；或经蒸发和水溶作用，部分铀形成铀酰矿物，逐渐在强氧化带以下富集成矿。基于岩体富铀，又处于汇水区，大气降水使岩体中浸出部分铀并迁移至赋矿构造内，这可能为铀成矿做出一定贡献。

4.矿床模式应用

（1）震旦纪—寒武纪，古陆块被动边缘相对封闭、平静的浅海区，特别是一些局部半封闭洼陷槽发育区。

（2）震旦纪—寒武系富铀黑色页岩系发育区，岩石富含有机质、黄铁矿，有时还含磷块岩结核，铀含量高，一般为 $2.0 \times 10^{-5} \sim 5.0 \times 10^{-5}$，个别地段铀含量大于 1.0×10^{-4}。

（3）区内有岩浆活动，发育复式花岗岩体和各种岩墙。

（4）岩层发生褶皱，形成单斜构造，并被逆断层切割和发育层间破碎带。

（5）发育完整的补、径、排渗入水流体系。

（6）发育潜水氧化带和断层渗入氧化带。

（7）发育放射性异常带和铀、钒、钼的地球化学异常晕。

3.2.5　永丰矿床地质特征与控矿因素

1.区域地质概况

（1）在大地构造上，该矿床位于中扬子陆块雪峰山逆冲推覆带中段，安化—溆浦复背斜南部，溆浦盆地东南侧。

（2）区内出露地层有新元古界板溪群、古生界寒武系、奥陶系及新生界古近系。

（3）区内褶皱、断裂发育，岩层褶皱形成永丰倒转复向斜，有北北东向溆浦—四堡区域性深断裂从本区通过。

2.矿床地质

（1）地层。矿区内出露的地层有新元古界板溪群、古生界寒武系、新生界古近系、第四系（图 3–10）。与矿化有关的地层为上震旦统—下寒武统牛蹄塘组，按岩性特征分三段。

①下段（$Z_2 \sim \epsilon_1 n_1$）：进一步分为 3 大层。

第一层：为薄层碳质泥岩与硅质岩互层，厚 26 m。与下伏岩层呈整合接触。

第二层：为含磷结核碳质泥岩夹薄层硅质岩，局部夹泥灰岩、含碳泥岩透镜体，岩石铀含量为 9.3×10^{-5}，厚 28 m。

第三层：为含硅碳质泥岩夹含碳泥岩透镜体，铀含量为 5.0×10^{-5}，厚 30 m。

②中段（$Z_2 \sim \epsilon_1 n_2$）：进一步分为两大层。

第一层：又分为两小层。第一小层：为碳质泥岩夹数层厚度约 $0.5 \sim 4$ m 不等的透镜状含碳泥岩，岩石微层理发育，铀含量为 8.0×10^{-5}，厚约 60 m，为主要含铀层；第二小层：为中厚层碳质泥岩夹透镜状含碳泥岩，含少量黄铁矿结核，厚 44 m。岩石铀含量为 3.9×10^{-5}。

第二层：为碳质泥岩夹 1 ~ 4 m 厚的透镜状含碳泥岩，厚 25 m，为含矿层。

③ 上段（$Z_2 \sim \mathcal{E}_1 n_3$）：为碳质泥岩夹泥灰岩，厚 53 m。通过对岩石中的铀的浸出实验表明，富铀岩层内的铀易浸出，浸出率在 30% ~ 79% 之间。（表 3-28）

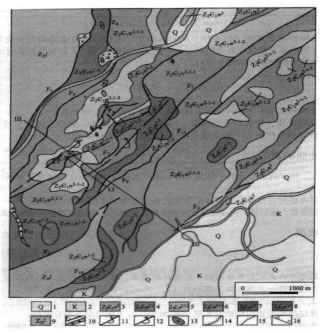

1—第四系；2—白垩系；3—牛蹄塘组上段；4—牛蹄塘组中段第二大层；5—牛蹄塘组中段第一大层第二小层；6—牛蹄塘组中段第一大层第一小层；7—牛蹄塘组下段第三大层；8—牛蹄塘组下段第二大层；9—上震旦统留茶坡组；10—断层及编号；11—倒转背斜；12—倒转向斜；13—煌斑岩墙 14—地层不整合界线；15—地质界线；16—实测剖面线及编号。

图 3-10 永丰矿床地质示意图

表 3-28 铀的浸出率

层　位	铀含量 /%	浸出率 /%	层位	铀含量 /%	浸出率 /%
$Z_2 \sim \mathcal{E}_1 n_{2-1-2}$	0.003 9	79	$Z_2 \sim \mathcal{E}_1 n^{1-3}$	0.005	78
$Z_2 \sim \mathcal{E}_1 n_{2-1-1}$	0.008	54	$Z_2 \sim \mathcal{E}_1 n^{1-2}$	0.009 3	30

注：据《中南铀矿地质志》资料，2005。

（2）构造。

褶皱：矿区处于永丰倒转复向斜中，复向斜由一系列小的背斜和向斜组成。复向斜轴向 35°～40°，向北东倾伏，轴面倾向 SE，背斜与向斜翼部地层较陡（60°～80°），其他部位地层倾角较缓。

断裂：区域性伍都断裂从矿区北西侧穿过，为斜冲断层，产状为 135°∠50°。另外，在倒转背、向斜轴部发育较多的平行叠瓦式断裂。该矿区断裂构造与本地区其他矿区的不同是顺层断裂和层间破碎带不发育。按断裂产状分为 NE、NNE、NWW、近 SN 向 4 组断裂。

3. 铀矿化

（1）铀矿化产出地质环境。工业铀矿化主要受 F_4 和 F_7 断裂控制，产于断裂带内及上、下盘破碎带中，一般断裂切层处，特别是产状陡缓变异部位形成的"船形凹陷"是最有利的产出部位。在岩层内主要产于牛蹄塘组中段第一大层第一小层内。除构造和岩性外，铀矿化明显受表生氧化带控制，主要铀矿体都产于氧化 – 还原过渡带内。

（2）产矿层特征。铀矿分别产于 5 个含矿层之中，主要赋矿层位为牛蹄塘组碳质泥岩。含矿岩石铀含量高（$8.0×10^{-5}$），富含黄铁矿、泥质和有机质。含矿泥岩孔隙度大，微层理发育，易沿层理裂开破碎。

（3）矿体特征与空间分布。矿床内共圈定矿体 17 个，呈透镜状，如图 3-11 所示，产状与断裂产状相近。矿体长 20～270 m，厚 1～3 m，最厚 12 m，宽（斜深）5～70 m。主要矿体赋存标高 100～160 m，少部分赋存标高 230～250 m。规模小，长度小于 270 m、斜深小于 70 m、厚度 1～12 m。矿石铀品位一般大于 0.1%，平均为 0.138%。

（4）产矿围岩与矿化特征。产矿层为上震旦统—下寒武统含碳泥岩、碳质条带状板岩与碳质板岩，富含黄铁矿、泥质、有机质，岩层铀含量高（$2.0×10^{-5}$～$8.0×10^{-5}$）。矿石矿物主要为沥青铀矿、铜铀云母、黄铁矿、褐铁矿。铀的存在形式以吸附为主，其次为铀矿物。

（5）矿体分布位置与成矿年代。铀矿体主要产于上震旦统—下寒武统富铀地层与断层交切处，特别是断层由陡变缓部位。根据矿床在志留纪至早石炭纪、中三叠世至侏罗纪出现两次沉积间断分析，推测成矿作用最早可能始于印支期，并断续延续至现代。

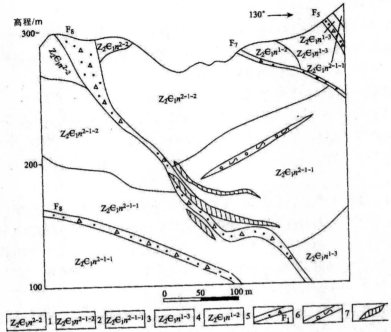

1—牛蹄塘组中段第二大层；2—蹄塘组中段第一大层第二小层；3—牛蹄塘组中段第一大层第一小层；4—牛蹄塘组下段第三大层；5—牛蹄塘组下段第二大层；6—断层及编号；7—含碳泥岩；8—铀矿体。

图 3-11　永丰矿床 13 号剖面示意图

4. 矿石的化学成分

本矿床矿石的化学成分如表 3-29 所示。

表 3-29　永丰矿床岩（矿）石化学成分含量（%）

层位及岩性		SiO_2	TiO_2	Al_2O_3	TFe	MnO	CaO	MgO	P_2O_5	S	U
破灰岩矿石		12.46	0.06	1.94	3.43	0.17	40.96	2.44	0.06		0.493
含碳泥岩	矿石	63.27	0.32	8.13	8.44	0.01	0.42	5.10	0.20	5.53	0.228
	围岩	66.65	0.38	9.36	7.50	0.003	0.17	1.03	0.17		0.007
硅质泥岩	矿石	61.52	0.62	7.16	3.45	0.02	0.61	5.51	0.74	3.15	0.135
	围岩	72.08	0.39	5.90	3.65	0.003	0.25	1.48	0.05		0.006
碳质泥岩	矿石	68.93	0.30	5.94	3.90	0.01	0.12	1.03	0.26	4.08	0.086
	围岩	66.31	0.40	5.08	4.23	0.03	1.36	1.32	0.47		0.006

（1）矿石与围岩相比，牛蹄塘组中段内矿石 SiO_2 含量降低，MnO、CaO、MgO、P_2O_5 等有所增加，牛蹄塘组下段则出现相反的情况。两者的共同点是都富含硫。

（2）U 与微量元素的关系分析。

① 含矿地段的元素相关性及元素组分的地化组合。据 6 个样品的数据统计，铀 FeS_2、Ti 呈正相关（表 3–30），相关系数均为 0.9，在因子 1、因子 2 中（图 3 –12），铀与 FeS_2、H_2O、Al_2O_3 密切组合。与之对立的另一端为 SiO_2、Fe_2O_3 的组合。

表 3-30 永丰矿区含矿样品化学多项分析相关矩阵

	$-H_2O$	SiO_2	Al_2O_3	CaO	MgO	FeO	Fe_2O_3	FeS_2	Al_2O_3/SiO_2	U
$-H_2O$	1	−0.85	0.38	−0.3 2	0.54	0.43	−0.7	0.7	0.5	0.68
SiO_2		1	−0.87	0.08	−0.17	0.17	0.7	−0.8	−0.79	−0.72
Al_2O_3			1	0.36	0.24	−0.28	0.61	0.47	0.63	0.34
CaO				1	0.29	−0.79	0.26	0.36	0.0025	−0.34
MgO					1	0.051	0.76	0.5	0.65	0.73
FeO						1	0.069	0.56	0.073	0.59
Fe_2O_3							1	−0.61	−0.62	−0.73
FeS_2								1	0.65	0.9
Al_2O_3/SiO_2									1	0.66
U										1

	$-H_2O$	SiO_2	Al_2O_3	CaO	MgO	FeO	Fe_2O_3	FeS	Al_2O_3/SiO_2	U	特征值	累计值	%
1	−0.71	0.87	−0.88	0.33	−0.22	0.59	−0.87	−0.87	−0.48	0.001	5.8	5.8	88
2	0.35	0.37	0.37	0.14	−0.098	−0.098	0.05	−0.053	−0.5	0.94	2.3	8.16	81.6
3	0.36	0.21	0.21	0.93	−0.17	0.59	0.35	0.19	0.09	0.15	0.73	8.39	88.9

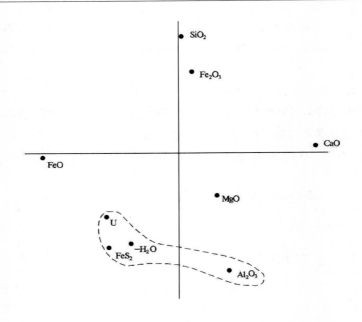

图3-12 永丰矿区含矿样品方差极大旋转因子载荷矩

②不含矿地段的元素相关性及元素组分的地化组合。据 4 个样品统计：U 与 Al_2O_3 呈负相关，与 SiO_2 密切组合（表 3-31，图 3-13）。上述数据表明，该区含矿地段，铀与 FeS_2、Ti 呈正相关，与 FeO、Al_2O_3 关系密切。虽然样品比较少，但是这些数据与野外观察和镜下研究是吻合的。本矿床结核状黄铁矿很发育，占 12.93%（据化学分析计算）。在光片面上的结核状黄铁矿边缘，见层状和点状的含铀白钛矿。正是这样，矿物在沉积时的亚稳态天然氢氧化钛能从溶液中吸附铀，并且在成岩富集成"线簇"和"星点"轨迹的微粒铀矿物，水白云母仍然是主要吸附剂。这些组合特点反映了沉积成岩形成的条件；与 H_2O 关系密切。而不含矿地段相关分析表明铀与诸组分均不相关，铀呈孤立状态出现，故不成矿。

5. 矿床成因

根据铀矿化产于富铀层发育区，主要铀矿体均位于氧化 - 还原过渡带内，根据其矿化特性，确定该矿床属于外生渗入成因。

表 3-31　永丰矿区不含矿地段化学多项分析相关矩阵组

	$-H_2O$	SiO_2	Al_2O_3	CaO	MgO	FeO	Fe_2O_3	FeS_2	Al_2O_3/SiO_2	U
$-H_2O$	1	-0.59	0.39	-0.68	0.47	-0.33	0.03	0.37	0.45	-0.49
SiO_2		1	-0.97	0.15	-0.97	-0.35	-0.30	-0.37	-0.98	0.58
Al_2O_3			1	0.094	0.98	-0.68	0.22	0.72	0.99	-0.05
CaO				1	0.093	-0.29	-0.47	-0.66	0.058	-0.20
MgO					1	0.60	0.35	0.74	0.99	-0.30
FeO						1	-0.55	0.20	0.61	-0.37
Fe_2O_3							1	0.65	0.31	0.073
FeS_2								1	0.76	-0.56
Al_2O_3/SiO_2									1	-0.92
U										1

因子变量	$-H_2O$	SiO_2	Al_2O_3	CaO	MgO	FeO	Fe_2O_3	FeS	Al_2O_3/SiO_2	U	特征值	累计值	%
1	0.28	0.94	-0.1	-0.13	-0.96	-0.77	-0.098	-0.66	-0.98	0.99	6.19	6.19	61.9
2	-0.96	0.34	-0.11	0.77	-0.2	0.53	0.92	-0.72	0.8	-0.15	3.05	9.24	92.4

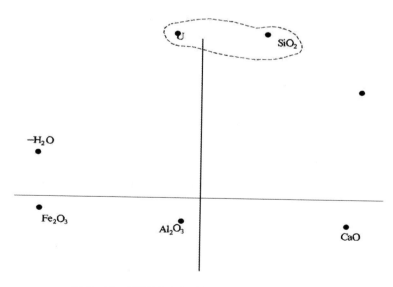

图 3-13　塘子边不含矿样品方差极大旋转载荷矩阵

3.2.6 外生渗入亚型铀矿床地质特征与控矿因素

1.成矿构造背景

该类矿床分布于湖南省西部。在大地构造上，产于扬子陆块区东南被动陆缘带，特别是雪峰山逆冲推覆带内。

2.矿床地质特征

（1）主要控矿构造。铀矿化产于向斜或背斜翼部的震旦至寒武系内的断裂带与其旁侧的次级切层断裂内，并受断裂或碎裂岩带渗入氧化带控制。

（2）产矿围岩与矿化特征。产矿层为上震旦统至下寒武统含碳泥岩、碳质条带状板岩与碳质板岩，富含黄铁矿、泥质、有机质，岩层铀含量高（$2 \times 10^{-7} \sim 8 \times 10^{-7}$）。矿石矿物主要为沥青铀矿、铜铀云母、黄铁矿、褐铁矿。铀的存在形式以吸附为主，其次为铀矿物。

（3）矿体特征与空间分布。铀矿体主要产于上震旦统至下寒武统富铀地层与断层交切处，特别是断层由陡变缓部位。矿体呈透镜状、扁豆状。规模小，长度小于270 m、斜深小于70 m、厚度 $1 \sim 12$ m。矿石铀品位一般大于0.1%，平均为0.138%

（4）成矿时代。本矿床无同位素测定铀成矿年龄数据。根据研究区在志留纪至早石炭纪、中三叠世至侏罗纪出现两次沉积间断分析，推测成矿作用最早可能始于印支期，并断续延续至现代。

（5）矿床类型。该类矿床属外生渗入亚型。

3.矿床模式概述

该类矿床形成经历了富铀沉积层形成阶段、赋矿构造形成阶段和铀成矿阶段（图3-14）。

（1）富铀沉积层形成阶段：震旦纪到寒武纪，在扬子陆块区东南部被动陆缘带内的洼陷槽内，沉积了富铀（$2 \times 10^{-7} \sim 8 \times 10^{-7}$）、有机质和黄铁矿的薄层碳硅泥岩层。

（2）赋矿构造形成阶段：晚奥陶世末期，受宜昌运动影响本区上隆，出现沉积间断；华力西—印支运动，在区域上形成一系列推覆断裂、岩层发生褶皱，形成背斜和向斜并被次级逆断层切割；燕山期构造运动，早期形成的构造发生活化与改造。

（3）铀成矿阶段：华力西—印支构造运动使地壳不断隆升，大气降水开始沿断层渗入，在产矿层内部分水沿层理向汇水断层迁移，不断浸取围岩中的铀。当富铀地下水迁移至汇水断层带处时，由于地球化学环境的改变，形成铀矿物或被有机质与黏土矿物等吸附剂吸附，逐渐富集成矿，该成矿作用断续延续到现代。

4.矿床模式应用

（1）古陆块区被边缘带，震旦纪—寒武纪相对封闭、平静的浅海区，特别是其中的一些洼陷槽。

（2）发育上震旦统纪—下寒武统薄层黑色碳硅泥岩层。岩石富含有机质、黄铁矿，有时还含磷块岩结核，铀含量高，为 $2 \times 10^{-7} \sim 8 \times 10^{-7}$，而且铀的浸出率高。

（3）岩层发生褶皱，形成向斜构造，并被次级逆断层切割。

（4）发育完整的补、径、排渗入水流体系。

（5）发育潜水氧化带和断层渗入氧化带，发育放射性异常带和铀、钒、钼的地球化学异常。

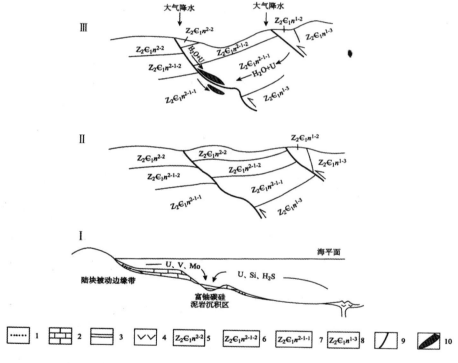

Ⅰ.富铀沉积层形成阶段　Ⅱ.赋矿构造形成阶段　Ⅲ.表生铀成矿阶段

1—碎屑岩；2—碳酸盐岩；3—富铀碳硅泥岩；4—火山岩；5—牛蹄塘组中段第二大层；
6—牛蹄塘组中段第一大层第二小层；7—牛蹄塘组中段第一大层第一小层；8—牛蹄塘组中段第三大层；9—断层；10—铀矿体。

图 3-14　永丰式铀成矿模式图据
（资料来源：《中南铀矿地质志》，2005）

第4章　区域铀成矿条件与控矿规律

4.1　区域铀成矿条件分析

4.1.1　研究区铀的来源

1. 地层本身是矿源层

研究区上震旦到下寒武统所赋存的铀矿床的形成，是区内地壳长期发展演化的结果。其成矿过程可以简写为海水中活性铀到黑色岩系铀源层到再次活化到形成铀矿床。这个过程中，铀源层的形成，使海水中处于活性状态的铀沉积富集于黑色岩系中，成岩过程中铀的再分配富集可形成低品级铀矿化[54]。

黑色岩系铀源层的形成：震旦纪晚期，本区承袭原有地貌的基础上，转入台地斜坡相区、陆棚相区和陆坡棚区，海水由震旦纪早期的冰水转变为温暖的海水，生物演化进入显生宙并大量繁育，大陆碎屑沉积物来源不足，沉积缓慢。这个过程一直持续到寒武纪早期。在这个过程中，本区某些地段由于海底地形的阻隔形成封闭半封闭的还原或氧化到还原环境。这种海底地形的阻隔和变异部位，沉积岩相变化快，有机物质和化学沉积物质交替出现。海水中的活性铀就是在这种变化的地球化学条件下得以沉淀，并被有机质、黏土物质等吸收。这种持续缓慢的过程，使海水中活性铀得到充分的转变而被黑色岩系富集。其中，活性铀一般表现为六价铀酰离子的碳酸盐形式，黑色岩系中被还原固定的一般为四价铀酰离子。这种沉积富集作用在区内绝非均一的到处一致地进行，而只是在海底地形变异、沉积物质复杂、成分多样的岩相亚区铀元素才能得以充分的富集。上震旦到下寒武统黑色岩系作为一套地壳长期演化形成的地层岩石系统，其中各岩性段的含铀性并不是相同的，富铀部位往往发生于岩石组合较复杂、岩石结构较细腻的岩性系列中。破碎屑和单一的岩石组合往往无铀的富集现象。这种现象的合理解释是，铀源层一般形成于地壳运动相对稳定时期，即某个沉积旋回的中部层位。当某沉积旋回处于开始阶段或基本稳定时期（单一岩相区），则不出现铀的原始富集，这种现象同样可以解释上震旦到下寒武统作为一套大的富铀层位所处的更大沉积旋回的位置。即从下震旦统到上震旦统、下寒武统到中上寒武统为粗碎屑沉积到细碎屑和生物化学沉积到化学、生物化学沉积旋回，上震旦到下寒武统处于大沉积旋回的中部位置。这说明地层本身初始富集铀，对铀成矿起重要作用。

2. 地层聚铀能力

本区各地层对铀有吸附是铀的主要存在形式，铀主要分布在碎屑颗粒的表面或碎屑岩的胶结物中，有机质、蚀变碎屑、钛铁氧化物、磷酸盐、填隙物等物质吸附在地层中。

（1）有机质。铀与有机碳的关系比较复杂，从已有的数据分析，在铀含量相对低时，两者具有正相关的趋势，当铀含量增高到一定程度后（$U>60 \times 10^{-6}$），基本没有相关关系（图 4-1、表 4-1）。这是由于随着铀含量增高，有机质吸附能力变差，其他存在形式增加，特别是在有后生成矿作用时，甚至形成独立的铀矿物。

（2）微生物。微生物对铀有很强的吸附能力，其依据是自然界的有机质灰岩、煤往往都富含铀，在水中生长的水草铀含量达 2×10^{-6}，而且在其中发现直径 $5 \sim 10\,mm$ 的立方晶体，推测可能为晶质铀矿。在实验和工艺装置中用微生物作吸附剂，可富集极高含量的铀。

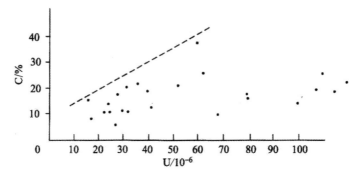

图 4-1　泗里河地区下寒武统富铀层有机碳与铀含量关系

（资料来源：《中南铀矿地质志》，2005）

（3）磷酸盐。在陆源碳硅泥岩层中的磷灰石往往以富含铀为特征。磷块岩结核或含磷层中的铀含量明显高于其周边岩石，而且铀与磷具有正相关趋势，特点是磷块岩中铀含量高时，P_2O_5 的含量肯定高；而 P_2O_5 高时，铀含量则不一定高（图4-2）。铀在磷酸盐中以吸附态和结构态两种存在形式。对于在相同的环境下，碳硅泥岩层中磷酸盐的铀含量差别达几十倍，甚至数百倍（铀含量从 $n×10^{-6} \sim n×10^{-3}$）的现象。最初 W.E. 斯万松（1961）认为，是由于铀被硫化氢还原导致直接沉淀与磷酸盐的吸附沉淀两者对铀"竞争"的结果，如果铀还未被硫化氢还原沉淀，磷酸盐便可吸附较多的铀，而且磷酸盐的形成的速度越慢，铀含量越高。后来，Я.Э.尤多维奇、М.п.凯特里斯（1986）认为，吸附作用不能形成富铀的磷酸盐，因为磷酸盐的自由表面有限。根据新的研究成果，他们提出，铀的磷酸盐只能形成于铀被还原为四价并瞬间被形成的磷酸盐捕获的条件下，即富铀磷酸盐形成和沉积是发生在有机质成功捕获和还原一定量的铀之后（图4-3）。所以，有机质对自生磷灰石富含铀做出了相当的贡献，起到了将天然水中的铀输送到磷酸盐的作用。

（4）钛。钛矿物发生水解后，形成的 $TiO_2 \cdot nH_2O$ 是极强的铀吸附剂，地球化学富集系数（被矿物铀数量与保留在溶液中铀含量的比例）达 $8×10^4 \sim 8×10^8$（J.C 萨马马，1987）。在 pH =8 时氢氧化钛可吸附海水中70%的铀，其本身铀含量可达7%；在酸性介质中，吸附的铀含量甚至可高出其本身重量（A. B. 卡西雅诺夫 等，1975）。沉积岩层中经常可以见到一些富铀的水解的钛矿物碎屑，由于它的铀含量很高，许多研究者将其定名为钛铀矿。实际上，它们都为非晶质体，将其称为"含铀的氢氧化钛"更为恰当。水解的钛矿物虽是极强的吸附剂，但在碳硅泥岩层中钛矿物含量极其有限，故对铀的富集贡献一般甚微。

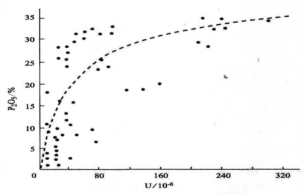

图4-2　磷块岩中铀含量与 P_2O_5 含量关系

（5）黏土吸附。黏土矿物具有较强的吸附能力，能从海水中吸附一定量的铀，但 E.B. 罗日科娃等（1959）根据弗连德利赫或朗格缪尔公式进行计算，表明海底沉积物从海水中吸附铀量不可能高于沉积岩的克拉克值。现代海洋沉积物中铀的分布也证实了这点，在海洋中部由水云母和高岭石组成的淤泥铀含量仅为 $1 \times 10^{-6} \sim 2 \times 10^{-6}$，亚速海淤泥铀含量为 1.3×10^{-6}，虽然按它们的吸附容量，铀含量应更高。

（6）铁障。富铀碳硅泥岩层的一个共同特点就是富含黄铁矿，但黄铁矿是后生成因。在沉积时期，部分铁呈高价的氢氧化物。$Fe(OH)_3$ 与针铁矿都具有极强的吸附能力，非晶质 $Fe(OH)_3$ 的地球化学富集系数为 $1.1 \times 10^6 \sim 2.7 \times 10^6$，细粒针铁矿为 4×10^3（据 J．C 萨马马，1987）。我国的一些铁帽与铁染岩石中不仅铀含量增高，甚至还形成铀矿体。

3. 本区产铀层位及岩性组合

本区铀矿化主要产于 Z_2d、Z_2l_3、$\in_1x_1$，部分产于 $\in_1x_3$ 地层。

（1）Z_2d 地层。铀矿化主要产于 Z_2d，岩性为青灰色含硅含白云泥岩。顶板为 Z_2d_3，岩性为薄层含碳硅质泥岩夹薄层含碳硅岩；底板为中层含硅白云岩，矿化层最厚 3.6 m。

其次是 Z_2d_4，岩性为青灰色薄层含硅含白云泥岩、泥质白云岩，厚 $1.3 \sim 3$ m，顶板是 Z_2d_3，岩性为薄、中层白云岩；底板为 Z_2d_3，岩性为薄层含碳硅岩、硅质泥岩。Z_2d_7 也有矿化，如黄洋屯红色条带泥质硅岩。

（2）Z_2l 地层。铀矿化主要产于 Z_2l_3，部分产于 Z_2l_2。

Z_2l_2：矿化赋存于灰黑色薄、中层含碳硅岩夹透镜状泥质白云岩，灰黑色薄层含碳（含泥）硅岩与泥质（含泥）白云岩互层。矿化主要在互层中。思蒙矿点可见三层互层，各层厚度为 $0.55 \sim 2.55$ m。据检块分析，在同一矿体，薄层含泥白云岩中铀含量为 0.105% ~ 0.113%，而含泥（泥质）硅岩中铀含量仅为 0.028% ~ 0.031%。

Z_2l_{3-4}：矿化赋存于顶部薄层硅岩与泥质白云岩互层中，矿化层最厚 4.35 m。

Z_2l_3：矿化层上下都是比较稳定的中层硅岩。

（3）$\in_1x_1$ 地层。铀矿化主要赋存于 $\in_1x_{1-2}$ 地层，局部在 $\in_1x_{1-3}$ 地层。

$\in_1x_{1-2}$：含矿层岩性组合为黑色中厚层含硅（含粉砂）碳质泥岩间夹碳质泥岩或"富碳泥岩"透镜体，黑色薄、中层碳质泥岩夹含硅（硅质）泥岩、薄层碳质泥岩与薄层含碳（碳质）硅岩互层，各层厚 $2 \sim 14.7$ m，最厚 17.07 m。贺庵寨矿点、潘公寨矿化点多达四层，一般无固定的顶底板。

$\in_1x_{1-3}$：有工业意义的矿体见于贺庵寨矿点，岩性为黑色薄层碳质泥岩夹含碳硅岩，厚 $2 \sim 3$ m。

表4-1 研究区上震旦—下震旦统铀、有机碳含量表

地层				主要岩性	铀含量/10⁻⁶ 变化范围	铀含量/10⁻⁶ 均值	有机碳含量/% 变化范围	有机碳含量/% 均值
湘西 上段	桂北 上段	小烟溪组		碳质泥岩	6~11	8		
				含碳灰岩	3~5	4		
桂东北 二层	六~七层			碳质泥岩	11~26	16	7.35~1.03	3.13
桂东北 一层				碳质泥岩	1~41	16	10.45~2.84	3.28
下段 三层	五层			碳质硅质泥岩	6~20	11	9.31~1.23	4.65
				黑色硅岩		24	8.05~0.15	1.60
				碳质硅质泥岩	6~200	26	10.82~0.44	3.73
				碳质硅质泥岩	11~250	37	17.75~0.75	9.33
	四层			高碳泥岩		53	32.02~19.59	20.02
二层	下段	清溪组		碳质硅质泥岩		31	8.39~1.36	5.43
				磷结核		52	8.50~6.10	7.30
				碳质泥岩	19~330	50	14.39~1.15	5.06
				高碳泥岩		27		20.54

续　表

地层（桂北）		地层（湘西）			主要岩性	铀含量/10⁻⁶ 变化范围	均值	有机碳含量/% 变化范围	均值
清溪组	三层	小烟溪组	下段	一层	黑色硅岩		16		1.71
清溪组	二层	留茶坡组	上段		黑色泥岩		78	8.85～0.81	4.40
清溪组	一层	留茶坡组	上段		黑色硅岩		11	1.59～0.14	0.99
清溪组	下段	留茶坡组	上段		黑色泥岩			2.48～0.23	1.61
		留茶坡组	中段		灰色泥岩	2～27	21	0.68～0.07	0.27
		留茶坡组	中段		白云岩	5～8	10	0.66～0.13	0.37
		留茶坡组	下段		黑色泥岩	1～7	6	16.49～1.27	6.43
老堡组		留茶坡组	下段		灰色硅质泥岩		4	1.27～0.58	0.62
		陡山沱组	四段		灰色硅岩	4～28	9	0.48～0.14	0.31
陡山沱组		陡山沱组	四段		黑色硅岩	4～31	18	11.14～0.63	4.15
					黑色硅岩		9		
					硅质泥岩		16	0.72	0.72
					白云岩		3		

续 表

地层			主要岩性	铀含量 /10⁻⁶		有机碳含量 /%	
桂 北	湘 西			变化范围	均 值	变化范围	均 值
陡山沱组	陡山沱组	三段	磷块岩		10		4.62
			白云岩		4	2.98 ~ 0.72	1.00
		二段	灰色泥岩		15	0.40 ~ 0.06	0.18
			黑色泥岩	2 ~ 11	10	5.85 ~ 1.52	3.10
			含泥白云岩	2 ~ 17	6	0.28 ~ 0.11	0.17
		一段	白云岩		5		

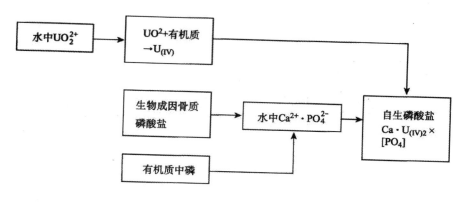

图 4-3　含铀磷酸盐形成过程

（4）$\in_1 x_2$ 地层。铀矿化主要赋存于 $\in_1 x_{2-1}$ 中上部，部分在 $\in_1 x_{2-2}$ 下部。

$\in_1 x_{2-1}$：含矿岩性组合有上部薄层碳质泥岩夹薄层泥质硅岩破碎带；中部黑色中薄层含白云碳质泥岩、黑色中厚层白云质泥岩、"富碳泥岩"，顶底板为黑色厚层含硅碳质泥岩，含矿层厚几十厘米至 1 ~ 2 m。

$\in_1 x_{2-2}$：矿化赋存于下部中层碳质泥岩夹透镜状含白云泥岩透镜体中，含矿层厚 0.94 ~ 1.18 m。

（5）$\in_1 x_3$ 地层。本区 $\in_1 x_3$ 中的铀矿化仅见于蒙福矿点，铀矿化赋存于下部灰黑色薄层（少量中层）微晶灰岩夹微细层碳质泥岩或泥质灰岩中，褶曲发育，岩石破碎地段，含矿层厚 10.86 m。

（6）含矿主岩特征。上述各层位含矿岩性组合中，铀矿化只与一定的岩石（即含矿主岩）有关，主要包括以下几种。

$Z_2 d$：含硅含白云泥岩、泥质白云岩、红色条带泥质硅岩；

$Z_2 l_3$：泥质白云岩、硅质角砾岩；

$\in_1 x_1$：含硅碳质泥岩、碳质泥质、泥质硅岩、"富碳泥岩"；

$\in_1 x_2$：碳质泥岩，含白云碳质泥岩、"富碳泥岩"；

$\in_1 x_3$：赤铁矿化微晶灰岩。

4.1.2　构造条件

一般地说，黑色富铀岩系，岩石矿物颗粒度细小，孔隙度很小，透水性差，完整岩石在常压水下不能渗透，不能循环。构造的作用在于破坏这些岩石的完整性，促成矿液循环，进而形成铀矿床。区内较好的铀矿床矿化就是在构造系十分发育地段形成的。这种构造系统包括一定的区域大地构造单元及与之配套的深断裂、复式褶皱构造，直至控制矿体形态、规模的低级断裂构造。

1. 区域构造

研究区内构造控铀矿床主要分布在雪峰山东缘地区，如统溪河、奎溪坪、泗里河、隆家村、黄材、云山等矿床和诸多矿点。主要由沅麻凹陷背斜沩山隆起（岩体）北缘控制。北部的矿化点，如西牛潭、老树斋矿床和刘马塘等矿化点，亦多见构造控制，主要为雪峰古陆隆和雪峰山复背斜起所控制。雪峰山南东缘地区的铀矿床（点），如906、塘子边、上龙岩矿床，炉坡脑、张家山、田慢村、下龙岩等矿化点，也主要由雪峰山复背斜及其分支黄岩向斜所控制。由此可见，研究区内铀矿化与构造运动关系极为密切，构造（尤其是断裂构造）形态、规模直接控制铀矿床以及矿床的展布方向。铀矿化的发生发展无不是一定的地质背景发展演化的产物，研究区内地质构造单元及大地构造背景相互关联的产物。

2. 断裂构造

含矿断层一般为次级断裂，斜切含矿层位，形成一定规模破碎带，有利于层状氧化带的发育，使铀进一步活化富集。例如，荔枝溪矿床 F_1 断层上盘形成的次级断层破碎带控制了部分铀矿化。宜家湾矿点 F_5 号构造控制了矿化体。除 F_3、F_5、F_6 本身控制矿化外，其构造夹持地段还造成宽约40 m的裂隙、揉皱带，加速了层状氧化带的纵深开拓，对于铀的再分配和富集创造了有利条件。

3. 层间破碎带

断层两盘相对运动，相互挤压，使附近的岩石破碎，形成与断层面大致平行的破碎带叫层间挤压破破碎带。在本研究区广泛发育于 Z_2l_3—$\in_1x$ 地层，在 $\in_1x_{2-2}$ 与 $\in_1x_{2-1}$ 界线处（$\in_1x_{2-1}$ 顶部中、薄层碳质泥岩夹薄层硅岩）较连续。例如，蒙福矿点，破碎带连续2 km，往SW至银匠溪矿点断续7.5 km，宽 $0.3 \sim 1.5$ m，构造带产状与两侧地层一致：$40° \sim 45°$ /SE $\angle 60°$，局部倾向NW（随地层倒转），两盘界线呈过渡状。构造岩主要是压碎岩，局部为角砾岩，见石墨化。近地表水铝英石、蛋白石、褐铁矿较发育，这表明破碎带控制了这些矿点的主要矿体。类似的还有张家滩矿点的冉家冲到李家及神仙坪背斜SE翼的柑子山挤压带。

Z_2l_3、$\in_1x_1$ 地层的破碎带规模较小，一般长几十米到百余米，构造特征与上述类似，为 $\in_1x_1$ 铀矿化控制因素之一。

4. 揉皱、褶曲

揉皱主要发生在 Z_2l_3、$\in_1x_1$ 薄层软硬岩石相间部位，由于挤压或层间滑动引起；褶曲多发生在断层两盘或挤压带内，两者都伴随有不同程度的破碎。一般较局限、矿化差、规模小。

4.1.3　岩浆条件

在研究区南面邻区有燕山早期花岗岩岩株以及白马山复式花岗岩岩体，生成时间有早有晚，锆石同位素年龄测定这些花岗岩岩体的年龄为 421 Ma。研究区的东部，即雪峰山东南缘分布较大的有加里东期桃江岩体、印支期沩山岩体和燕山期大神山岩体。沩山岩体中基性侵入岩主要以岩枝、岩瘤和岩脉形式分布于安化到溆浦到洪江大断裂和沩山隆起（岩体）北缘。酸性侵入体与铀矿化的分布有一定空间关系，尤其是沩山岩体北缘黑色岩系中分布有大量铀矿化。中基性岩脉与铀矿化则具有明显的共生关系，其中以雪峰山南东缘安化到溆浦到洪江断裂带内的铀矿床（点）和沩水断裂带内的铀矿床（点）最为明显。雪峰山南东缘分布于铀矿床内的中基性岩脉主要为煌斑岩脉，其中规模较大的铀矿化均可见到。例如，统溪河铀矿床，永丰铀矿床，老卧龙铀矿床，奎溪坪铀矿床和洞底坪矿化点等。另外面上也有少量分布，但无论从区测方面获取的资料还是核工业系统的内部资料来看，发现的多数煌斑岩脉体的分布与铀矿化部位吻合。这可以说明，煌斑岩与铀矿化有密切的时空关系。煌斑岩脉总体呈北东向展布，均发育于安化到溆浦到洪江断裂带内。单条脉体以裂隙方式充填于构造内，脉体大部分为北西走向。溆浦东部见有近南和北东走向的脉体，一般长 200～300 m，宽 1～2 m，与地层走向垂直或斜交，倾角陡，侵入于震旦系、寒武系。岩性为方斜煌斑岩或辉云斜煌斑岩。新鲜岩石呈暗绿、灰黑，易风化，风化后为土黄色或黄绿色，斑状或煌斑结构，常见斜长石、黑云母、辉石，少量石英和钾长石，但往往难于区分这些矿物，因破碎和风化后多变为绿泥石和绢云母、水云母等矿物，或为泥状物。新鲜完整岩石无铀矿化，但显示较高放射性物理场，往往可达到异常值范围。破碎或蚀变明显的煌斑岩显示铀矿化，其蚀变往往为褐铁矿化和叶腊石化。例如，永丰铀矿床小的煌斑岩脉体，呈串珠状南北向分布，最大单脉长 100 m，宽 15 m，近于直立，最短的仅 20 m 左右，在 800 m 长度内有 11 个单脉相间呈串珠线状排列于寒武系底部地层中。铀丰度值较高，一般可达异常值（0.01%），最高达（0.06%），有弱的铀矿化。老卧龙铀矿床 208 地段的 F_3 矿带中充填的云煌岩脉，斜交地层走向，呈 345° 走向，倾角 60°～66°，倾向南西西，长约 50 m。矿化发育于脉岩与留茶坡组岩层接触处的破碎带中，两者的破碎岩石发育为一个矿体，矿体厚度大，可达 15～21 m，铀含量达 0.1% 以上。老卧龙铀矿床云煌岩脉中也单独发育矿体，厚度可达 7.6 m，铀含量低，矿石呈角砾状，可见到石英岩。在氧化强的地方，可见次生铀矿物。另外，距此不远的铁山溪铀矿点的煌斑岩脉也发育有铀矿化。本区段煌斑岩脉的侵入时间晚于黄狮洞基性岩群，应为燕山晚期侵入体。本区煌斑岩及其中发育的铀矿化应值得注意，虽然其矿化强度较弱，但至少可以给我们一个矿化时间上的启示，即矿化晚于岩脉侵入时代。沩山隆起（岩体），北缘沩水东西向断裂南盘的黄材铀矿床、云山铀矿床等广泛发育辉绿岩脉，且多有矿体产出（如图 4-4）。以云山矿床为例。云山矿床内脉岩发育，有辉绿岩的云煌岩脉。辉绿岩侵入于矿区震旦系上统和寒武系下统地层中，云煌岩侵入于震旦系下统南沱组地层中，后者无矿化。辉绿岩展布主要为北西走向，倾向南西，倾角 40° ~ 70°，呈岩脉、岩枝和小岩瘤状，中心地段的二号辉绿岩脉矿化好。二号辉绿岩脉发育于云山矿床中心地段，长200 m，侵入于留茶坡组泥岩和小烟溪组底部含碳泥岩中，矿化沿脉体和脉体上盘含碳泥岩和留茶坡组泥岩发育，如图 4-5 所示。辉绿岩脉中发育的铀矿体为云山铀矿床的主要矿体之一，从地表延伸 100 多米仍见到矿化，一般铀含量达 0.1%，最高达 0.873%。辉绿岩脉呈暗绿色，块状构造，致密坚硬，风化后呈黄绿色略带红色、白色，疏松。脉岩中见有次生石英，脉岩边部有烘烤现象，呈辉绿结构、交代残余结构，主要成分为辉石、斜长石，风化后易变为绢云母，有的地段碳酸岩化强，伴有绿泥石化，含少量的石英，具热液蚀变特征。沩山隆起北缘还广泛发育花岗斑岩脉体。从黄材地段看，花岗斑岩脉体与辉绿岩往往相伴出现，但前者晚于后者，往往可以见到花岗斑岩穿插于辉绿岩脉中的现象（如图 4-6）。但看来时差不会太大，它们的生成时代可能为燕山晚期产物。

　　这就说明岩浆水甚至地层中的原生水、变质水（区内不明显）在这些构造 Eh 岩浆系统的活动中循环，同时被构造热液、岩浆带来的热能加热，这些有一定酸碱度和 Eh 值的热水溶液淋浸铀源层的铀元素及其他组分，使铀元素再次由稳定状态变为活动状态，并进入热水溶液。如此循环往复不断使成矿热液中的铀元素浓集（图 4-6）。这些富含矿热液在循环、迁移的过程中，在适宜的成矿环境和储矿空间下再次结晶沉淀为稳定状态的铀而形成矿床。这种适宜的环境和空间能改变矿液性质的氧逸度和酸碱度，降低矿液温度，降低压力等，可以是大范围改变矿液性质，使铀元素结晶成矿，微环境也可以促使铀元素缓慢地沉淀并被黏土质、有机质重新吸附等而形成矿床。

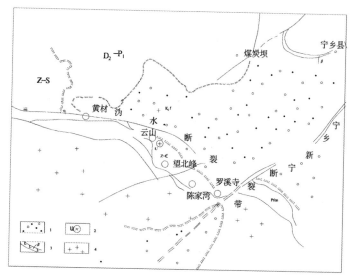

比例尺 1 : 50 000

1—红色砾岩层；2—辉绿岩；3—玄武岩；4—花岗岩。

图 4-4　黄材地区构造铀矿化及红色陆相盆地分布图

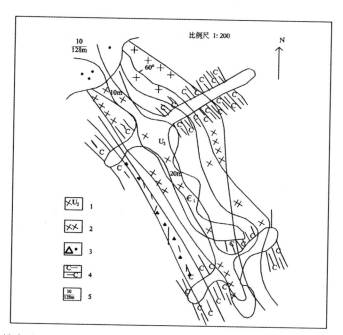

1—辉绿岩脉；2—铀矿体；3—构造角粒岩；4—含碳泥岩；5—坑道编号。

图 4-5　云山铀矿床 10 号坑道辉绿岩脉中的铀矿化平面图

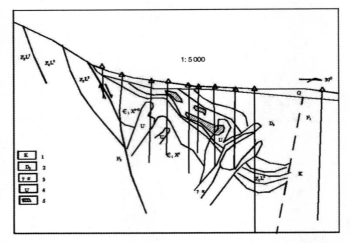

1—白垩系；2—泥盆系；3—辉绿岩；4—铀矿体；5铀矿体范围。

图 4-6　黄材铀矿床 5 号剖面图

4.1.4　岩相古地理条件

我们以研究区成型的工业矿床为借鉴，探讨晚震旦世至早寒武世的岩相古地理对铀成矿的影响。有利于铀的原生沉积的岩相古地理常是铀后生富集的有利部位。因此，对原生沉积、后生富集积铀矿化来说，与岩相古地理不但是间接的关系，而且有着某种直接的联系。

1. 研究区矿床分布受区域古地理中的海底次级洼地控制

晚震旦世至早寒武世地层中目前所发现的工业矿床及主要矿点都集中分布在岛隆相（包括边缘斜坡亚相）。陡山沱组铀矿化主要分布于陡山沱期水下隆起区边缘向洼陷区过渡的缓坡地带。留茶坡组中段铀矿化主要分布于留茶坡中期水下洼陷区及其边缘，留茶坡组上段铀矿化位于留茶坡晚期洼陷区边缘及水下隆起翼部。小烟溪组下段铀矿化主要分布于小烟溪早期海湾内侧弧形地带及水下隆起向洼陷区突出的缓坡地带，该相区是扬子陆表海与湘中南边缘海的接壤地区，在岩相古地理上，具有明显的过渡性质。海底地形变化复杂，有利于海洼、潜丘等发育。这些地带正是自然界诸地质因素错综复杂的地带，不论来自陆源的铀，或来自海源的铀，到了一个完全不同的地球物理或地球化学环境，从而就导致在沉积（包括成岩早期）阶段，铀在海底次级洼地沉积物中的初步聚集，再经成岩分异，使铀在洼地中更加集中造成所谓"铀源层"甚至达到工业富集，这样的地带，再经后生叠加改造等地质作用，使铀更加富集。

2.主要矿量赋存在特定的层位中，成型的工业矿床都受特定的地层层位控制

一个规模较大的矿床往往表现出主层性（主矿层）及多层性（次矿层），即一个矿床往往有一个主矿层，其中集中了全部矿量的大半以上，主矿层上下还有一些次矿层。由于区域沉积条件的差异，主矿层与次矿层在具体矿床上是可以互相转化的。目前发现的成型矿床分别发育在下列四个主要层位中：陡山沱组第二段第三层，留茶坡组中段第一、三层，小烟溪组下段第三层、中段第二层。这种矿床的主层性及多层性，反映了沉积时期铀成矿的连续性和阶段性。说明对铀成矿有利的各种沉积条件不是突然出现的而是随沉积盆地的发育逐渐形成演变的。一般它在聚集成矿过程中都有一个从发生（开始弱成矿）到兴盛（成矿高峰）到衰退（成矿尾声）的演变周期，反映出矿床的主层性和多层性。

3.研究区矿床具有一定的岩相系列及岩性序列

含矿层位中不是处处都有矿床，只有在那些具有特定岩石组合及岩性序列（简称岩序，下同）的地段才有可能出现矿床，我们称其为"含矿岩相"。这种"含矿岩相"的出现是受海底古地形及其他沉积条件的差异所控制的。研究区四个主要含矿层位内的"含矿岩相及岩序"如下所述。

（1）陡山沱组第二段第三层：黑色含黄铁矿泥岩（底板）—具白云石条纹的灰色含黄铁矿泥岩—（含矿岩相）灰色泥晶—微晶白云岩（顶板）。无矿地段"含矿岩相"相变为岩性单纯的青灰色泥岩或含硅泥岩。

（2）留茶坡组中段：黑色条带状燧石（底板）—灰色具白云石条纹的含黄铁矿泥岩—黑色泥晶白云岩、泥岩及硅质岩（无矿夹层）—灰色具白云石条纹的含黄铁矿泥岩（含矿岩相），黑色薄层燧石顶板。无矿地段"含矿岩相"相变为青色泥岩或含硅泥岩。

（3）小烟溪组下段第三层：含碳泥岩（石煤）（底板）—高碳泥岩夹硅质薄层—黑色薄层燧石夹薄层高碳质泥岩—高碳质泥岩夹少量薄层燧石及碳质富镁泥岩（含矿岩相）—黑色含星散状、结核状黄铁矿的碳质泥岩（顶板）。无矿地段"含矿岩相"相变为含碳泥岩夹少量薄层燧石或相变为黑色薄层泥岩。

（4）小烟溪组中段第二层：黑色厚层斑点（红柱石）状碳质泥岩（底板）—黑色薄层碳质泥岩夹富镁泥岩（含矿岩相）—黑色中厚层含碳泥岩（顶板）。无矿地段"含矿岩相"相变为黑色薄层泥岩或黑色含碳泥岩。

含矿层内"含矿岩相"本身在纵横两个方向上变化更替的规律，不但对于阐明矿床成因，而且对于找矿勘探实践都有重要意义，这种变化更替的规律，

我们可以用"含矿岩相"的岩序及岩相系列表示。研究区"含矿岩相"的岩序及岩相有两个最显著的特点。

（1）"含矿岩相"的岩类组合与顶底板有显著差异，"含矿岩相"为顶底板岩石的过渡岩性，岩类组合较复杂，这种过渡岩性的出现说明了含矿岩相生成在沉积盆地的地球物理及地球化学等条件发生一系列转换的时期。底板岩性富有机质，含黄铁矿代表强还原（低 Eh 值）、弱酸中性（低 pH）的沉积环境，而顶板岩性代表弱氧化到弱还原（高 Eh 值）、碱性（高 pH）的沉积环境，"含矿岩相"处于低 Eh 值、低 pH 向高 Eh 值、高 pH 转化的时期。因此，过渡岩性（层）的出现，说明有利于铀聚集的沉积环境是由量变到质变过渡的，当然过渡的时间不能太长，也不能太短，反映在过渡层的厚度上应有一个恰当的厚度，太短了说明沉积环境演变快，过渡层太薄，成矿空间狭窄，就难以形成较好的"含矿岩相"；反之，太长了，变换缓慢。由于供铀量有一定限度，过渡层甚厚，铀量越分散，越不会形成较好的"含矿岩相"。

（2）"含矿岩相"中的岩石单层厚度较小，且水平微层理及各种纹层发育，说明"含矿岩相"沉积物的堆积速度是非常缓慢的，沉积环境也较为稳定。这点对铀在沉积岩层中的聚集是十分重要的。因为铀在同生沉积阶段，直接从水体中聚集的数量是不多的。它主要是在成岩作用的早期阶段，通过含铀的底层水与富含有机质的海底沉积物相互作用才得以聚集。因此，富含有机质的海底沉积物堆积的速度愈缓慢，它与底层水体之间的相互作用时间就愈长，对铀弱聚集也愈有利。

4.成矿发生在海侵沉积旋回的下部及中部

本区几个工业矿床都位于晚震旦世至早寒武世两次大海侵沉积旋回的中、下部，这是与每次海侵沉积旋回早期沉积环境发生转化、水解作用发育等条件有关。

4.1.5　气候、水文地质条件

1.气候因素

早震旦世的中晚期，研究区受到澄江运动的波及发生了上升运动。其后，南陀冰期铺天盖地而来，出现了山谷至山麓型冰川堆积。以后气温逐渐回升，巨厚冰川消融而引起普遍海侵，海水是沿雪峰运动和澄江运动所形成的凹陷区或沉降带侵进，从而使多个北东向断裂所分割的湘西区成为浅水盆地。这个浅水盆地由诸链状岛屿和凹陷带相间排列的地形所构成。本区就是靠近雪峰古隆边缘的一个凹陷滞流浅水海盆。陡山沱期，该海盆沉积了一套富含有机质的灰硅泥岩组合类型。

同时，研究区干湿交替的气候条件下氧化作用较为强烈，有利于铀源层中铀的浸出和提高地下水中的铀浓度，因而有利于铀矿床的形成。

2. 水文因素

（1）本研究区主要矿体位于潜水面附近，矿体处在地下水由水力坡度大转为水力坡度小、水交替快转为水交替慢的汇水区。

本区南部及北西部水位密、梯度大，地下水交替迅速，除潜水面以上存在个别极小的地表残留矿体或零星的点状矿化外，没有较大规模的矿体。地下水的汇水区同时又是现代地表径流的汇合处。这里地势相对低洼，地表沟谷彼此汇合，靠近盆地的边缘。组成含矿岩体的含锰泥岩或硅质泥岩结构致密，孔隙度小，露水性和运水性都不好。如果它们不受到各种构造的改造而增加其孔隙度，那么任何有利的水文地质条件对铀的表生富集都是无济于事的。因为难以设想地下水能在这样的岩层中进行渗透。构造因素在含矿地段打破了岩石的封闭性，提高了含矿岩石及上复岩层的孔隙度，为水的运动提供了通道。分布在工业矿化地段的钻孔每当钻至含矿地层时都有涌水或孔内水位升高现象。凡矿化好的浅井和坑道中，均有滴水现象。水都是从裂隙和层面中渗出集聚在其底板之上。这不仅说明了含矿地段具有一定程度的含水性，还证实含矿层是一个良好的隔水层。显然，在复杂褶皱地段，也就是主要的矿化地段具备相对有利的水文地质条件。含矿岩石裂隙发育，含水，矿化好三者经常同时并存，表明构造、水文、矿化三者之间存在着相互依存的关系。

（2）淋积作用。此作用在本区普遍存在，其作用强弱主要受断裂构造、构造与地层产状、岩石结构及岩石成分、地貌形态、气候等因素控制。一般认为，在白垩到第三纪干旱气候条件下形成的淋积现象，对铀矿床的形成起着重要作用。构造氧化带在岩层中的产状分为层状构造氧化带型和裂隙构造氧化带型，在氧化 - 还原带中形成了铀矿体，前者以老卧龙矿床为典型，后者在寨子堂表现较为明显。

（3）地下（热）水作用。本区东南有大片花岗岩出露，其中云山等岩体为燕山晚期形成。沅陵县的肖家村等地见基性 - 超基性岩脉、煌斑岩、辉绿脉的分布。在煌斑岩中或其旁侧 $\epsilon_1 X_1$ 中有工业铀矿赋存；在铀矿床（点）附近分布有较多的钨、锑、金、铅、锌等多金属热液矿床（点）；重晶石、黄铁矿细脉、石英脉较为常见。石英脉在断裂带普遍发育，一般长 0.1 ~ 3 m，最长大于 10 m，厚一般 0.1 ~ 0.5 m，在蒙福矿点 $\epsilon_1 X_{2-3}$ 灰岩中见红色方解石脉，赤铁矿脉、黄铜矿、萤石等，赤铁矿以交代为主，赤铁矿发育处矿石呈暗红色，铀矿化最好。岩湾矿床含铀闪锌矿与黄铁矿共生，在麻池寨矿床、贺庵寨矿点，铀与闪锌矿关系密切，矿体的埋藏深度多在 100 m 以下。核工业二三〇研究所对研究区一些矿床中沥青铀矿形成温度测定（包括麻池寨、黄材），为 136 ~ 146 ℃ 以上，说明本区地下（热）水存在的可能性，而且对铀矿的形成起到积极作用，蒙福矿点就是例证。

上述两种成矿作用，在不同地段、不同矿床、矿点表现的程度不同，只是以某一种作用为主，其他作用处于次要地位。当在震旦—寒武系铀源层部位，铀源就地或就近取材，以淋积作用为主导时，则形成原生沉积－淋积迭加型铀矿；若以地下（热）水作用为主导时，则形成原生沉积－地下（热）水叠加型铀矿；若在非铀源层中，铀通过上覆或下伏地层由地表水或地下水运到有利成矿部位富集成矿，则形成淋积再造型铀矿或地下（热）水再造型铀矿。

（4）水文地球化学环境因素。我们对研究区水文地球化学环境的研究工作还十分粗浅，仅根据矿物的组合特征。主要是表生矿物有无黄铁矿的参与，岩石的褪色程度，地下水的水质类型等大体确定地球化学环境及其分带情况，探讨它们与铀成矿的某些联系。总的看来，氧化带浅，一般不超过 50 m，沟谷中则更浅。在断层的破碎带中，氧化带的深度稍大一些，但也很少达到 100 m 以下。在有矿地段，地球化学环境显示出一定的分带性。

氧化带一般位于潜水面以上，岩层中分布大量的水铝英石、褐铁矿、高岭土以及各种磷酸盐矿物。黄铁矿被氧化，岩石严重褪色，普遍被铁染，一般呈灰白色或紫红色。水质类型以 SO_4 到 Na 型为主，pH<5。在这一环境中除偶然出现零星的矿化外，不存在规模较大的矿体。在氧化带中，无表生作用迹象的岩石保持本来的面貌，无褪色现象，黄铁矿均未受到氧化作用，无表生矿物。经大量钻探工作证实，此带中无工业矿体，但是存在表外矿化，矿体的厚度和品位稳定，变化系数很小。

4.2　区域控矿规律研究

4.2.1　时间控矿规律

1.成矿时代

前人对研究区碳硅泥岩型铀矿的成矿时代进行了较系统的研究，将碳硅泥岩型铀矿床划分为两类。

（1）第一类形成于晚震旦世至早寒武世，为研究区产出的具次要或潜在经济意义的碳硅泥岩型铀矿床（主要有含铀硅质泥岩型、含铀磷块岩型及含碳质泥岩、碳硅质泥岩型铀矿床）[55]。

（2）第二类形成于白垩至新近纪，成矿类型为淋积型及热液改造型。通过分析研究区形成铀矿床的时控性，指出铀成矿作用从 140 Ma 一直延续到 7 Ma，其中 140 Ma、120 Ma 成矿时空规律如下。

①在碳硅泥岩中无论是准地台，还是褶皱区及不同构造层，铀成矿时代都比主岩形成时代晚，都集中在燕山至喜马拉雅期。

②褶皱区的主要成矿年龄开始比较早（最早为 140 Ma），延续时间长（达 79 Ma），阶段多；准地台地区成矿较晚，均为喜马拉雅期（最早为 40 ～ 30 Ma），延缓时间相对较短（至 8 Ma），阶段少。

③成矿年龄在研究区有自南向北逐渐变新的趋势。这种年龄值的变化趋势可能与各构造区的构造运动所引起的成矿区构造活化的时间和强度有关。

④ 一般来说，热液叠加改造型铀矿床形成时间较早，延续时间较长。而淋积型铀矿床形成时间比较晚，延续时间也比较短。研究区构造活动的不均一性可能是主要原因。

前人对我国碳硅泥岩型铀矿床的年龄进行了统计（表 4-2），指出目前测定的同位素年龄数据大都为热液改造型矿床。这些矿床的成矿时代明显晚于成岩时代，它们主要形成于燕山期和喜马拉雅期。

表 4-2　我国碳硅泥岩型铀矿床成矿年龄表

序号	样品数 / 个	年龄值 /Ma	矿区、矿床	序号	样品数 / 个	年龄值 /Ma	矿区、矿床
1	8	74 ± 4	华南铲子坪	7	3	26、28、31	华南董坑
2	5	60 ± 3	华南铲子坪	8		24、31	华南保峰源
3	4	69 ± 0.5	华南铲子坪	9		96、74、62	华南矿山脚
4	2	61、75	华南许家洞			40 ～ 47、15 ～ 25	华南矿山脚
5	9	37.5 ± 1.8	贵州白马洞	10		80、42 ～ 53、23、14	若尔盖
6	4	29 ± 19	华南白沙	11		7.7	华南黄材

以上的总结，总体上反映了研究区热液亚型和外生渗入亚型碳硅泥岩型铀矿床形成时代的规律性，但也存在一些不足。

（1）以上分析主要以同位素测年数据为基础，但碳硅泥岩型铀矿的同位素测定年龄问题比较复杂。

①外生渗入型成矿为开放体系环境成矿，其年龄的测定方法并未解决，已测定的年龄数据值误差大，只有参考意义。

②热液亚型铀矿床的铀矿物一般粒度细，在选矿过程中还可能有铀、铅同位素的不等量丢失，造成测定结果不准。

③测定的沥青铀矿样品都采自富矿石，统计表明，一般量较高的矿石年龄都偏小。正是以上因素导致在同一矿床可测定出极其分散的多个年龄值，所以简单地以同位素测年数据讨论碳硅泥岩型铀矿成矿时代，显然不够全面。

（2）对沉积－成岩型碳硅泥岩型铀矿成矿时代探讨不够，以上年龄数据多为沥青铀矿的形成年龄，仅代表热液成矿晚期的成矿年龄或后生叠加改造的年龄，不能全面地反映矿床形成的时间和整个成矿过程。研究区地壳活动极其强烈，绝大多数沉积岩型碳硅泥岩铀矿床都在沉积期后的构造运动中，遭受不同程度的改造或有新的成矿作用的叠加。特别是燕山运动，伴随极其强烈的热液活动和铀成矿作用，对早期形成的矿化势必进行改造和形成新的矿化。

（3）另外，从研究区地质演化看，在上古生代和中生代，曾多次出现长时期沉积间断，古气候多次经历了潮湿到干旱的演化，为外生渗入型成矿创造了条件。

2. 主要成矿时期

研究区经过长时期沉积间断，完全具备形成外生渗入铀成矿的环境。结合我国的地壳演化过程、碳硅泥岩型铀矿产出的地质背景等因素，我们进行了分析，并参考已测得的铀成矿年龄数据，划分出晋宁—加里东期、华力西—印支期、燕山期、喜山期、新构造运动期5个主要成矿时期（表4-3）。

（1）晋宁—加里东期。早震旦世至寒武纪是全球大气与地质构造演化的重要转折时期，各种因素的耦合导致了全球性富铀碳硅泥岩层的形成，并在一些最佳的耦合地段为本区形成沉积到成岩型铀矿床创造了条件（如麻池寨、主坡寨等）[56]。而且在一些地区具有发现沉积、成岩型矿化的信息和地质环境，如本区潘公潭矿床含钙质页岩与含碳硅质页岩层铀含量平均为0.039%，层厚为0.36～2.17 m，平均为0.81 m，矿区面积达12 km²。

（2）华力西—印支期。这时形成的碳酸盐岩建造，绝大多数地层铀含量不高，仅在个别地段有铀含量增高的现象，所以基本没有具备形成沉积到成岩亚型铀矿的基本条件。基于该造山期我国南方和扬子地区以隆起作用为主，构造变型和岩浆活动强度也比较微弱，所以对形成热液亚型铀矿不十分有利，但不排除有热液成矿作用发生，在广子田矿床就测到 220 Ma 的铀成矿年龄，表明已有热液铀成矿作用发生。

（3）燕山期。这一时期形成了一批外生渗入型铀矿床和大量矿化点，与此同时，热液型铀成矿作用也发生了大爆发，形成一批铀矿床。碳硅泥岩型建造，特别是碳酸盐岩建造易形成有利的赋矿构造和具有反差明显的地球化学障，所以在热液铀成矿区形成了大量热液型碳硅泥岩型铀矿床，这使燕山期成为碳硅泥岩型铀矿的主成矿期。

（4）喜马拉雅期。喜马拉雅构造运动是印度大陆向北漂移和与欧亚大陆碰撞的构造运动，造成中国西部大幅度抬升和剥蚀，中国东部处于以走滑 – 拉张为主的动力背景，形成一系列裂陷盆地。

（5）新构造运动期。新构造运动期基本持续喜马拉雅期的格局，但以构造活动为主，热液铀成矿作用基本停止，但外生渗入成矿作用仍持续进行，由于有些地区机械风化强烈，影响成矿作用发育，甚至使已形成的铀矿体遭到破坏[57]。

综上所述，在早古生代，我国大陆发生裂解，在扬子东南的被动大陆边缘广泛地形成了富铀碳硅泥岩建造和贫的工业铀矿化。以后，随着各陆块的聚敛 – 碰撞，而形成富铀碳硅泥岩建造的环境变得局限，形成大量普通碳硅泥岩建造。在各陆块形成统一大陆和海水退出后，构造 – 岩浆活动加强，开始广泛形成外生渗入亚型和热液亚型铀矿床，即随着时代变新，矿化类型由单一的沉积 – 成岩亚型，演化为外生渗入亚型、热液亚型和多种成因叠加型。

4.2.2　空间控矿规律

1. 从平面位置上看研究区铀矿化的分布

主要受震旦系上统和寒武系下统的制约，多分布于黄岩向斜的两翼，特别是南东翼；同时又多集中在向斜的南西扬起端。分为南西及北东两大成矿片。

（1）以麻池寨矿床为中心的南西片。它集中了 906、塘子边、上龙岩矿床、炉坡脑、张家山、田慢村、下龙岩等矿点和笔架山、桐木桥、上长坪、川岩、大龙潭、上炉诸矿化点，1 100 个左右的异常点，100 多条异常带。

（2）以 907 矿点中心的北东片。包括西牛潭、老树斋矿床和刘马塘矿化点，异常点 349 个，异常带 74 条。

表4-3 碳硅泥岩型铀矿成矿时代与大地构造演化

造山运动	晋宁—加里东期（417～800 Ma）	华力西—印支期（205～325 Ma）	燕山期（85～152 Ma）	喜马拉雅期（2.5～55 Ma）	新构造运动（<2.5 Ma）
成矿期构造环境	古陆块裂解，形成陆块被动缘带	地壳隆升，出现沉积间断，弱构造－岩浆活动	强的构造－岩浆活动，地壳隆升，出现沉积间断	中等构造－岩浆活动，地壳隆升，出现沉积间断	弱的构造活动，地壳局部隆升，出现沉积间断
铀成矿同位素年龄	450～640 Ma（矿石等时线）	202～378Ma（矿石等时线和沥青铀矿（铀－铅法））	140～562Ma（沥青铀矿（铀－铅法））	54～2.5 Ma（沥青铀矿（铀－铅法））	1～1.5 Ma（沥青铀矿（铀－铅法））
铀成矿作用	沉积－成岩亚型	外生渗入亚型、热液亚型	热液亚型、外生渗入亚型、复成因型	热液亚型、外生渗入亚型、复成因型	外生渗入亚型
铀成矿强度	强	弱	强	强	弱

2. 从时间关系上看

向斜中铀矿化的分布具有由北向南时代逐渐变新的特点。最北部的刘马塘矿化点其主要矿化赋存在 Z_2d 中；往南的西牛潭、老树斋、907、塘子边、炉坡脑、麻池寨、906，其矿化赋存于 Z_2l_2 中，再向南的上龙岩、张家山的矿化赋存于 $\in_1x_1$ 中。

3. 从剖面上看

研究区铀矿化的分布具有多层性特点，反映了成矿的多旋回特点，整个含铀建造大致可分为五个成矿周期，从而形成了五个含矿岩段，即 Z_2d、Z_2l_1、Z_2l_2、Z_2l_3 和 $\in_1x_1$。其岩性组合为灰色富含黄铁矿、含硅泥岩、硅质泥岩、泥质硅岩和含磷泥质硅岩。其主要是陡山沱组、留茶坡组、小烟溪组三个层位的铀成矿分布有一定的规律。

4.2.3　地层层位及岩性控矿规律

1. 上震旦统陡山沱组地层及岩性控矿规律

（1）本层矿床分布受区域岩相古地理过渡地带——岛隆相控制。目前，所发现的陡山沱时期的矿床及主要矿点都集中分布在岛隆相及岛前盆缘斜坡亚相带中。一方面，这些相带恰恰是扬子陆表海与湘中南边缘海的接壤地带，在岩相古地理特征上具有明显的过渡性质。另一方面，岛隆本身海底地形变化复杂，海洼、潜丘、孤岛等发育。把岛隆分割成局部的滞流区，海水流通不畅，造成局部宁静还原环境，致使沉积介质的地球化学及地质物理条件发生转变。这些对铀成矿十分有利 [58]。

（2）成矿发生在海侵旋回的早期。由于晚震旦世早期气候变暖，结束了早震旦世严寒的冰期沉积，开始了中国南方晚震旦世的大海侵。这次大海侵在本区晚震旦世可分为两个大的沉积旋回。第一次海侵沉积旋回开始于陡山沱组（陡山沱组本身又可分为两个次级海侵沉积旋回）。初期海侵较局限，之后渐趋开阔稳定，到陡山沱组顶部海侵达到高峰。经过短暂的海侵之后，从留茶坡组中段开始到上段又形成了第二个海侵沉积旋回。这两次海侵沉积旋回的早期（即陡山沱组下部及留茶坡组中段）都是本区重要的铀成矿时期（图 4-7）。这与每次海侵沉积旋回早期处于沉积环境发生转化、海解作用发育、海侵较局限、区较阻塞、氧气不足等条件有关 [59]。

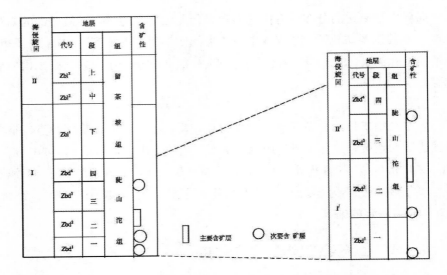

图 4-7　雪峰山地区晚震旦世海侵沉积旋回示意图

（3）主要矿量赋存在固定的地层层位中

经实地考察对比，陡山沱组中的主要矿量都十分稳定地赋存在相同层位中（即主矿层）。矿层的底板都是区域性稳定存在的标志层：黑色层（黑色泥岩）。顶板是灰色泥晶至微晶白云岩。图 4-8 为各矿床矿层对此。主矿层（即矿床具有主层性）相当于第二岩性段上部灰色含黄铁矿泥岩层。在主矿层上下层位中，有时还见有少量矿量分布，称为次矿层。这说明矿床往往具有多层性。这种矿床的主层性及多层性，反映了沉积时期铀成矿的连续性和阶段性。这说明对铀成矿有利的各种沉积条件不是突然出现的，而是随沉积盆地的发展逐渐演变形成的。一般它在聚集成矿的过程中都有一个从发生（开始弱成矿）到兴盛（成矿高峰）再到衰退（成矿尾声）的演变周期。

（4）矿床具有一定的岩性组合及岩序。陡山沱组中矿床不但层位相当，而且主矿层的岩性组合及岩序也相同，区域上相当于这个层位的岩性组合及岩序可分为两种基本类型。

①第一种基本类型（Ⅰ）。含矿层位与顶板有较多的类似性，其岩性组合及岩序如图 4-9，根据含矿层位岩性组合又可分为两个亚型。

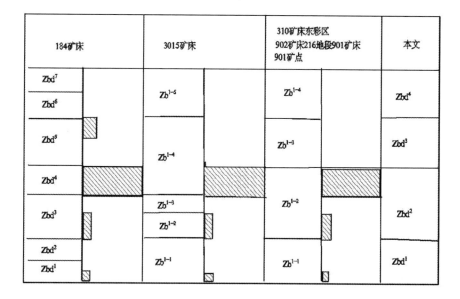

图 4-8　各种矿床地层矿化层对比图

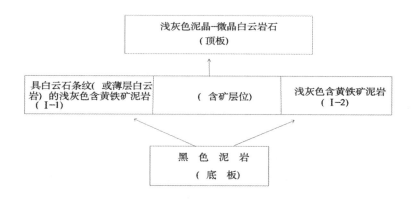

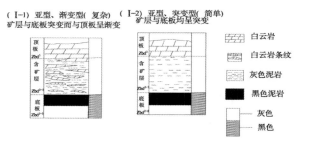

图 4-9　第一种基本类型岩性组合及岩序示意图

Ⅰ-1亚型：

现象不明显，偶尔夹有极少量白云岩薄层，顶底板呈突变。矿化不好或无矿岩性组合复杂，泥岩中掺杂有较多的白云质或硅质成分与顶板呈渐变过渡，此亚型对成矿最有利。

Ⅰ-2亚型：含矿层位岩性较单纯，两种岩性互相掺杂的现象不明显，偶尔夹有极少量白云岩薄层，与顶底板呈突变，矿化不好或无矿。

②第二种基本类型（Ⅱ）。古含矿层与底板有较多的类似性，其岩性组合及岩序如图4-10所示。Ⅱ-1亚型的岩性组合及岩序之所以对铀成矿有利，其关键在于含矿层位底板黑色泥岩向含铀层位顶板灰色白云岩沉积演变过程中，出现了向上过渡的岩层。这种过渡岩层的出现反映出一系列地球化学及地球物理条件的转化，有利于铀元素在海水中沉淀。这些转化主要表现在以下两个方面。

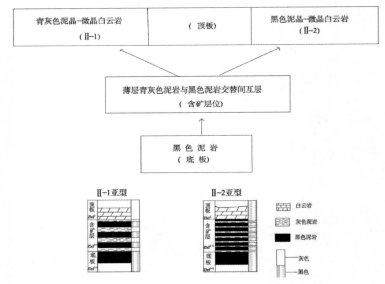

图4-10　第二种基本类型岩性组合及岩序示意图

a.气候变化。含铀层位底板为黑色含黄铁矿泥岩，代表温湿气候，顶板白云岩代表干热气候。含矿层位处于古气候由温湿到干热的转化时期。

b.介质（海水）的氧化至还原过程（Eh值）及酸碱程度（pH）的变化。底板黑色泥岩富有机质，含黄铁矿，代表强还原（低Eh值），弱酸至中性（低pH）的沉积环境；而顶板灰色白云岩代表氧化至弱还原（高Eh值），碱性（高pH）的沉积环境。含矿层处于低Eh值、低pH～高Eh值、高pH演变部位。这种上部岩性渐变过渡的岩性组合和岩序说明沉积环境的变化是由量变到质变过渡的。当然过渡的时间不能太长，也不能太短，反映在过渡层上应有一个恰当的厚度。太短了说明沉积环境演变快，过渡层太薄，成矿空间狭窄，就难以形成较富的矿层；反之，太长了，变换缓慢，由于供铀量有一定的限度，过渡层越厚，铀量越分散，也不会形成很富的矿层。这种纵向上有利于含矿层的岩性组合在横向上也有反映，即矿床往往出现在地层厚度加大、相变明显的岩性圈闭地段，所以岩石常见含黄铁矿、白云岩。

（5）海底次级洼陷与隆起的过渡地带控制矿床的形成。陡山沱组矿床分布地段，地层厚度迅速加厚，岩性（特别是主矿层位）变得复杂。这种由相变引起的岩性圈闭[60]，往往出现在古海底地形发生次级洼陷和隆起的过渡地带。这种微型古地理单元反映在地层厚度上明显地由薄变厚，岩性组合上由简单（往往是单纯的一种岩性）到复杂（往往是两种组分以上相互掺杂或两种以上岩性交替）等特征，有利于铀元素的聚集。

2. 下寒武统小烟溪组地层及岩性控矿规律

产于沉积岩中的层控式铀矿床，同时受沉积—成岩和后生改造条件所控制，小烟溪组地层沉积条件对区域铀矿的控制作用有以下几个方面。

（1）区域铀矿化分布受岩相古地理过渡带控制，下寒武统现有铀矿化主要分布在雪峰海隆上。虽然早寒武世湘西北及湘中沉积区基本上都属于江南沉积区的范畴，但是海隆两侧沉积环境存在着明显的差异。雪峰海隆是湘西北浅海向湘中浅海较深水至半深海滞流海盆地的过渡地带。湘西北浅海除早寒武世早期水体较深，介质为酸性的还原条件有利铀的聚集外，从中期开始至晚期海水逐渐变浅，介质向中至碱性，氧化至弱氧化环境转化，一般不利于铀的聚集。湘中浅海较深水、半深海滞流盆地，沉积环境稳定，很少变化，加之离陆源太远[61]，海水中铀含量低，水中生物少，有机质也少，不利于铀的吸附还原和沉淀。而界于两个岩相古地理单元之间的海隆区，水体不太深又不很浅，海底地形比较复杂，低凹与凸起处的水体能发生相对交换使低凹处底层水中的铀相对富集。水体上部透光带氧气充足，营养物质丰富，大量藻类及微生物繁殖，在它们死亡之后沉入海底，有机质分解释放出 H_2S，并形成有机碳，有利铀的吸附和还原。加之沉积速度缓慢，有利底层水与淤泥水之间的物质发生充分的交换，有利铀的聚集[62]。

（2）下段地层中硅质岩应占一定比例。本区小烟溪组下段硅质岩的厚度占该段总厚度的 10% ～ 20%，少数大于 20%，向两侧硅质岩厚度小于 10%，说明本区是硅质岩的主要沉积区。硅质岩中含大量古微孢藻、放射虫、海绵骨针等化石，它与生物和生物化学沉积作用有关。硅质岩与碳质泥岩多厚薄互层或夹层产出，除说明沉积速度比较缓慢外，也说明沉积的介质条件时有改变，这种沉积生物和生物化学成因的硅质岩与沉积碳泥质为主的细碎屑岩沉积条件的频繁变更，有利铀在碳质泥岩的集中富集，碳质泥岩的铀含量大大高于硅质岩中的微量铀含量，这就是一个明显的佐证。

（3）铀矿化主要位于海侵旋回的下部。小烟溪组中铀矿化具有多层性，地层中的平均铀含量又普遍比陡山沱组、留茶坡组地层的平均铀含量高，但目前工业化铀矿主要集中在下段第三层及中段第二层底部，其次为下段第二层及中段第一层。从沉积旋回上看（图4-11），本次海侵旋回的早期有留茶坡组中段的铀矿化，中期有小烟溪组中、下段的铀矿化。每次铀矿化与沉积环境发生转化有关。铀矿化主要发生在以生物和生物化学成因的硅质岩向碳硅泥质的细碎屑岩转化时期[63]。

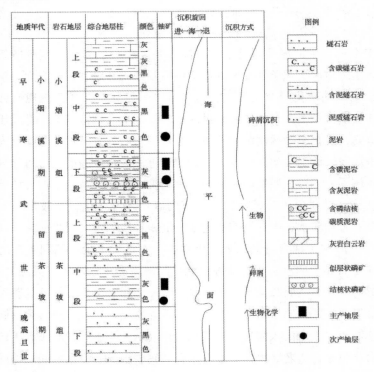

图4-11　小烟溪组沉积旋回分析图

（4）铀矿化与一定的岩石类型组合及岩序有关。小烟溪组下段铀矿化主要分布于泥岩至硅质岩，厚度在50～60 m的地区。其中，第二层的矿化集中分布在海隆南西段的东部，第三层矿化分布在海隆北东段的南部。湘西北牛蹄塘组底部的铀矿化主要分布在湘西北浅海靠近海隆处。小烟溪组中段的铀矿化集中分布在海隆东部的溆浦至安化一带。这些都与不同时期的局部沉积环境有关。反映在岩序上存在着一定的差异性。安化奎溪坪、溆浦、统溪河至岩湾一带，小烟溪下段第二层中出现多层结核状磷块岩层，铀矿化多位于结核状磷块岩层之上或附近不远的上下层位的碳质泥岩中。铀矿层的直接底板为结核状磷块岩层，碳质泥岩中夹多层富镁泥岩。总的岩序是由下至上：结核状磷块岩层至厚至中薄层碳质泥岩夹富镁泥岩至结核状磷块岩层至薄层硅质岩夹薄层碳质泥岩至中层碳质泥岩，即由两个次级含矿岩序组成，每个次级含矿岩序由下往上都是结核状磷块岩层开始，下部为薄层碳质泥岩或薄层硅质岩夹薄层碳质泥岩，上部为中层碳质泥岩。铀矿主要产于第二个次级含矿岩序中，而且在铀沉积前或同时还有钒的沉积，铀矿与钒矿相伴而生。第三层矿化多集中分布在安化至桃江一带，主要以硅质岩 – 泥岩组合为主，厚度较大。岩序上底部为薄层燧石岩夹薄层碳质泥岩。下部为薄层碳质泥岩夹燧石岩，中部为中层碳质泥岩或富镁泥岩，上部为薄层燧石岩薄层碳质泥岩互层，顶部为中层碳质泥岩夹薄层硅质泥岩或燧石岩条带。岩序上说明铀富集时沉积环境由不稳定到相对稳定的时期。中段第二层底部的铀矿化主要反映在矿层底部出现一层富镁泥岩，区域上可相变为灰岩，顶部出现一层似层状或透镜体状菱铁矿层，说明铀富集时沉积环境的改变也是较大的。

（5）本层铀与石煤、磷、镍、钼、钒等沉积的关系。从总体上看它们都是处在海水相对较深、沉积速度缓慢、滞流还原条件下的沉积。层位上都集中分布在小烟溪组或相当地层的下部，但很少同层产出，多为相距不远的上下层位关系，从而显示出同沉积区，而沉积时期不同的特点。这与它们的地球化学性质不同、沉积条件及成矿方式不同有密切的关系 [64]。早寒武世早期湘西北浅海有少量磷结核的沉积，靠近海隆相对凹陷处磷结核沉积增加，在海底地形相对凸起处则有似层状磷块岩的沉积。在大浒至后坪一带凹陷较深处有石煤的形成，在石煤沉积前后有镍、铝、钒的沉积。该带是镍、钼的富集区，向北西和南东渐变为钒、铀或钒的富集区。雪峰海隆的西部海底地形相对较高，除有少量磷结核及似层状磷块岩的沉积外，有层状重晶石岩的沉积。在海隆的东部磷结核则大量沉积，时间可延至早寒武世中期。而以下段第二层磷结核最密集，往往形成结核状磷矿层。磷结核沉积的同时，有大量的黄铁矿结核的沉积，伴随磷结核层沉积的前后，又有石煤及钒、铀的富集层的沉积，也一直可延至早寒武世中期。进入湘中浅海较深水滞流海盆后，仅见石煤及少量磷结核。早寒武世中期湘西北浅海沉积环境演化成为浅海陆棚，仅有铜的沉积。海隆区有铀和石煤的沉积。湘中浅海较深水滞流海盆地几乎无矿产沉积。晚期西北浅海成为浅海碳酸盐台地，有碳酸盐岩藻礁相铅锌矿的沉积，海隆和湘中浅海滞流海盆地几乎都无矿产形成[65]。由上述分析，说明铀与磷块岩（似层状，特别是结核状）、石煤、钒在本层沉积环境的关系上比镍、铝更加密切。

3. 留茶坡组地层及岩性控矿规律

沉积矿产与沉积条件的关系离不开从纵向和横向两个方面的分析，区域铀矿（即沉积到成岩时的丰值）也不例外。关于留茶坡组铀成矿规律，我们也从这两方面进行探讨。

（1）高铀含量层位（即中段和上段）处于海侵层序中，尤其是海侵旋回的早期有利，而海退层序中铀含量较低。究其原因可能与海侵初期水体中来源于不同方面的铀含量较高，加之沉积环境（主要是地球化学和地球物理条件）发生了变化，铀以不同形式陆续沉淀、逐步贫化有关，所以海侵层序铀含量高，而海退层序含量低。留茶坡组下段是处于前一个海侵旋回的海退阶段，地层岩性又是较纯的厚层燧石岩[66]，所以铀含量不高。麻池寨矿床就是一例，从第Ⅱ旋回早期的留茶坡组中段和上段、旋回中期的小烟溪组下段，铀含量有由高到低之势。

（2）高铀含量分布在雪峰岛隆水下隆起及其两侧边缘低洼处。

①上段高铀含量分布在岛隆后面的滞流海盆相区，其岩性组合为黑色含泥或泥质燧石岩夹少量黑色泥岩、含碳白云岩和磷质岩，沉积厚度20～40 m，燧石岩占整个岩石组合的五分之四以上，其他岩石不到五分之一，而铀含量最高的就在这不到五分之一的黑色泥岩和磷质岩中，其含量可达0.01%～0.03%。而黑色燧石岩中铀含量一般低于0.07%（表4-5）。

表4-5　麻池寨矿床铀含量表

地　层		岩　性	平均铀含量	样品数	旋　回
组	段				
小烟溪组	上	碳质泥岩	0.000 1	2	Ⅱ
	中	含硅碳质泥岩	0.002 2	4	
	下	碳质泥岩夹燧石岩	0.002 3	8	

地　层		岩　性	平均铀含量	样品数	旋　回
组	段				
留茶坡组	上	燧石岩夹碳质泥岩	0.007 2	8	
	中	燧石岩	0.001 1	1	
		泥岩	0.003 6	2	
		白云岩	0.002 7	1	
		泥岩	0.008 7	2	
	下	燧石岩	0.002 8	9	I
陡山沱组	四	泥岩	0.001 5	7	
	三	白云岩	0.001 6	5	
	二	泥岩	0.000 8	4	
	一	白云岩	0.001 5	5	

②中段高铀含量分布在岛隆相区的低洼处，沉积厚度相对较大，一般 1 ~ 3 m，其岩性组合为泥岩至碳酸盐岩至泥岩，泥岩占 70% ~ 80%，碳酸盐岩占 20% ~ 30%。高铀含量在上部和下部的泥岩中，一般可达 $0.00n\%$ ~ $0.0n\%$，而中部的碳酸盐岩含铀量较低。

③下段高铀含量分布在岛隆东南侧海盆边缘斜坡亚相的低洼处，沉积厚度相对较大 [67]，为 3 ~ 10 m，其岩性组合为泥岩夹暗灰色泥质白云岩（或白云质泥岩）和燧石岩，矿化主要为泥岩和白云质泥岩。由此可得出如下结论。

a. 无论上段和下段的高铀含量都受海底地形地貌形态的控制，即都处于岛隆及其两侧边缘相对低洼地段 [68]，远离这样的地段即使岩性组合相似，铀含量也不会高。

b. 高铀含量都与泥岩有关，硅岩和碳酸盐岩铀含量都不高。

c. 高铀层沉积厚度都相对较大。我们知道，高铀层中矿物组合常见的是泥质物（水白云母）、玉髓、石英、白云石、有机质、黄铁矿（据统计，留茶坡组中段含铀量高的地段，黄铁矿含量也高）。原生沉积结构构造多为微晶、细晶结构，水平层理和微细水平层理，硅、泥质呈薄互层状产出，未见原生沉积的高价铁锰氧化物，说明岛隆两侧边缘相对低洼地段是一个水动力条件相对较稳定、能量相对较低、水体相对较深、沉积速度缓慢、沉积介质为中至偏碱性的还原环境，这样的环境有利于铀不断地从底水向软泥层扩散，而软泥层中存在着不同于底水的强还原（主要是 pH 和 Eh），致使铀和其他组分按照它们各自所需要的地球化学条件而沉淀、浓集。相反，下段厚层层纹状和叠层状燧石岩各处铀含量均较低，这与形成此类岩石时水体较浅、能量较高的潮间带环境有关。

（3）留茶坡组铀的有利沉积区与找矿关系。通过以上对高铀层特征和分布规律的研究，结合古地理、古构造背景的分析，认为武陵山西南段（即大庸田坪西南）和雪峰山东南缘留茶坡组中段和上段、武陵山西南段—凤凰泮公潭一带留茶坡组上段、怀化麻池寨—铜湾—西牛潭一带和宁乡向斜的两翼留茶坡组的中段铀含量更高，有的地段铀的小型聚集体可达工业要求。因此寻找沉积－成岩型矿化，这些地段更为有利。然而成型的矿床、矿点大多分布在雪峰山东南缘，这就使我们认识到，成矿因素除了沉积－成岩时的基础外，还要考虑别的因素，如构造作用、岩浆和脉体活动以及氧化带的发育与否等。雪峰山及其东南缘在这些方面都比武陵山地区有利，所以武陵山地区成型矿床、矿点甚少，而矿化点和异常点却屡见不鲜。因此，寻找后缘改造作用的铀矿床，雪峰山及其南缘是有利地段，武陵山地区就不太有利。

4. 小结

通过对地层及岩性与区域铀控矿关系的初步分析，认为研究区早寒武世地层区域铀成矿的有利地区是雪峰山地区（雪峰海隆的东部）的溆浦—安化—宁乡一带，其中安化至桃江一带是小烟溪组下段第三层铀富集的有利地段；安化至溆浦一带是下段第二层及中段铀富集的有利地段。武陵山区（湘西北浅海靠近海隆凹陷处）的大庸至古丈一带是牛蹄塘组上段铀富集的有利地区。

4.2.4　叠加控矿规律

根据研究区东部雪峰山东缘一带，矿石中存在较多的重晶石（有的层位中还有后生石膏），MgO/CaO 值普遍大于 1，从 MgO 与铀正相关关系看，不能排除研究区有与红层有关的地下热卤水积极参与成矿作用的可能性。由于地表水淋滤和地下（热）水反复作用，就使矿化体在规模上和品位上都有所增加，若叠加在原有矿体上使铀含量更富，铀叠加在铀源层上，达到了工业要求就形成叠加型铀矿床，若铀在非铀源层或构造破碎带中沉淀富集达到工业要求，就形成再造型铀矿床[69]。

4.2.5　现代淋失控矿规律

在研究区东部雪峰山东缘一带，由于新构造运动，地壳隆起不明显的地段，矿体得以保存。在地壳隆起的部位，使已形成的矿体遭受不同程度的破坏，部分铀矿体受到剥蚀。在氧化条件下，矿体中的铀与围岩及矿石中的黄铁矿氧化而生成的硫酸相作用，呈硫酸铀酰的形式淋失。如果与围岩的磷、砷等作用，则形成相应的铀次生矿物，也有少量的铀被褐铁矿等胶体矿物吸附，如果部分铀沿裂隙重新进入深部，在一定部位也有可能形成铀的近代富集，但数量是有限的，而大量的铀则被淋失掉了。

4.2.6　脉体控矿规律

与铀成矿有关的脉体活动及蚀变在研究区较少，仅见于研究区北部蒙福矿点一带的 $\mathbb{C}_1x_3$ 泥晶灰岩中，控矿脉体主要有三种。

（1）粗晶白云石脉，脉宽 0.3 ～ 0.8 m。

（2）乳白色粗晶方解石脉，脉内可见碳酸盐交代重晶石，并有星点状黄铁矿。

（3）肉红色粗晶方解石脉，脉宽 110 cm，长 1 ～ 4 m，赤铁矿呈脉状残留在方解石中并交代碳酸盐形成菱形白云石（图 4-12）。泥晶、泥晶灰岩在脉体附近与赤铁矿化蚀变，岩石中有较多的赤铁矿及闪锌矿斑点。在粗晶方解石脉中尚见黄铁矿、黄铜矿、紫色萤石等，具有明显的蚀变特征。

图 4-12　蒙福铀矿点粗晶白云石化硅灰石脉素描图

4.2.7　构造控矿规律

1. 控矿与赋矿构造的形式

（1）逆掩断层上、下盘的层间断裂破碎带型。这是本区发育最广泛的一种控矿构造形式。地层发生逆掩推覆时，在靠近地表处，由于应力的释放产生层间断裂破碎带，特别是在逆掩断层上盘部位（图4-13），它们一般与地层产状基本一致，有时产状与地层略斜交。层间破碎带主要由破碎、小褶曲、片理和劈理组成。这类层间破碎带分布广、规模较大，大者长达几千米到几十千米。

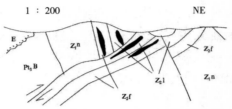

1—第三系；2—上震旦统留茶坡组；3—上震旦统金家洞组；4—下震旦统南沱组；5—下震旦统大塘坡组；6—板溪群；7—不整合界线；8—断层及编号；9—铀矿体。

图4-13　荔枝溪矿床逆冲断层上下破碎带控矿构造剖面图

（2）褶皱构造产生的层间破碎带型。区域褶皱时形成的层间破碎带，也是主要的赋矿构造。地层发生褶皱时，由于岩层间的错动，形成层间破碎带或裂隙带，这种层间破碎带多产于褶皱构造的翼部或其轴部，特别是产状较陡的一翼（图4-14、4-15）。这些层间破碎带被逆断层或正断层切断，铀矿化往往赋存于断层夹持区段（图4-16）。

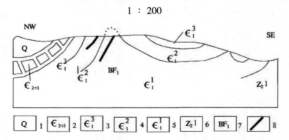

1—第四系；2—中—上寒武统上段；3—下寒武统中段；5—下寒武统下段；6—上震旦统留茶坡组；7—层间破碎带及编号；8—矿体。

图4-14　岩龙团矿点褶皱陡翼层间破碎带控矿构造示意图

1 ∶ 200

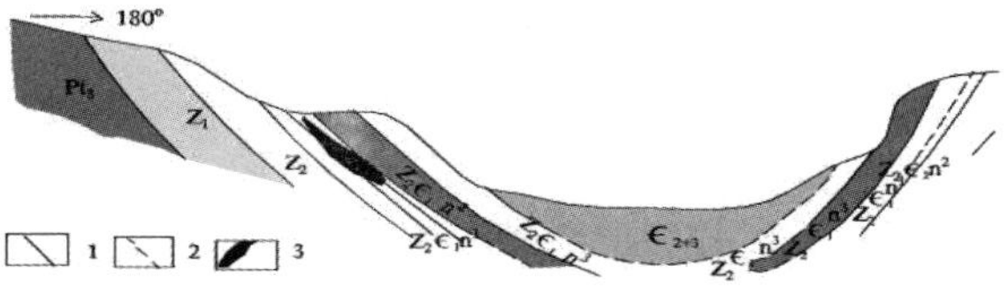

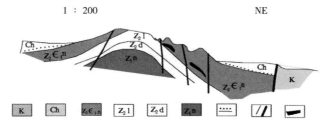

1—实测断裂破碎带；2—推测断裂破碎带；3—矿化地段。

图 4–15　泗里河矿床向斜翼部层间破碎带控矿构造示意图

1 ∶ 200　　　　　　　　NE

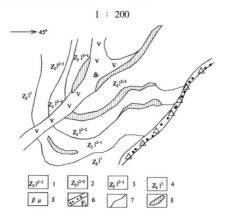

1—白垩系；2—石炭系；3—上震旦统至下寒武统牛蹄塘组；4—上震旦统留茶坡组；5—上震旦统陡山陡组；6—下震旦南沱组；7—不整合界面；8—断层；9—铀矿体。

图 4–16　铜湾矿床背斜翼部层间破碎带控矿构造示意图

（3）小褶曲层间破碎带型。这是褶皱构造产生的层间破碎带型的一种，是大的褶皱构造上的次级褶曲内的层间破碎带内，如云山矿床就产于沩山岩体北面倒转背斜的次级向斜褶曲内（图 4–17）。

1 ∶ 200

1—上震旦统留茶坡组中段第三层；2—留茶坡组中段第二层；3—留茶坡组中段第一层；4—留茶坡组下段；5—辉绿岩；6—断层；7—地质界线；8—铀矿体。

图 4–17　云山矿体小褶曲控矿构造示意图

（4）岩浆岩接触带"交点"型。在一些矿床发育有岩脉，其与围岩的接触带往往也是有利的赋矿部位，如在云山铀矿床的花岗斑岩、辉绿岩脉接触带附近有较好矿化；在老卧龙矿床也发现在煌斑岩脉切割赋矿层的部位形成"交点"型矿化（图4-18）。

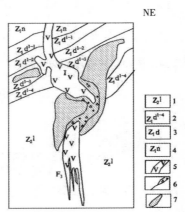

1—上震旦统留茶坡组；2—上震旦统陡山沱组1～4层；3—上震旦统陡山沱组；

4—下震旦统南沱冰碛岩组；5—煌斑岩；6—断层；7—铀矿体及含矿地段。

图4-18　老卧龙矿床煌斑岩接触带控构造示意图

（5）沉积间断要素。本区在形成震旦系—寒武系富铀地层之后，在晚古生代与中新生代，多次出现长时期的沉积间断，为外生渗入型铀成矿作用提供了有利的地质环境。在一些矿床附近都发育有石炭系或白垩系不整合覆盖于震旦—寒武系富铀地层之上。

　2.构造控矿规律

（1）区域构造控矿规律。研究区位于雪峰山基底逆冲推覆带东侧，区内构造控制铀矿床主要分布在雪峰山东缘地区。北部的矿化点亦多见构造控制。区内铀矿化的构造特征表明，铀矿化与区域构造运动关系极为密切，构造（尤其是断裂构造）形态、规模直接控制铀矿床的展布方向。如表4-6所罗列的主要构造对矿床矿体的定位、矿体规模、矿化强度以至几何形态起着重要的控制作用，没有这些构造的发生发展，就无铀矿床可言。

表 4-6　雪峰山地区构造对矿床的控制

区段	矿床构造名称（代号）	产状/(°)	规模	构造特征简述	构造性质	铀矿化情况	其他
雪峰山北西缘	荔枝溪铀矿床 F_1 断裂构造	走向：北东东 倾向：南南东 倾角：地表 50° 深部：25°	长度大于 15 km，断距大于 500 m	岩层次级构造发育，形成褶皱和层间挤压破带，碎、节理发育，并沿断裂带产生缝石角砾岩	逆断层	次级褶皱及层间破碎带产生工业矿化	处于斜向斜构造的东南翼，为走向断层，切 Z_2d^{1-2}, Z_1n, Z_2^{12} 等层位
雪峰山南东缘南段	永丰铀矿床 F_4 断裂构造	走向：40°～60° 倾向：南东 倾角：60° 但在深部变缓至 25°	650 m 长，4～10 m 宽，北东方向呈尖灭再现型分布，断距 832 m	构造切穿 $\in_1x$ 层含碳泥岩，沿断裂带产生缝石角砾岩，糜棱岩并产生绿泥石化，局部见铁质（赤铁矿）胶结物	北东向斜，冲擦痕普遍，压扭性质，逆断层	构造由陡变缓的部位发育铀矿化，形成矿体。矿体产于构造内或上盘一定距离内为次生铀矿	为倒转向斜或背斜翼部，走向断层，切割 $\in_1x^1$, $\in_1x^2$, $\in_1x^3$ 层位，F_2 构造同为控矿构造
	老卧龙铀矿床 F_{23} 断裂构造	走向：45°～70° 倾向：南东 倾角：由东向西，在 40°～75° 内变化	长 10 km 以上，宽 2～6 m，局部达 10 m	构造发育于 $\in_1x^2$ 底部，沿断裂构成含角砾岩及角砾的角砾岩组成，大小为 1～5 cm	多次活动逆断层	断层发育，含矿岩性为碎裂破碎或碎裂含碳泥岩，矿化发育于上两种岩石中，距主构造一定距离，最大矿体 150 m，主要为钙铀云母、钙铀云母，硅钙铀矿	为烟溪向斜北西翼的层间滑脱，位于 $\in_1x^3$ 底部

119

续表

区段	矿床构造名称（代号）	产状/(°)	规模	构造特征简述	构造性质	铀矿化情况	其他
雪峰山南东缘南西段	老卧龙铀矿床 F₄₃ 断裂构造	走向：45° 倾向：南东 倾角：44°～61°	在矿区长达6 km以上，宽0.6～6 m	断裂发生于陡山沱组第三层为层间破碎形式，沿断裂形成断层角砾岩，角砾成分主要为含泥白云岩角砾，少量含泥岩角砾	逆断层性质	矿化发育于层间破碎带，煌斑岩脉两侧，易破碎。品位达0.1%以上	烟溪向斜北西翼的陡山沱组第三岩性段中，煌斑岩脉两侧见矿化，裂隙式贯入
雪峰山南东缘南西段	奎溪坪铀矿床 F₁₃ 断裂构造	走向：45° 倾向：南东 倾角：20°～45°	为区域性断裂长度大，宽0.5～1.5 m，影响带宽5～10 m	F₁、F₂、F₃构造等联合作用使黑色岩系地层发育引褶皱和层间破碎，沿断裂形成灰色糜棱岩，沿走向呈透镜体状，带内褐铁矿、水铝英石发育	断层面见水平和逆冲擦痕，压扭性质特征	局部发现铀矿化，$\in_1 x^{1-2}$发生工业矿化形成矿体	展布于奎溪坪，与向斜北西翼，地层走向相同，但切割地层
雪峰山南东缘北东段	西家冲铀矿点 F₃₃ 断裂构造	走向：87° 倾向：南南东 倾角：63°	长650 650 m，宽3.65 m（平均）	构造中部不同岩性接触处，发育角砾岩带，由含碳泥岩、碳质泥岩、硅岩等破碎物自身胶结而成	多次活动逆断层性质	铀矿化顺层发育于$\in_1 x^{1-1}$、$\in_1 x^{1-2}$透镜状"富碳泥岩"带中，与其他构造交汇后矿体加厚	矿区构造 F₁（正断层）、F₂（逆断层）同为层间破碎带，控制本矿区的铀矿化

120

续表

区段	矿床构造名称(代号)	产状/(°)	规模	构造特征简述	构造性质	铀矿化情况	其他
雪峰山南东缘北东段	泗里河铀矿床 F_1 断裂构造	走向:75°～110° 倾向:南东或南西 倾角:50°～60°	长:500 m 宽:0.3～1.1 m	F_1 和 F_2 构造分别发育于 $\in_1 x^{1-2}$ 小层的顶部。F_1、F_2 呈叠瓦式逆冲断层性质,沿 $\in_1 x^{1-2}$ 层走向分布并使之扭曲破碎,产生更次级的网状裂隙群,并沿断裂形成角砾岩透镜状泥片理化、石墨化的含碳质硅岩	上结构面顺层,下结构面舒缓波状,压扭性质,F_1 与 F_2 呈叠瓦逆冲走向,小断层形平行产出	F_1 和 F_2 控制了矿带走向、倾向的分布,又控制了矿体形态	F_1、F_2 构造分布于东西向展布的泗里河的 $\in_1 x^{1-2}$ 斜北翼位中,与向斜轴向一致,同为雪峰北东缘弧形构造成分,控制了本矿床的主要矿化
雪峰山南东缘北东段	泗里河铀矿床 F_2 断裂构造	走向:75°～110° 倾向:南东或北西 倾角:55°～65°	长 250 m 宽 0.1～0.35 m	F_1 和 F_2 构造分别发育于 $\in_1 x^{1-2}$ 小层的顶部,沿断裂成角砾岩	压扭性质 逆冲断层		
雪峰山南东缘北东段	隆家村铀矿床 F_2 断裂构造	走向:81° 倾向:北北西 倾角:70°～82°	长 550 550 m 宽 0.9～87 m 延伸 60～150 m	矿化发育于 F_2 与 $\in_1 x^{1-2}$ 下盘岩石中,其沿断裂成形成角砾岩带,由角砾岩、紫胶岩及碎裂岩组成	破碎带为先压后张性质。常见生发现象,分枝复合,深部尖灭再现	矿化发育于 F_2 与 $\in_1 x^{1-2}$ 复合部位或 F_2 下盘岩石中。见沥青石母、铀云母、钒钙铀矿及含铀水铝英石	隆家村向斜呈东西向展布,F_2 构造发育于斜南翼并控制该矿点的主要铀矿化

121

续 表

区段	矿床构造名称（代号）	产状/(°)	规模	构造特征简述	构造性质	铀矿化情况	其 他
沩山隆起北缘地段	黄材铀矿床 F₁断裂构造	走向：近东向南倾 倾角：70~80°	长大于120 km，宽大于2 m，为区域性断裂构造	F₁和F₂构造斜切夹持部位的Z₂l²、∈₁x'T和D₂l¹地层以及灰绿岩脉。构造带内成分复杂，泥岩、砾岩、岩角发育，又见紫红色断层泥的挤压片理、泥和铁质胶结物	多次活动、地表出露差，但电测深可以测到构造F₁、F₂。应为公田—灰汤—新宁断裂的次级断裂。逆冲断层对上盘地层有拖曳作用	地质体被揉皱至破碎而发育铀矿化。铀矿石呈细脉、网脉、角砾状、纹层状等构造。星点状收，可见沥青铀矿和诸多次生铀矿物，部分钻孔见生铀矿和方解石、萤石的细脉状紫色萤石和方解石英脉等，热液矿化明显	据资料和野外调查分析，F₁为区域性断裂。公田—灰汤—新宁断裂派生的次级断裂。矿区内岩脉发育
	黄材铀矿床 F₂断裂构造	走向：北西西 倾向：北北东 倾角：60°~75°	长大于5 km，宽1~2 m，沿走向尖灭再现	F₁和F₂构造斜切所夹持部位的Z₂l²、∈₁x'T和D₂l¹地层。沿断裂形成角砾岩，角砾成分为硅岩、泥岩，为所处部位的地层岩性构成，两侧破劈理发育，局部见辉绿岩充填其中	正断层，对上盘地层有拖曳作用		
	云山铀矿床 F₄断裂构造	走向：320° 倾向：南西 倾角：60°~70°	长40 m 宽0.5~10 m	局部出现擦棱镜面和斜冲擦痕，裂隙发育，见石英脉充填其中，发育于Z₂l²中，使其扭曲和膨大，对围岩产生作用	似层间挤压破碎带	矿化往往发育于其扭曲膨大部位，其上下盘裂隙密集处，均有较大的工业矿体出现	F₄和F₅对矿化控制明显，均属层间构造性质

（2）断裂构造控矿规律。断裂构造是本区成矿的基本条件。断陷地块保护铀源层免遭剧烈剥蚀，断裂构造使铀活化再分配；断裂及其派生构造裂隙既是矿液运移的通道，又是储矿的有利空间；断层顺层切过含铀层，形成规模较大的层间断裂破碎带，矿体直接赋存于这种层间断裂破碎带中，形成较大规模的铀矿床。例如，902 矿床 23 号带（图 4-19）断层斜切含矿层，形成宽数米到十余米的角砾糜棱岩带，矿体赋存于主要由含铀层角砾碎屑组成的破碎带中。

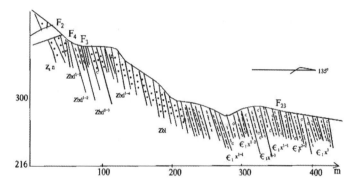

图 4-19　902 矿床 23 号带矿体直接受断裂控制图

（3）断裂上下、盘或旁侧的次级构造裂隙控矿规律。这种类型比较普遍，据断层与褶皱或铀源层的关系划分如下。

①侧断式。断层在由铀源层组成的背、向斜的旁侧通过，在背、向斜中形成次级挠曲，在褶皱期产生的初级层间挤压破碎的基础上加大加强层间破碎带的规模和程度，形成有利的储矿空间，矿体即赋存于这种断裂旁侧层间挤压破碎带中，矿体产状与地层产状基本一致，如奎溪坪矿床（图 4-20）。

②斜断式。断层以不同角度切过由含铀层组成的背、向斜，在平面和剖面上断层与地层均表现为斜交关系，在断层上、下盘，主要是上盘的含铀层中产生一系列次级小断裂和密集的裂隙网，矿体赋存于密集的裂隙群中，特别是断层与含矿层在平面上以"入"字形相交，在剖面上以"y"字形相交的部位，矿化更好，如永丰矿床（图 4-21、图 4-22）。矿体与地层常以一定的角度相交，有的则以较大的角度相交，如茶子堂矿点（图 4-23）。

③纵断式。俗称背（向）斜一把刀。断层基本平行切过由含铀层组成的背、向斜，在剖面上则以一定的角度与地层相交。在断层的上、下盘，主要是上盘的含铀层中产生小的断裂和密集裂隙，矿体赋存于密集裂隙带中。这种矿

体与地层以微角度相交，如统溪河矿床、贺庵寨矿点（图4-24），是一种重要的控矿形式。

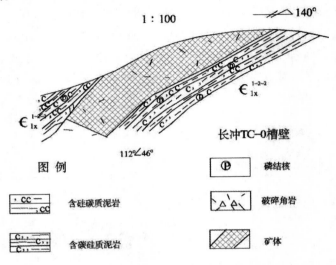

图 4-20　层间挤压破碎与矿化关系图

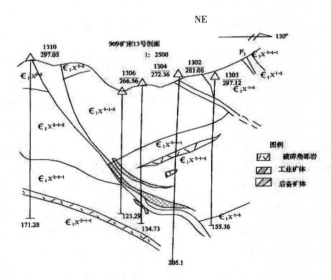

图 4-21　永丰矿床 15 号剖面

124

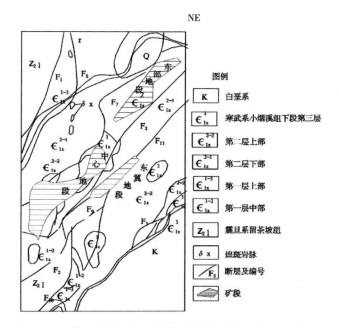

图 4-22　斜交断层对铀矿化的控制示意图（永丰矿床）

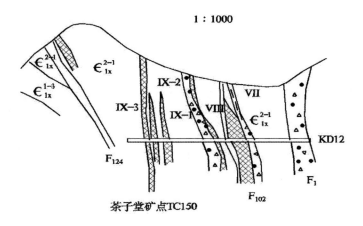

图 4-23　断层与铀矿体关系图

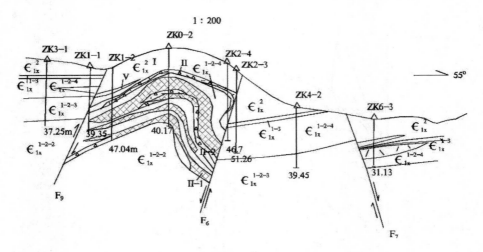

图 4-24　贺庵寨矿点纵投影

④矿（床）点定位于断裂变异挟持区。这些部位应力比较集中，易产生破碎裂隙，对成矿极为有利。

a.双带断裂挟持区对铀矿化的控制。两条断裂以不同的间距呈大致平行，挟持不同规模的由含铀层组成的地块，对矿化起着重要的控制作用，这是因为除了挟持区为应力集中的地区外，也常是陷落地块，对铀源层和铀矿化起保护作用。

大型挟持区宽可达数千米，长几十千米，控制矿田，如岳溪—岩湾与鸡公坡断裂挟持控制奎溪坪矿田。中型挟持区宽数百米至一千多米，长数千米至十余千米，常控制矿床（点）如大坪和东山断裂、马劲坳和主坡寨断裂分别挟持控制永丰、主坡寨矿床、白竹坡—毛屋岭和大竹冲，沈家溪断裂挟持控制西冲矿点。小型挟持区宽十几米至几十米，长数几米至千余米，控制矿床如岩湾矿床中1、2、3、4号断裂分别挟持控制各矿体（图 4-25）。

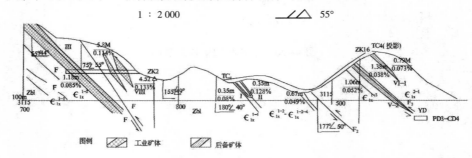

图 4-25　岩湾矿区 2 线地质剖面图

b. 三角形－楔形挟持区对铀矿化的控制。主要是由两条断裂相交成三角形或楔形，控制矿床或矿点，如麻池寨矿床赋存于分水坳和马颈坳所挟持的三角地块内，广皮冲矿点位于断裂所挟持的楔形块体中。

c. 矩形－菱形断块对铀矿化的控制。如贺庵寨矿点的主矿体除受 1、2 号断裂控制外，还受 8、9 号横断裂所限定。1、2、8、9 号断裂组成矩形－菱形陷落地块（图 4-26）。

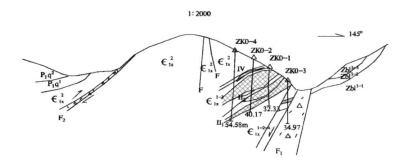

1—薄层硅岩；2—薄层碳质泥岩夹硅岩；3—中薄层碳质泥夹含硅泥岩；4—薄层碳质泥岩夹硅质泥岩；5—中厚层碳质泥岩；6—铝土质页岩；7—灰岩；8—断裂破碎层间破碎带及其编号；9—钻孔及其编号；10—后备矿体；11—工业矿体及其编号。

图 4-26　贺庵寨矿点 0 号剖面图

d. 铀矿化常赋存于构造交叉部位。构造在走向和倾向产状的变化，膨胀收缩，分支复合部位为矿化赋存的有利地段，岩湾矿床位于岳溪—岩湾断裂由北北东向北东偏转的弧形内侧人字形构造发育区，如贺庵寨矿点赋存于广发冲断裂向北西凸出的弧形外侧次级断裂裂隙密集带。永丰矿床主要矿体赋存于 4 号断裂膨胀和走向转弯的内侧、倾向上由陡变缓的断裂凹内（图 4-27）。观音洞矿点主矿体位于构造由收缩到膨胀的部位（图 4-28）。

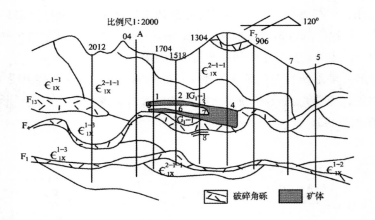

图 4-27　永丰矿床 I-1 纵剖面图

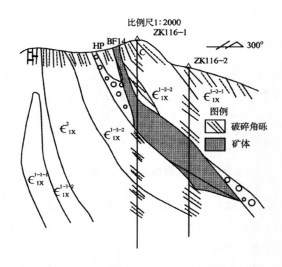

图 4-28　观音洞地段 116 线地质剖面图

4.2.8　岩石地球化学成分控矿规律

1. 研究区地层的岩石特征

研究区上震旦—下寒武岩石地层由云（白云岩）、硅（隐晶及微晶石英）、泥（黏土矿物）沉积所组成，其次为碳质。由于三种主要组分混积性和混积程度不同，形成白云岩、硅岩、泥岩三种主要岩石及其它们的过渡类型，从本区岩石具体情况分析，硅质、泥质混积性较好，混积程度较高，其次为碳质，出现了一系列硅岩—泥岩过渡类型岩石。泥质、白云质混积性次之，混积程度中等，因而出现泥和白云岩过渡类型岩石。硅质与白云质混积程度极低，混积性差，基本上没有出现两者之间的过渡类型岩石。陡山沱组碳酸岩由白云岩组成，白云岩占岩石矿物成分的 90% 以上，灰岩与白云岩之间的过渡类型岩石目前尚没有发现。本区地层岩石除有一定程度的混积性外，同时有一定程度的轻微变质的特点，它是由一套浅海相的混杂沉积所形成的沉积岩所组成。

2. 本区矿床岩石中元素基本特征

（1）一般特征。在岩石经过镜下初步定名的基础上，利用剖面光谱半定量、铀元素化学分析及主要化学组分 SiO_2、Al_2O_3、CaO、MgO 的分析资料，对岩类主要化学组分及微量元素的一般特征进行了初步的研究。研究区泥岩、白云岩、硅岩、碳质泥岩、硅质泥岩中微量元素的含量变化如图 4–29 所示。V、Cr、Cu、Ag、Mo 等在碳质泥中含量最高，在硅质泥岩、硅岩、白云岩中依次降低。Pb 含量变化小。Zr、Y 在泥岩与碳质泥岩中高，硅质泥岩次之，白云岩中较低。Mn 在白云岩中含量高。P 除在碳质泥岩中含量高外，白云岩中也有明显的富集。Ba 则在泥岩中高，P 在泥岩中高，硅质泥岩、碳质泥岩中次之，硅岩中最低。铀元素含量在碳质泥岩、硅质泥岩中含量较高，其他岩类则有明显下降趋势。

（2）不同时代地层岩石中同类微量元素特征。同一岩类在不同时代地层中微量元素的含量均有较明显的差异。现按岩类分述如下。

①泥岩。陡山沱泥岩中的微量元素 Pb、Cu、Zn 含量较高。Ba、Y、Cr、Mo、Ag、Zr 接近或略大于地壳克拉克值。

留茶坡组泥岩则以 Be、Al、Zn、U 含量高为特点，特别是 Al 与寒武系同类元素相比要高 1.5 倍，Ba 高 1.8 倍，U 要高出 10.9 倍。Y、Mo、Cr、Ni 与页岩克拉克值相近似或在其含量变化范围内，Pb、Mn、V、Zr、Ca 大大小于页岩克拉克值。

小烟溪组泥岩中除 Ni、Mn、Cu、Zr、Ca、Mg 小于页岩克拉克值，其他元素含量均高于页岩克拉克值，其中又以 Y、Mo、V、Ag、Zn、Ba 含量较高。V、Ag 等元素均要高出页岩克拉克值 3 倍以上（表 4–7）。

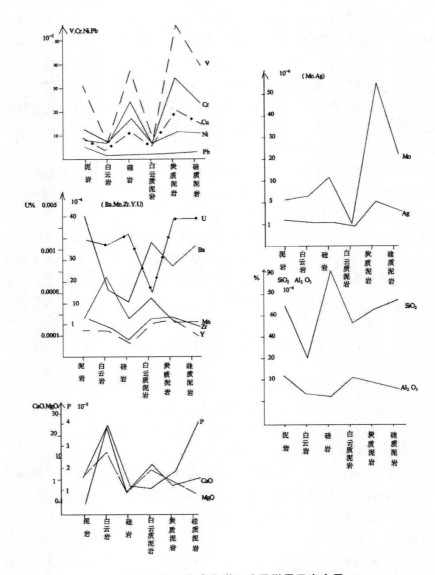

图 4-29 各类化学组分及微量元素含量

表 4-7　雪峰山地区各岩类若干元素平均含量与岩石克拉克值对比图

岩类	元素	P	Pb	Mn	Cr	Ni	Mo	V	Cu	Ag	Zn	Ba	Zr	Y	U	Ca	Mg	Al	Si
	页岩克拉克值	0.077	0.002	0.0067	0.01	0.0095	0.0002	0.013	0.0057	0.0001	0.008	0.08	0.02	0.0030	0.00032	2.53	1.34	10.45	28.8
泥岩	$Є_1x$	0.10	0.0035	0.020	0.028	0.008	0.004	0.28	0.0038	0.0003	0.01	0.30	0.018	0.0030	0.0018	0.27	0.84	7.22	75.5
	Zbl	0.10	0.0013	0.0015	0.009		0.0005	0.012	0.0093	0.0002	0.014	0.50	0.018	0.0035	0.0035	0.47	1.42	12.17	63.8
	Zbd	0.10	0.0025	0.02	0.012	0.0074	0.0002	0.010	0.0072	0.0001	0.010	0.42	0.019	0.0036	0.0007	0.50	1.33	11.54	67.9
	总平均	0.10	0.0025	0.023	0.012	0.0079	0.0005	0.032	0.0079	0.002	0.011	0.44	0.017	0.0035	0.0016	0.48	1.37	11.31	68.77
硅质泥岩	$Є_1x$	0.11	0.0028	0.010	0.05	0.019	0.0045	0.30	0.026	0.0007	0.037	0.40	0.0059		0.0044	0.94	1.07	6.95	65.2
	Zbl	0.10	0.0011	0.010	0.0072	0.0056	0.0006	0.0062	0.014	0.0001	0.039	0.46	0.0059		0.0048	0.19	0.56	5.88	15.74
	Zbd	1.00	0.0035	0.020	0.012	0.0074	0.0002	0.010	0.0072	0.0001	0.010	0.42	0.019		0.0005	2.70	1.63	7.9	55.9
	总平均	0.41	0.0017	0.013	0.026	0.012	0.0022	0.043	0.0018	0.0003	0.020	0.35	0.0095		0.0037	1.19	0.91	6.80	72.87
碳质泥岩	$Є_1x$	0.20	0.0026	0.014	0.031	0.014	0.0062	0.21	0.0022	0.0004	0.05	0.16	0.023	0.0035	0.0025	0.47	1.43	8.47	72.87
	Zbl																		
	Zbd	0.34	0.0038	0.037	0.012	0.0068	0.001	0.025	0.006	0.0003	0.013	0.16	0.023	0.0085	0.0026	1.78	1.68	10.39	65.35
	总平均	0.27	0.0032	0.014	0.031	0.012	0.0054	0.15	0.021	0.0004	0.037	0.26	0.020	0.014	0.0036	0.075	1.45	8.38	65.35

131

碳硅泥岩型铀矿地质地球物理综合研究——以湖南省怀化地区为例

续 表

岩类	元素	P	Pb	Mn	Cr	Ni	Mo	V	Cu	Ag	Zn	Ba	Zr	Y	U	Ca	Mg	Al	Si
	页岩克拉克值	0.04	0.000 9	0.01	0.001 1	0.002	0.000 4	0.002	0.000 4	0.000 1	0.062	0.001	0.001 9	0.003 0	0.000 2	30.23	4.7	0.42	2.4
白云岩	Є₁x																		
	Zbl	1.00	0.001 2	0.027	0.004 2	0.006 3	0.000 6	0.007 5	0.005 0	0.000 1	0.001 7	0.17	0.029	0.019	0.001 6	16.79	11.89	5.42	34.38
	Zbd	0.2	0.000 9	0.26	0.008 2	0.006 8	0.000 7	0.006 5	0.001 6	0.000 1	0.012	0.15	0.006 7	0.001 5	0.001	21.42	15.13	3.05	16.9
	总平均	0.40	0.001	0.20		0.006 7	0.000 7	0.006 5		0.000 1	0.014	0.16	0.009 8	0.004 1	0.001 1	20.35	12.86	3.53	19.49
白云质泥岩	Є₁x																		
	Zbl	0.10	0.001 5	0.045	0.013	0.005	0.000 1	0.007 0	0.008	0.000 1	0.010	0.4	0.012		0.000 4	4.02	3.70	11.69	59.38
	Zbd	0.12	0.001 6	0.23	0.005 9	0.006 0	0.000 1	0.006 5	0.005 9	0.000 1	0.010	0.37	0.02		0.000 5	5.47	5.20	9.68	51.90
	总平均	0.11	0.001 6	0.13	0.007 1	0.005 8	0.000 1	0.006 4	0.006 3	0.000 1	0.010	0.38	0.017		0.000 5	5.22	4.08	10.02	53.19
硅岩	Є₁x	0.10	0.001	0.027	0.029	0.034	0.003 1	0.008 6	0.022	0.000 3	0.035	0.09	0.001	0.001	0.002 5	0.22	0.28	1.84	86.53
	Zbl	0.14	0.001	0.001 5	0.011	0.007 1	0.000 2	0.000 3	0.005	0.000 1	0.012	0.15	0.003 7	0.004 5	0.003 0	0.24	0.38	2.83	91.70
	Zbd	0.10	0.001	0.04	0.025	0.020	0.000 1	0.000 2	0.003	0.000 1	0.010	0.08	0.003 4	0.003 1	0.000 5	1.32	0.94	1.55	91.20
	总平均	0.12	0.001	0.023	0.019	0.025	0.001 4	0.004 0	0.012	0.000 1	0.08	0.11	0.003 3	0.002 4	0.002 5	0.34	0.37	2.31	89.6

注：1.Pb、Mn、Cr、Ni、Mo、V、Cu、Ag、Zn、Ba、Zr、Y 为光谱半定量分析。
2.U、Ca、Mg、Si、Al 为化学分析。

132

②硅质泥岩。陡山沱组硅质泥岩中 P、Pb、Cu、Zn、Ba、U 含量较高，其他元素如 Cr、Mo、Ag、Zr 则变化幅度小，含量相对较为稳定。

留茶坡组硅质泥岩则以 Zn、Ni、U 含量高为特点，U 平均含量比陡山沱组有较大幅度的增长，除 Cu、V、Mo、Ag、Ba 等元素略有变化外，其他元素均未变化。

小烟溪组硅质泥岩则以 Ni、Mo、V、Cu、Ba 等元素变化幅度大，含量高为特点。

③碳质泥岩。陡山沱组碳质泥岩与小烟溪组碳质泥岩有较大差异，小烟溪组碳质泥岩中元素种类全，含量高，其中特别是 Ni、Mo、V、Ag、Y、Ba、Zn 等元素最为突出。以 Ni、V、Mo、Zn 为例，小烟溪组碳质泥岩中平均含量分别高达 Ni（0.014%）、Mo（0.006 2%）、V（0.021%）、Zn（0.05%）；陡山沱组同类岩石中上述四元素分别显著下降为 Ni（0.006 8%）、V（0.005%）、Mo（0.001 1%）、Zn（0.013%）。

陡山沱组碳质泥岩中 Cu 的含量则略高于小烟溪组同类岩石中的含量。留茶坡组中白云岩 P、Y、Cu、V 等微量元素均高于陡山沱组同类岩石的含量。陡山沱组白云岩中的 Mn、Cr、Ni、Mo、Zn 则比留茶坡组同类岩石中的元素含量要高。其中，陡山沱组的 Mn 比留茶坡组要大 10 倍，整个白云岩中，大部分元素除陡山沱组的 V、留茶坡组的 Zn 外，均明显高于碳酸盐克拉克值。

④硅岩。从陡山沱组到留茶坡组再到小烟溪组，微量元素含量有逐渐增高趋势，小烟溪组中硅岩的 Ni、Mo、V、Cu、Ag、Zn 含量高且变化幅度大，均显著高于陡山沱组与留茶坡组同类岩石中的含量。

同一类岩石在不同时代地层中演化趋势如图 4-30、图 4-31 所示，Ca/Mg 变化如图 4-32 所示。铀平均含量变化如图 4-33 所示。

第一，震旦至寒武世早期，Si、Al 等元素含量有增高的趋势，Ca、Mg、Mn 等元素却有递减的变化规律。

第二，V、Mo、Cu、Ni、Ag、Y、Zn、Ba 等元素含量随时代的变新而增高。

第三，Ca/Mg 比值在陡山沱组最高，留茶坡组略有减少，小烟溪组最低。

第四，U 平均含量在不同时代地层中均有显著差异，U 平均含量在小烟溪组最高，硅质泥岩、泥岩略低于留茶坡组同类岩石 U 含量外，其他岩类 U 平均含量均在留茶坡组增高，陡山沱组降低。综上所述，元素组合与含量在地史发展过程中的演化与变革具有一定的规律性、方向性和阶段性，这种阶段性与地质时代的分异常相吻合。地层中 U 的平均含量与元素组合有一定的关系，不同地层中与 U 相关的元素又有所差别。研究这些规律对我们寻找地层中的铀矿有一定的指导作用。

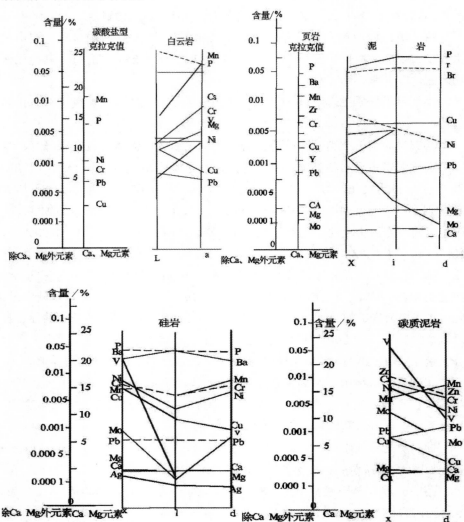

图 4-30　雪峰山地区上震旦统陡山沱组（a）、留茶坡组（l）、下寒武统小烟溪组一、
二段（x）各岩类若干元素平均含量变化图

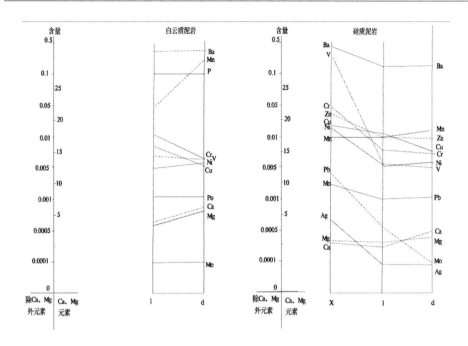

图 4-31　雪峰山地区上震旦统陡山沱组（d）、留茶坡组（e）、下寒武统小烟溪组一、
二（x）各岩类若干元素平均含量变化图

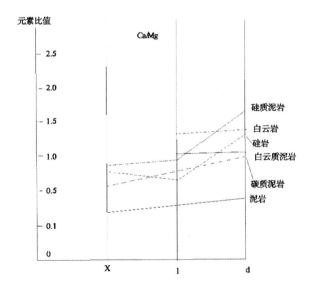

图 4-32　雪峰山地区上震旦统陡山沱组（e）、留茶坡组（d）、下
寒武统小烟溪组（x）不同岩类钙镁比值变化图

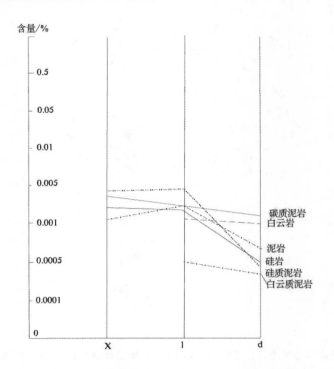

图 4-33　雪峰山地区上震旦统陡山沱组（d）、留茶坡组（e）、
下寒武统小烟溪组（x）U 平均含量变化图

3. 上震旦统至下寒武统岩石化学成分特征

研究区上震旦统至下寒武统各组段地层岩石化学成分如表 4-8、表 4-9、表 4-10 所示，为了阐明研究区沉积岩化学成分的特点，我们将国内外有关各类型岩石的化学成分一并列入表 4-8、表 4-9、表 4-10。从表中我们可简略地归纳出研究区上震旦统至下寒武统岩石化学成分的几个特点。

第一，各组、段中的泥岩与古生代页岩平均化学成分相比，SiO_2、P_2O_5、$C_{(有)}$ 有增高趋势；Al_2O_3、CaO、MgO、MnO 略有减少。硅质泥岩与莫里硅质泥状岩化学成分相比，除 SiO_2 明显降低外，Al_2O_3 相应增大，FeS_2 在上述两种岩中均有明显的富集作用。

第二，磷块岩的化学成分除 Al_2O_3 增高、MnO 略有减少外，其余均与布申斯基的"石英砂质磷灰岩结核"成分近似。[70]

第三，黑色泥岩 $C_{(有)}$ 含量较低，SiO_2、P_2O_5 比古生代页岩平均化学成分略有增高。表中"高碳泥岩"与"富镁泥岩"则以高 $C_{(有)}$（5% ～ 30%）、P_2O_5，富 MgO 为特征。

第四，碳酸盐岩化学成分除留茶坡组中段白云岩 SiO_2、Al_2O_3 较高、成分欠纯外，其他则与其岩性特征相符。

第五，燧石岩化学成分除 Al_2O_3、Fe_2O_3 略低外，其余组分均接近放射虫岩；与黑色放射虫岩相比，SiO_2、$C_{(有)}$ 含量较高；陡山沱组第四岩性段中的燧石岩与 H. 布拉特的"白云岩中的燧石"接近；留茶坡组上段与下段燧石岩在某些化学组分上不尽相同，如前者富 $C_{(有)}$、P_2O_5；后者贫 $C_{(有)}$、P_2O_5，MnO 增高，显示了在不同环境中岩石形成的地球化学差异。

第六，研究区从震旦世至早寒武世岩石化学成分总的演化趋势如下：Al_2O_3、$C_{(有)}$、P_2O_5、TiO_2 等有增高趋势；CaO、MgO 等则有由高—低—略高的变化规律。由此表明：晚震旦世是富含云质（指白云岩，下同）、硅质时期，而早寒武世云质、硅质减少；碳质、泥质增加。因此，从晚震旦世到早寒武世是一个有机碳不断增加，pH、Eh 逐渐下降，SiO_2、P_2O_5、U 等组分渐趋富集的过程。这些特点是与较高的 H_2S 及 Cu、Ni 含量相伴生的。

早寒武世初期即留茶坡中、晚期，以安化—溆浦—黔阳一线为界，西北与东南表现为两个地球化学沉积区。西北氧化 – 弱还原浅水沉积区地形起伏明显，沉积厚度变化大，岩性复杂，CaO/MgO 值高，富 Mo、V、Cr、Ba 等元素（表 4–11），层纹泥晶状及鸟眼构造等浅水沉积特征在白云岩中表现明显。研究区网状黄铁矿发育，Cu 的富集系数大，说明这一带处于较浅水中相对凹陷的环境。东南还原 – 弱氧化较深水沉积区碳质贫乏，中段浅色硅质泥岩沉积厚度大，CaO/MgO 值低、SiO_2/Al_2O_3、Cu/V 值及微量元素 Ti、Ni 等相应增高，该区 Cu 的富集程度比西北区仍略有增大。

早寒武世、中、晚期即小烟溪期，细小黄铁矿十分普遍，Cu、Ag 含量高，CaO/MgO 值低，Cu/V 值增大（表 4–12），显然代表了还原滞流较深水沉积环境。研究区自西北到东南 Cu、Ag 等元素有增高趋势，P、V 等元素却有递减的变化规律，表明由西北往东南海盆逐渐加深，还原程度亦有所增强。

西北氧化 – 弱还原较浅水沉积区，由于沉降幅度较东南区为小，海水中富含 P、K、C 等元素，有利于藻类生物的大量繁殖和堆积。同时，该区域石煤及结核状、层状磷矿发育、地层中 P、V、Cr、Mo、U 等元素富集系数大、亲铜元素显著减少，CaO/MgO 值相应增高，这些都反映了氧化、动荡的较浅水沉积环境。

据上一节所述，溆浦—会同北东向断裂与安化—浏阳东西向深断裂联合弧形古构造控制了本区晚震旦至早寒武世地球化学沉积环境，地球化学沉积环境又决定了铀矿床的成矿规律。[71]

表4-8 怀化地区上震旦组留茶坡组各段组类岩类岩石化学成分表

组	段	岩类	SiO₂% 极值	SiO₂% 平均	Al₂O₃% 极值	Al₂O₃% 平均	CaO% 极值	CaO% 平均	MgO% 极值	MgO% 平均	Fe₂O₃% 极值	Fe₂O₃% 平均	FeO% 极值	FeO% 平均	FeS₂% 极值	FeS₂% 平均	TiO₂% 极值	TiO₂% 平均	K₂O% 极值	K₂O% 平均	Na₂O% 极值	Na₂O% 平均	P₂O₅% 极值	P₂O₅% 平均	MnO% 极值	MnO% 平均	C(有)% 极值	C(有)% 平均
留茶坡组	上段	燧石	99.28/89.80	94.12	4.07/0.16	1.76	0.47/0.03	0.33	1.03/0.14	0.48	1.15/0.19	0.78	2.10/0.26	1.04	1.38/0.02	0.38	0.32/0.02	0.11	1.57/0.18	0.76	0.46/0.18	0.25	0.56/0.008	0.18	0.082/0.002	0.011	1.59/0.14	0.99
		黑色泥岩	74.55/66.53	70.64	10.16/5.37	7.70	0.37/0.32	0.30	0.41/0.58	0.40	6.06/0.99	3.53	0.43/0.20	0.31	1.03/0.00	0.50	0.32/0.12	0.22	1.02	1.02	0.07	0.07	2.08/1.76	1.92	0.01	0.01	2.48/0.23	1.61
		浅色泥岩	78.86/42.61	67.70	15.50/7.90	22.35	2.38/0.09	0.59	3.64/0.24	1.36	6.15/0.39	2.51	7.30/0.07	0.58	26.51/0.06	5.73	1.20/0.40	0.69	5.15/2.08	3.55	0.45/0.40	0.18	0.46/0.07	0.27	1.92/0.009	0.097	0.68/0.07	0.27
	中段	白云岩	34.38/12.51	25.24	6.14/1.66	3.90	26.25/16.70	19.88	15.44/11.42	23.03	0.59/0.12	0.32	3.57/0.07	1.41	5.59/0.30	2.99	0.34/0.08	0.23	1.63/0.26	1.04	0.41/0.18	0.19	0.32/0.19	0.23	0.11/0.06	0.07	0.66/0.13	0.37
		黑色泥岩	81.70/42.17	67.25	14.87/4.59	9.37	1.79/0.11	0.81	2.76/0.23	1.28	6.30/0.24	2.39	0.77/0.11	0.49	2.13/0.06	1.17	1.20/0.16	0.65	5.29/1.34	3.10	0.17/0.00	0.11	0.64/0.04	0.33	0.04/0.01	0.02	16.49/1.27	6.43
		磷块岩	55.45/27.01	40.05	5.44/4.14	4.64	31.50/10.28	22.44	0.5/0.23	0.32	1.67/1.24	1.52	1.28/0.29	0.69	5.16/0.00	1.72	0.64/0.02	0.27	1.80/1.24	1.52	0.08/0.04	0.06	25.08/10.00	18.30	0.02/0.00	0.007		
		泥质硅岩	89.39/81.70	85.26	9.95/4.38	5.94	1.79/0.00	0.31	1.04/0.12	0.50	3.90/0.24	1.51	2.75/0.28	0.70	5.82/0.00	1.81	0.68/0.20	0.34	3.87/1.14	2.05	0.14/0.00	0.072	0.46/0.00	0.11	0.02/0.00	0.013	1.27/0.58	0.62
		燧石	98.98/90.24	95.94	2.32/0.40	1.18	0.63/0.00	0.23	0.64/0.10	0.24	2.95/0.00	0.55	2.37/0.32	1.35	0.86/0.01	0.540	0.08/0.00	0.05	0.30/0.06	0.30	0.21/0.00	0.18	0.096/0.010	0.046	0.048/0.004	0.045	0.48/0.14	0.31
	下段	放射虫岩		94.40		2.31		0.30		0.30		1.19						0.30		0.50								

续　表

组	段	岩类	SiO₂/% 极值	SiO₂/% 平均	Al₂O₃/% 极值	Al₂O₃/% 平均	CaO/% 极值	CaO/% 平均	MgO/% 极值	MgO/% 平均	Fe₂O₃/% 极值	Fe₂O₃/% 平均	FeO/% 极值	FeO/% 平均	FeS₂/% 极值	FeS₂/% 平均	TiO₂/% 极值	TiO₂/% 平均	K₂O/% 极值	K₂O/% 平均	Na₂O/% 极值	Na₂O/% 平均	P₂O₅/% 极值	P₂O₅/% 平均	MnO/% 极值	MnO/% 平均	C(有)/% 极值	C(有)/% 平均
		古生代平均页岩		60.20		16.40		2.30		2.90		4.00		2.90				0.80		3.60		1.00		0.2		0.2		0.90
留茶坡组	下段	莫里硅质泥岩		84.14		5.79		0.31		0.41		1.21						0.22		0.50		0.99						
		白云岩		7.96		1.97		26.72		19.46		0.70					0.00			0.12		0.42						
		石英质砂岩磷灰岩结核		47.01		0.70		24.01		0.42		2.37							0.11	0.37		0.70		15.61		0.11		

表4-9　怀化地区陇山沱组段岩类岩石化学成分表

组	岩性段	岩类	SiO_2/% 极值	SiO_2/% 平均	Fe_2O_3/% 极值	Fe_2O_3/% 平均	FeO/% 极值	FeO/% 平均	FeS_2/% 极值	FeS_2/% 平均	Al_2O_3/% 极值	Al_2O_3/% 平均	TiO_2/% 极值	TiO_2/% 平均	CaO/% 极值	CaO/% 平均	MgO/% 极值	MgO/% 平均	K_2O/% 极值	K_2O/% 平均	Na_2O/% 极值	Na_2O/% 平均	P_2O_5/% 极值	P_2O_5/% 平均	$C_{(有)}$/% 极值	$C_{(有)}$/% 平均	MnO/% 极值	MnO/% 平均
陇山沱组	第四岩性段	黑色泥岩	78.42~60.72	72.87	7.06~0.78	3.04	0.60~0.00	0.26	4.77~0.00	2.03	13.45~7.54	10.16	1.20~0.52	0.71	4.26~0.00	1.01	2.41~0.62	1.26	4.94~2.74	3.55	0.14~0.00	0.11	2.33~0.046	0.41	11.14~0.63	4.15	0.052~0.00	0.021
		燧岩	97.91~89.25	92.98	2.19~0.06	0.84	2.23~0.49	1.41	1.65~0.00	0.63	4.55~0.37	2.37	0.32~0.01	0.20	0.38~0.00	0.24	0.71~0.18	0.52					0.55~0.02	0.21			0.10~0.00	0.03
		硅质泥岩	74.60~69.40	71.03	5.17~2.20	3.85	0.70~0.15	0.34	6.82~0.00	3.71	15.14~9.84	13.01	1.60~0.64	0.96	0.39~0.10	0.25	1.47~0.98	1.18	4.68	4.68	0.04~0.04	0.04	0.12~0.10	0.11	0.72~0.72	0.72	0.01~0.01	0.01
		白云岩		4.40		0.53		0.48		0.00		0.99		0.04		29.38		20.02		4.68		0.12		0.04		4.62		0.23
		磷块岩		20.01		0.09		0.60		1.63		1.55		0.12		35.6		0.69		0.30				23.40				0.032
	第三岩性段	白云岩	39.81~1.74	18.30	3.14~0.11	1.17	2.05~0.09		5.13~0.24	2.12	8.07~0.15	2.42	0.64~0.08	0.23	31.36~11.75	23.45	21.88~8.59	15.40	2.08~0.12	0.83	0.29~0.08	0.13	2.40~0.04	0.44	2.98~0.27	1.00	0.52~0.06	0.24
		浅色泥岩	78.8~63.20	68.96	4.31~0.22	1.75	1.18~0.18	0.69	9.58~0.18	3.37	16.01~9.56	12.65	2.08~0.88	1.34	3.18~0.12	0.45	3.26~0.68	1.39	7.72~3.18	5.29	0.24~0.00	0.11	0.97~0.03	0.15	0.40~0.06	0.18	0.32~0.002	0.039
	第二岩性段	黑色泥岩	75.86~58.29	76.8	3.35~0.69		32.4~0.15	5.29	6.96~0.24	1.30	12.87~7.17	10.71	1.44~0.75	0.89	0.80~0.71	0.29	3.15~0.71	1.56	4.36~2.34	3.54	0.20~0.10	0.13	0.69~0.03	0.14	5.85~1.52	3.1	0.04~0.002	0.013
		含泥白云岩	43.56~11.55	28.25	4.86~0.02	1.01	1.67~0.65	0.98	8.31~1.08	4.12	9.54~1.68	4.72	0.72~0.12		26.29~14.70	17.60	14.72~5.47	10.80	2.48~0.57	1.37	0.26~0.00		1.92~0.01	0.34	0.29~0.11	0.34	1.12~0.17	0.44 / 0.10

续　表

组	段	岩类	SiO₂/% 极值	SiO₂/% 平均	Fe₂O₃/% 极值	Fe₂O₃/% 平均	FeO/% 极值	FeO/% 平均	FeS₂/% 极值	FeS₂/% 平均	Al₂O₃/% 极值	Al₂O₃/% 平均	TiO₂/% 极值	TiO₂/% 平均	CaO/% 极值	CaO/% 平均	MgO/% 极值	MgO/% 平均	K₂O/% 极值	K₂O/% 平均	Na₂O/% 极值	Na₂O/% 平均	P₂O₅/% 极值	P₂O₅/% 平均	C(有)/% 极值	C(有)/% 平均	MnO/% 极值	MnO/% 平均
		白云岩	26.93 4.50	12.10	0.98 0.13	0.06	0.86 0.14	0.44	2.04 0.50	1.26	3.43 0.49	1.49	0.08 0.00	0.053	27.64 20.08	25.45	19.88 12.65	17.47	1.11 0.08	0.57	0.14 0.10	0.11	0.54 0.08	0.18			1.21 0.14	0.42
		古生代岩平均页岩		60.20		4.00		2.90				16.40		0.80		2.30		2.90		3.60		1.00		0.20		0.9		0.2
陇山第一岩性段汜组		硅质泥状岩	84.14		1.21						5.79		0.22		0.31		0.41		0.50		0.99						0.05	
		白云岩	7.96		0.76						1.97				26.22		19.46		0.12		0.42							
		白云岩中的矿石	95.11		0.40		0.44				0.14		0.03		1.11		0.71		0.01		0.01		0.010		0.05		0.01	

141

表4-10　怀化地区小烟溪组各段岩类岩石化学成分表

组	段	大层	岩类	SiO₂% 极值	SiO₂% 平均	Fe₂O₃% 极值	Fe₂O₃% 平均	FeO% 极值	FeO% 平均	FeS₂% 极值	FeS₂% 平均	Al₂O₃% 极值	Al₂O₃% 平均	TiO₂% 极值	TiO₂% 平均	CaO% 极值	CaO% 平均	MgO% 极值	MgO% 平均	K₂O% 极值	K₂O% 平均	Na₂O% 极值	Na₂O% 平均	P₂O₅% 极值	P₂O₅% 平均	C(有)% 极值	C(有)% 平均	MnO% 极值	MnO% 平均
小烟溪组	上段		碳质泥岩	78.30/59.77	69.03	0.75/0.00	0.38	2.97/0.40	1.69	4.47/3.48	3.98	17.04/5.76	11.40	0.64/0.24	0.43	2.44/1.44	1.79	1.47/1.33	1.40	1.27/1.08	1.18	0.25/0.03	0.14	0.16/0.12	0.14				0.01
小烟溪组	上段		含碳泥岩	28.22/9.88	1.93	0.00	0.00	0.18/0.15	0.17	2.49/2.24	2.36	3.35/1.28	2.31	0.14/0.00	0.07	46.3/31.8	39.09	1.28/1.02	1.15	0.50/0.04	0.27	0.00	0.00	0.04/0.00	0.04				
小烟溪组	中段	第二层	富镁泥岩		60.92		7.09		0.19		0.28		14.05		0.52		0.18		4.75		2.42		0.00		0.10		2.38		
小烟溪组	中段	第二层	碳质泥岩	58.65/57.96	69.49	12.88/0.60	3.85	0.22/0.17	0.19	3.67/0.07	0.87	20.51/9.83	12.29	0.64/0.32	0.58	0.36/0.00	0.26	1.54/0.30	1.01	3.24/0.06	1.80	0.10/0.00	0.04	0.22/0.04	0.11	7.35/1.03	3.13	0.016/0.008	0.011
小烟溪组	中段	第一层	富镁泥岩		58.39		1.94		4.16				8.65		0.20		0.17		5.57						0.20		9.60		
小烟溪组	中段	第一层	碳质硅质泥岩	74.91/68.57	73.09	0.77/0.11	0.42	0.61/0.25	0.41	5.53/0.07	3.77	8.04/5.97	6.98	0.60/0.32	0.44	0.36/0.08	1.61	2.47/0.52	1.30	1.96/1.38	1.62	0.51/0.00	0.21	0.18/0.04	0.092	10.45/2.84	3.28	0.02	0.02
小烟溪组	中段	第一层	碳质硅质泥岩	89.29/82.65	86.00	0.85/0.30	0.42	2.28/0.04	0.84	0.24/0.00	0.06	6.64/2.70	4.36	0.28/0.22	0.26	0.14/0.00	0.08	0.56/0.14	0.36	2.00/0.76	1.26	0.14/0.02	0.08	0.04/0.00	0.03	9.31/1.23	4.65	0.04/0.01	0.02
小烟溪组	下段	第三层	黑色磷石	92.18/90.90	90.64	1.10/0.06	0.52	2.62/0.22	1.08	0.64/0.00	0.11	3.88/0.69	1.49	0.22/0.00	0.059	0.74/0.00	0.25	0.24/0.00	0.086	0.73/0.00	0.23	0.06/0.00	0.01	1.20/0.00	0.14	8.05/0.15	1.60	0.044/0.00	0.018
小烟溪组	下段	第三层	碳质硅质泥岩	88.99/80.82	84.60	6.50/0.00	1.37	1.83/0.11	0.68	2.14/0.00	0.26	8.74/1.76	4.27	0.56/0.08	0.24	1.58/0.00	0.26	2.35/0.04	0.48	1.68/0.13	1.02	0.66/0.00	0.081	1.28/0.01	0.23	10.82/0.44	3.73	0.04/0.00	0.027
小烟溪组	下段	第三层	富镁泥岩		49.67		1.59		0.58		2.61		5.45		0.30		3.75		7.27		1.71		0.23		0.52		11.66		0.06

续　表

组	段	大层	岩类	SiO₂/% 极值	SiO₂/% 平均	Fe₂O₃/% 极值	Fe₂O₃/% 平均	FeO/% 极值	FeO/% 平均	FeS₂/% 极值	FeS₂/% 平均	Al₂O₃/% 极值	Al₂O₃/% 平均	TiO₂/% 极值	TiO₂/% 平均	CaO/% 极值	CaO/% 平均	MgO/% 极值	MgO/% 平均	K₂O/% 极值	K₂O/% 平均	Na₂O/% 极值	Na₂O/% 平均	P₂O₅/% 极值	P₂O₅/% 平均	C(有)/% 极值	C(有)/% 平均	MnO/% 极值	MnO/% 平均
		第三层	碳质泥岩	77.30 56.65	70.85	5.72 0.08	1.32	1.93 0.06	0.59	4.17 0.00	0.91	14.37 1.76	8.33	0.96 0.20	0.49	2.12 0.11	0.41	1.69 0.21	0.79	4.22 0.00	1.76	0.32 0.00	0.086	1.03 0.10	0.16	17.75 0.75	9.33	0.04 0.016	0.021
		第三层	高碳泥岩	67.31 51.08	61.32	1.30 0.39	0.88	0.81 0.20	0.31	0.73 0.02	0.19	9.82 2.08	6.32	0.56 0.22	0.42	0.30 0.11	0.24	1.50 0.13	0.69	2.36 0.10	1.06	0.16 0.00	0.52	0.28 0.028	0.11	32.02 19.59	20.02	0.2 0.008	0.036
		第二层	碳质硅质泥岩	87.40 80.16	84.80	1.76 0.27	0.86	1.41 0.25	0.63	0.43 0.00	0.09	7.73 1.24	3.57	0.64 0.12	0.42	0.64 0.00	0.36	1.42 0.18	0.52	0.56 0.35	0.94	0.06 0.00	0.03	1.05 0.00	0.68	8.39 1.36	5.34	0.022 0.00	0.04
		第二层	磷结核	18.30 9.20	13.76	0.70 0.00	0.35	6.20 0.11	0.16	1.07 0.06	0.56	2.51 1.18	1.26	0.08 0.00	0.04	42.1 32.9	37.6	0.46 0.45	0.18	0.18 0.18	0.18	0.28 0.28	0.28	34.2 30.0	32.12	8.50 6.10	7.30		0.032
	下段	第二层	富镁泥岩		57.64		3.25		0.18		0.67		8.02		0.60		0.60		13.78						0.75		10.21		0.05
		第一层	碳质泥岩	76.51 55.01	67.96	5.72 0.22	1.85	0.73 0.13	0.42	8.18 0.20	1.10	15.58 7.73	11.16	0.72 0.36	0.54	0.8 0.01	0.58	1.80 0.21	0.94	3.70 0.00	2.37	0.42 0.04	0.25	1.94 0.02	0.40	14.39 1.15	5.06	0.08 0.01	0.033
		第一层	高碳泥岩		52.52		1.61		0.63		1.400		15.67		0.29		4.92		0.98		1.22		0.21		5.31		20.54		0.014
小烟溪组		第一层	黑色燧石		94.48		0.57		1.56		0.12		1.46		0.11		0.14		0.27		0.49		0.08		0.15		1.71		0.026
		第一层	碳质泥岩	73.98 56.07	66.20	1.46 0.68	0.88	1.02 0.31	0.57	8.30 0.10	3.45	12.04 7.45	9.50	0.76 0.26	0.32	0.49 0.10	0.20	1.85 0.43	0.82	2.16 1.09	1.78	0.30 0.00	0.19	3.20 0.19	0.97	8.85 0.81	4.40	0.008 0.001	0.015
		第一层	碳质泥岩	73.98 56.07	66.20	1.46 0.68	0.88	1.02 0.31	0.57	8.30 0.10	3.45	12.04 7.45	9.50	0.76 0.26	0.32	0.49 0.10	0.20	1.85 0.43	0.82	2.16 1.09	1.78	0.30 0.00	0.19	3.20 0.19	0.97	8.85 0.81	4.40	0.008 0.001	0.015

表 4-11 雪峰山地区留茶坡组中、段不同地球化学环境下各种元素的平均含量

分 区	样品数	含 量													
		P	Ti	Mn	Cr	Ni	V	Cu	Mo	Ba	U	SiO$_2$/Al$_2$O$_3$	CaO/MgO	Cu/V
西北氧化－弱还原区	108	0.15%	1.9%	1.7%	2.8%	0.75%	4.2%	0.093%	0.09%	0.63%	0.53%	11.28	1	0.22
东南还原－弱氧化区	86	0.11%	0.13%	1.2%	1.4%	0.86%	3.6%	0.095%	0.073%	0.25%	0.17%	13.79	0.44	0.26
富集系数＝Yh/Yz		1.36	0.15	1.42	2.00	0.87	1.17	0.98	1.25	1.25	3.12			

注：Yh 为氧化－弱还原地区元素平均含量；Yz 为还原－弱氧化地区元素平均含量。

表 4-12　雪峰山地区小烟溪组不同地球化学环境下各种元素的平均含量

分　区	样品数	含　量												
		P	Ti	Mn	Cr	Ni	V	Cu	Mo	Ba	U	SiO_2/Al_2O_3	CaO/MgO	Cu/V
西北氧化-弱还原区	109	0.47%	0.21%	0.74%	4.4%	1.1%	1.32%	0.012%	1.2%	0.46%	0.62%	14.1	0.46	0.091
东南还原-弱氧化区	72	0.23%	0.30%	2.1%	3.4%	1.3%	0.10%	0.021%	2.1%	0.37%	0.39%	8.58	0.37	0.20
富集系数=Yh/Yz		2.04	0.70	0.35	1.29	0.84	1.20	0.86	0.57	1.24	1.94			

注：Yh为氧化-弱还原地区元素平均含量；Yz为还原-弱氧化地区元素平均含量。

4.上震旦统至下寒武统岩石地球化学组分控矿规律研究

研究区晚震旦世至早寒武世时期为富铀地球化学时期，对研究区不同时代的铀及伴生元素进行统计分布研究和对比，可望获得铀原始富集、活动迁移的有用信息。现选择研究区陡山沱组第二岩性段、留茶坡组中段和小烟溪组下段第三层的某些岩石地球化学组分特征及标志的控矿规律来进行探讨。

（1）陡山沱组第二岩性段。上震旦统陡山沱组是一个重要含矿地层。研究区已发现多个工业铀矿床，其主要矿量都十分稳定地赋存在相同层位中（主矿层，相当于第二岩性段上部灰色含黄铁矿泥岩层），矿层的底板都是区域性稳定存在的标志层——黑色层（黑色泥岩），顶板是灰色泥晶 – 微晶白云岩。图 4–34 列出了若干剖面及矿床的成矿元素及伴生微量元素在铀矿层上的变化。从地球化学值的递变上可以看出铀矿层质变的过渡性，铀矿层具明显的高 Mn、Cu、Zn、Ni 等特征，Sr/Ba、CaO/MgO、FeO/Fe$_2$O$_3$ 值亦有增高趋势。上述元素的存在与分布除可为本区寻找铀矿提供一种标志外，还能说明铀矿层形成的地球化学机理及岩相古地理环境。这种横向上地球化学及地球物理条件的转化主要表现在，铀矿层底板富含黄铁矿，高 Cu、C$_{(有)}$，代表强还原（低 Eh 值）、低 pH 的地球化学环境；顶板富含 Ca、Mg、Mn、P 等元素，代表氧化 – 弱还原（高 Eh 值）碱性（高 pH）的地球化学环境。铀矿层即位于（低 Eh 值）、低 pH 到高 Eh 值、高 pH 随演变过渡部位。铀矿层底板黑色泥等代表温湿气候，顶板白云岩代表干热气候，铀矿层位于古气候由温湿—干热的转化时期。这种转化时期，化学风化作用发育，促进了元素地球化学的活动性，有利于铀的集散。根据大量的微量铀化学分析统计，研究区陡山沱组第二岩性段有矿地段（如烟溪、荔枝溪等地）铀含量达 $20 \times 10^{-6} \sim 60 \times 10^{-6}$，高出区域底数几倍以上。有人认为，这是由于成矿时局部铀被分散到地层中所致，也有人根据有矿地段陡山沱组地层岩石组合及岩性序列在区域上发育完整，富含泥质、黄铁矿，地球化学分异作用明显，认为沉积成岩时就富集了铀。不论其解释如何，都是为了从不同角度阐明矿化与铀源层的关系，因而我们可以把它作为找矿的一个重要标志，同时要特别注意那些正常底数背景下出现高异常的地段。铀矿层是多元控矿综合机制的反映，它的形成同样经历了长期多次的地球化学演变过程，图 4–35、图 4–36 显示了铀矿层与非铀矿层之间铀含量数据的频率分布有显著差异，前者数据离散性小，接近于正态分布，近似拟合的频率分布曲线为单峰，表明铀在地层中基本是均匀分布的，主要为一次地质作用、沉积作用的结果；后者数据的离散性大，近似拟合的频率分布曲线具多峰，表明铀的来源丰度变化大，同时显示铀含量数据可能为混合分布的结果。这种铀矿层中铀所表现的多重分布反映出与铀的富集有关多次地质作用叠加的信息。

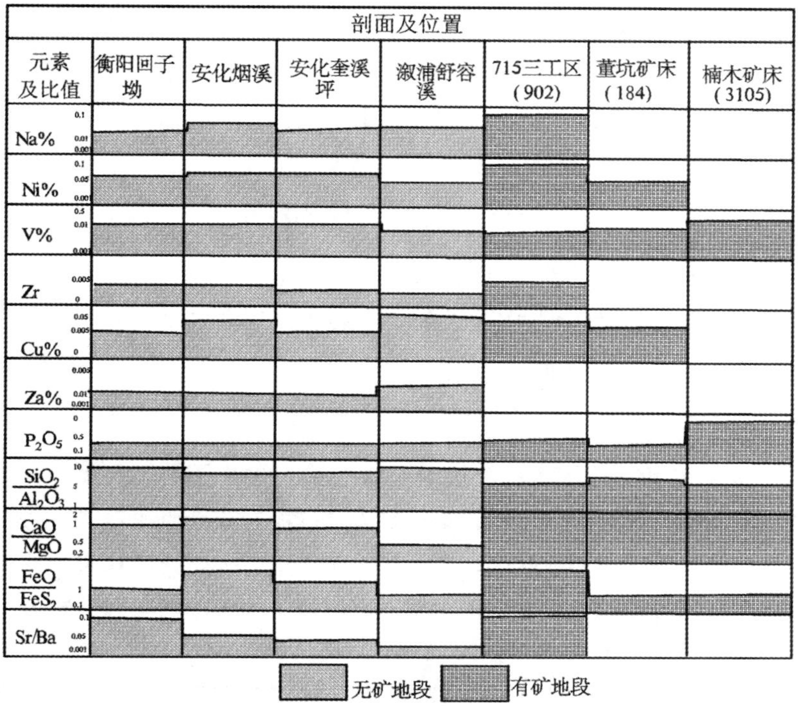

元素及比值	剖面及位置						
	衡阳回子坳	安化烟溪	安化奎溪坪	溆浦舒容溪	715三工区（902）	董坑矿床（184）	楠木矿床（3105）
Na%　0.1 / 0.01 / 0.001							
Ni%　0.1 / 0.05 / 0.001							
V%　0.05 / 0.01 / 0.001							
Zr　0.005 / 0							
Cu%　0.005 / 0							
Za%　0.005 / 0.01 / 0.001 / 0							
P_2O_5　0.5 / 0.3							
$\dfrac{SiO_2}{Al_2O_3}$　10 / 5							
$\dfrac{CaO}{MgO}$　2 / 1 / 0.5 / 0.2							
$\dfrac{FeO}{FeS_2}$　1 / 0.1							
Sr/Ba　0.1 / 0.05 / 0.001							

▨ 无矿地段　　▦ 有矿地段

图 4-34　雪峰山地区上震旦统陡山沱组主铀矿（第二岩性段上部）元素比值演化图

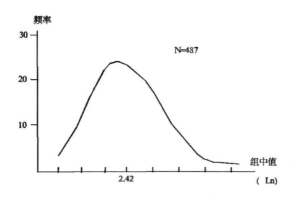

图 4-35　上龙岩矿床陡山沱组非铀矿层对数频率分布曲线

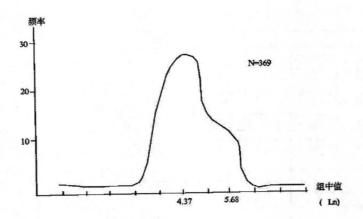

图 4-36　上龙岩矿床陡山沱组铀矿层对数频率分布曲线

（2）留茶坡组中段。其岩性基本可分三层，地层层序自下而上第一层为含硅泥岩层，第二层为白云岩层，第三层为含硅泥岩或硅质泥岩层。第一层和第二层往往沉积厚度很薄或缺失，第三层（主矿层）沉积厚度较大，分布范围广，岩性相对较为稳定。研究区留茶坡组中段四个代表性剖面的主要化学组分及微量元素的演化如图 4-37 所示。

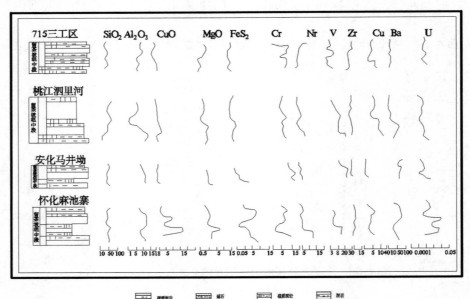

图 4-37　雪峰山地区留茶坡组中段化学组分及元素演化曲线图

这些剖面总的变化趋势如下：SiO_2、FeS_2、Al_2O_3 向上增加；CaO、MgO 降低；Cr、Ni、V、Cu、Ba 等元素有上、下部高，中部低的变化规律。

有矿剖面组成岩石的主要化学组分及微量元素含量变化幅度大，曲线弯折明显，铀聚集的高峰出现在上部的含黄铁矿泥岩中。这种富铀泥岩与无矿泥岩在化学组分上相比，具明显的低 SiO_2、CaO、MgO，高 FeS_2、Al_2O_3 等特征。在无矿剖面上，上述组分含量低，变化幅度小，地球化学分异作用较差，因此含矿性亦较差。根据岩石光谱半定量分析结果，可以绘制出含矿岩石与无矿岩石微量元素含量玫瑰图（图 4-38、图 4-39），揭示铀与其他元素在留茶坡地层中泥岩和碳酸岩中与其他元素的关系。I 为微量元素在玫瑰图中的位置及页岩地壳克拉克对数值。II 为玫瑰图统一对数比例尺，Pb、Ti、Mn、Cr、Ni、Mo、V、Zn、Cu、Zr、Ba 为光谱分析，U 为化学分析。

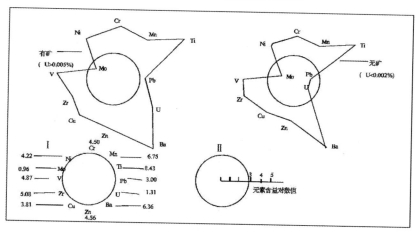

图 4-38　雪峰山地区留茶坡组中段有矿与无矿泥岩微量元素含量玫瑰图

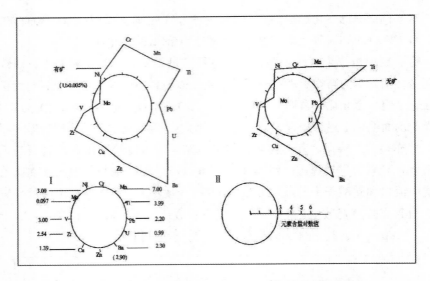

图 4-39　雪峰山地区留茶坡组中段有矿与无矿碳酸盐微量元素含量玫瑰图

　　与图 4-37 揭示的规律一致，本区留茶坡组中段泥质岩铀平均含量等值线图（图 4-40），揭示了区域含铀层的存在，铀在地层中背景值高，变化幅度大，等值线似呈向北东突出的不规则的弧形，其高值区主要分布在怀化地区（大于 700×10^{-6}）和宁乡地区（$40 \times 10^{-6} \sim 100 \times 10^{-6}$ 之间）。涟邵一带铀含量小于 70×10^{-6}，有的甚至 5×10^{-6} 以下，属低值区。区域铀含量的这种变化规律，表明含铀建造对铀矿化的发生发展起着重要的制约作用。本区留茶坡组中段泥质岩 FeS_2 百分含量等值线图（图 4-41）与铀平均含量等值线基本吻合。我们以此来探索铀与伴生微量元素的相关关系。探索结果表明：Zn、Cu、Pb、Mn、Cr 等特别是 Zn 和铀有明显的同步变化关系，即铀矿化程度越高，Zn 含量随之也高，因此 Zn 可作为铀矿化的地球化学指示。图 4-41 表明在沉积演化过程中 FeS_2 对成矿元素的富集起着不可忽略的作用。此外，以安化—溆浦—黔阳一线为界，在研究区东南与西北的无矿地段均出现两个高值区，反映了还原滞流的地球化学环境，与特定的沉积相带位置相一致。

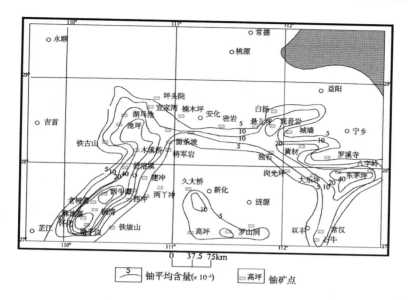

图 4-40　雪峰山地区留茶坡组中段泥质岩铀平均含量等值线图

（图中等值线值单位：$\times 10^{-6}$）

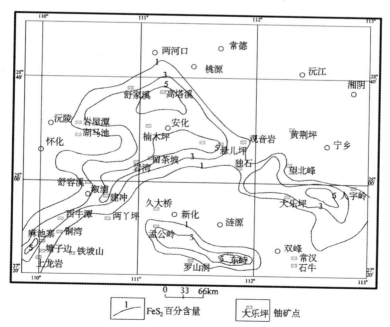

图 4-41　雪峰山地区留茶坡组中段 FeS_2 百分含量等值线图

（图中等值线值单位：%）

（3）小烟溪组下段第三层。经初步归纳，铀矿层岩石类型组成的沉积序列自下而上大抵如下：中、薄层含碳燧石岩夹薄层含碳含硅泥岩，碳质泥岩，含碳硅质泥岩；中部以薄、中层泥质燧石岩为主夹叶片状或薄层含硅碳质泥岩；上部以薄层碳质泥岩为主夹薄层燧石岩。从图 4-42 可以看出岩性序列与铀及多种化学成分的关系：自下而上 SiO_2 减少；Al_2O_3、$C_{(有)}$、P_2O_5 增多；Cr、Ni、MO、Cu、Ag 等元素的含量也是自下而上显著增高。元素分配曲线的高峰出现在碳质泥岩中，向下则逐渐递减，U、Ni、Mo、Cu、Ag 等元素的含量也是自下而上显著增高，这些元素有某些相似的地球化学性质，均属变价元素，即电位势高时呈高价，趋向溶解；电位势低时呈低价，趋向沉淀。因此，它们的共生聚集也是由地球化学的相似性所决定的。图 4-43、图 4-44 中的 V、Ni 等元素与 U 含量高低及演化趋势的一致性也证实了上述规律的普遍意义。

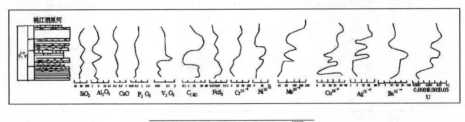

图 4-42　小烟溪组第三层化学组分及元素演化曲线

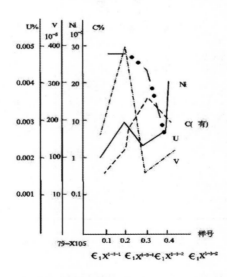

图 4-43　奎溪坪剖面 V、Ni、$C_{(有)}$ 与 U 的关系

152

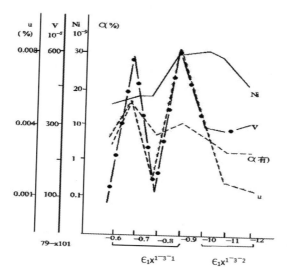

图 4-44　将军岩剖面 V、Ni、C$_{(有)}$ 与 U 的关系
（ V、Ni 为光谱半定量分析数值，C$_{(有)}$、U 为化学分析数值 ）

从研究区小烟溪组下段第三层 C$_{(有)}$ 百分含量等值线图（图 4-45）可以看出，其分布趋势大致呈近北东—南西向。西北向的 C$_{(有)}$ 分布总的比较均匀，变化幅度小，含量低，大都在 7% 以下。最低含量出现在南部的涟邵一带，平均小于 4%，铀含量也相应降低。可见，C$_{(有)}$ 对成矿元素的富集起着极为重要的作用。此外，铀矿层下部主要是碳质泥岩与燧石岩呈互层交替出现，富含有机质黄铁矿的碳质泥岩一般是强还原、低 Eh 值环境下的产物，而沉积燧石岩需要 pH、Eh 值比碳质泥岩高的酸性环境，可见当时海水中的 pH 发生过多次变更。从铀矿层顶板为小烟溪组中段第一大层，岩性单一更富含黄铁矿的碳质泥岩，可看出铀矿层 Eh 值经过了强烈的变换。据核工业二三〇研究所相关资料，西北区小烟溪组下段 Sr/Ba 值为东南区的 79 倍；Cr、V、P、Mn 等元素西北区比东南区富集，其富集系数分别为 7.32、3.54、6.25 和 7.34；Cu、FeS$_2$ 含量在东南区明显增高，富集系数 Cu 为 0.46，FeS 为 0.73。从元素比值看，除 Fe^{3+}/Fe^{2+}、Cu/V 值东南区高于西北区外，其余 CaO/MgO、MnO/MgO 值均低于西北区，特别是 Fe^{3+}/Fe^{2+} 值差异更加明显。由上述多种元素所反映出来的地球化学差异及由西北向东南横向演化递变规律，无疑是地史时期内沉积环境的变化、由西北向东南横向演化递变规律，无疑是地史时期内沉积环境的变化、物质来源的不同以及地球化学演变差异的结果。所有这些都反映出它应是以还原为主，弱氧化的滞流较深的水的地球化学环境。晚震旦世晚期即留茶坡组早期，它是在陡山沱组的基础上连续沉积的，所以沉积的地球化学环境基本上继承了陡山沱时期的特征。此时期西北区地层中反映浅水动荡的沉积标志十分发育。安化烟溪将军岩一带燧石层底部可见由蓝绿藻捕集水中的硅而形成完整清晰的藻选层构造。此外，交错层理、冲刷构造、波痕等普遍发育，P、V、Cr、Mo、U 等元素富集系数大（表4-13），Cu、Ni 等元素含量相应减少，说明研究区应属于氧化-弱还原的较浅水的地球化学沉积环境。本区小烟溪组下段第三层铀平均含量（图4-46）变化幅度较大，比上述陡山沱组、留茶坡组地层中铀含量有明显增高，总的分布特点是高值区基本呈近东西向排列。楠木坪与泗里河平均含量较高，在 400×10^{-6} 以上，甚至更高；涟邵一带含量较低，变化较小，均为小于 30×10^{-6} 的低值区。而在上述区域之间的安化、宁乡等地区均出现 $50 \times 10^{-6} \sim 100 \times 10^{-6}$ 的较高值区。

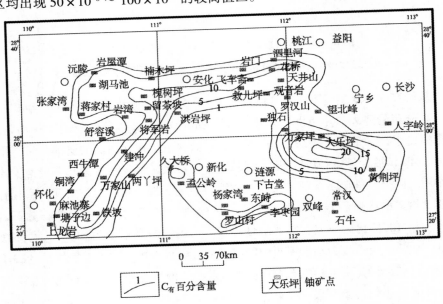

图 4-45　雪峰山地区小烟溪组下段第三层 $C_{(有)}$ 百分含量等值线图
（等值线中值的单位：%）

154

表 4-13　雪峰山地区留茶坡组下段不同地球化学环境下各种元素的平均含量

地化环境	含　量												
	P	Ti	Mn	Cr	Ni	V	Cu	Mo	Ba	U	SiO$_2$/Al$_2$O$_3$	CaO/MgO
西北氧化－弱还原区	0.16%	0.01%	0.011%	0.9%	0.4%	0.1%	0.024%	0.16%	0.30%	0.22%	34	0.46
东南还原－弱氧化区	0.025%	0.02%	0.010%	7.6%	0.01%	0.8%	0.9%	0.09%	0.21%	0.09%	77	0.44
富集系数＝Yh/Yz	6.40	0.35	1.1	1.2	0.35	1.7	0.86	1.78	1.43	2.44	0.44	0.84

注：Yh 为氧化－弱还原地区元素平均含量；Yz 为还原－弱氧化地区元素平均含量。

155

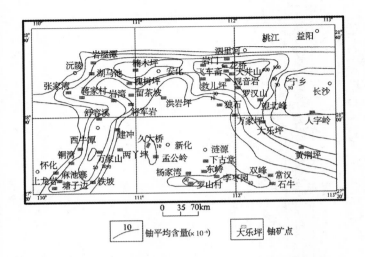

图 4-46　寒武统小烟溪组下段第三大层泥质岩铀平均含量等值线图

（等值线中值的单位：×10⁻⁶）

　　研究区铀含量的演化递变规律，除反映含铀建造制约着地层中铀丰度外，无疑也是多种因素多阶段的产物。图 4-47 显示了这种多期次的地球化学成分演变过程在铀的对数概率分布上的特点：在正态概率图上，累积概率曲线具两个拐点，筛分得三个对数正态分布的成分总体，由此表明铀矿层经历了几次不同的地质作用的混合。在这些地质作用过程中，岩石的化学成分发生变化，铀含量也发生了变化。

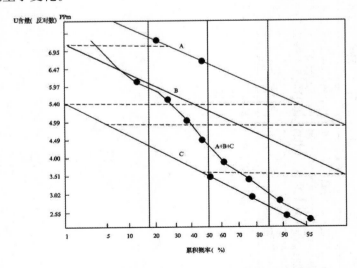

图 4-47　小烟溪组下段第三层中铀的筛分对数概率图

本节概括地叙述了几个主要铀矿层位的地球化学成分控矿的实例。研究区地层中的铀矿化存在着比较明显的多层成矿性。这种现象的广泛分布及其地球化学成分演化发展为阐明本区铀矿的富集提供了依据。

4.3　成因分析

4.3.1　铀成矿系列

通过对研究区所有矿床和矿化点统计，得到本区碳硅泥岩型铀矿总体成因图（图 4-48）。由图可知，本区已确定的铀矿成因类型为外生渗入亚型、沉积 - 成岩亚型、热液亚型。33 个矿床、矿化点中，26 个为外生渗入亚型、3 个为热液亚型、4 个为沉积 - 成岩亚型。外渗入亚型为本区最主要的成矿类型。

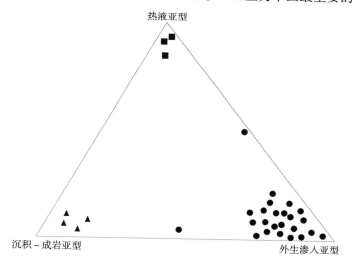

图 4-48　研究区铀矿床、矿化点成因图

4.3.2　沉积 - 成岩亚型铀成矿系列成因规律

本类矿床在第 3 章已做过详细论述，现将主要成因规律简述如下：

沉积 - 成岩亚型铀矿产于一定的层位内，并明显受岩性、岩相控制。矿体产状与岩层一致、矿体呈似层状与板状。矿石品位低，一般为贫矿化（铀含量为 0.01% ～ 0.03%）。局部地区形成薄层（0.5 m 左右）工业铀矿化。目前划为沉积－成岩亚型的铀矿床（麻池寨矿床等）都有后生成矿作用叠加。本类铀矿化产出层位为上震旦统灯影组顶部和下寒武统牛蹄塘组底部。在空间上铀矿化层分布于岩层厚度由薄变厚的过渡区和岩性与岩相转变地段。中南地质（1996年）通过对黄岩向斜震旦纪留茶坡组硅质泥板岩中的铀矿化研究表明，铀矿化都赋存于白云岩被硅质泥板岩取代的地段，在其间还有宽度不一的富镁泥岩。

典型的沉积－成岩亚型铀矿床的共同成因规律如下。

（1）矿石颜色较深，与新鲜岩石相似。

（2）矿石化学成分与围岩基本一致。

（3）矿床层状构造明显，具条带状和结核状构造。

研究区沉积－成岩亚型铀矿床矿化特征如表4-14所示。

表4-14 研究区沉积－成岩亚型铀矿床矿化特征

矿床 名称	含矿 层位	矿体规模			矿体埋深			品位/%
		长/m	宽/m	厚/m	标高/m	垂幅/m	埋深/m	
麻池寨	Z_2l	500～1 000	2～500	0.5～3.1	660～730	70	0～200	0.05～0.1，平均0.08
主坡寨	Z_2l	10～80	5～20	0.72～1.70	700～820	120	0～150	0.056～0.065，平均0.061
潘公潭	Z_2l	20～200	20～50	0.36～2.4	300～401	101	0～150	0.030～0.079，平均0.045
田慢村	Z_2l	30～300	14～39	0.1～5.0	300～400	100	0～100	0.02～0.1，平均0.04

4.3.3 外生渗入亚型铀成矿系列成因规律

该类型是本区最主要的成矿类型。矿化明显受岩层和构造双重控制，多产于由震旦系和寒武系组成的背斜或向斜翼部被断裂切割的地段。铀矿化主要产于层间破碎带与切层断裂内的弱氧化带与还原带中。矿化范围相对有限，矿体呈透镜状、团块状，不连续、不均匀。在垂向上铀矿体集中在地表以下40～200 m，矿体延深150～200 m。

该类型矿床成因规律如下。

（1）矿石与围岩相比，颜色变浅，或变为黄褐色。

（2）矿石化学成分与围岩相比，Fe_2O_3、Al_2O_3含量有所增加；SiO_2、FeO、

Ca、Mg、C 含量有所降低，铀含量与三价铁呈正相关关系。

（3）矿石多具碎裂、角砾状构造；当角砾胶结物为自身岩屑时，胶结程度差；当胶结物为外来物质时，胶结较紧。

（4）铀以铀矿物和吸附态两种形式存在。

（5）矿石铀品位变化大，一般平均品位不超过 0.1%，个别样品铀含量可达 $n\%$，矿石铀镭平衡遭到破坏，上部矿体明显偏镭。

（6）矿体与围岩界线清楚。

（7）近地表地段次生铀矿物、次生含铀矿物和铁、铜的次生矿物广泛发育，可见到铜铀云母、钙铀云母以及褐铁矿、磷铝石、高岭石等表生矿物。

研究区外生渗入亚型铀矿床矿化特征如表 4-15 所示。

表 4-15　研究区外生渗入亚型铀矿床矿化特征

矿床名称	含矿层位	矿体规模			矿体埋深			品位/%
		长 /m	宽 /m	厚 /m	标高 /m	垂幅 /m	埋深 /m	
老卧龙	$Z_2—\in_1 n$	30 ~ 345	15 ~ 185	0.8 ~ 74	55 ~ 480	425	0 ~ 210	0.103
隆家村	$Z_2—\in_1 n$	20 ~ 255		0.4 ~ 16.4	131 ~ 100	231	0 ~ 230	0.084
荔枝溪	$Z_2—\in_1 n$	16 ~ 150	20 ~ 176	0.4 ~ 0.8	96 ~ 325	230	5 ~ 145	0.068
永丰	$Z_2—\in_1 n$	20 ~ 270		1 ~ 12	100 ~ 250	150	0 ~ 211	0.138
统溪河	$Z_2—\in_1 n$	20 ~ 200	20 ~ 80	0.1 ~ 2	340 ~ 480	140	0 ~ 140	0.057
铜湾	$Z_2—\in_1 n$	面积 1645 ~ 14 975 m²		0.88 ~ 2.02	23 ~ 305	282	0 ~ 230	0.057
岩湾	$Z_2—\in_1 n$	23 ~ 350	10 ~ 70	0.3 ~ 8.26	210 ~ 340	130	0 ~ 100	0.078
奎溪坪	$Z_2—\in_1 n$	50 ~ 190		0.32 ~ 9.70				0.104
塘子边	$Z_2—\in_1 n$	25 ~ 235	20 ~ 125	0.69 ~ 3.99	40 ~ 256	216	0 ~ 270	0.072
楠木溪	$Z_2—\in_1 n$	0 ~ 230	10 ~ 100	0.1 ~ 15.08	580 ~ 620	40	0 ~ 90	0.065

4.3.4　热液亚型铀成矿系列成因规律

热液亚型矿床分布于岩体外接触带 0 ~ 190 m，矿化受断裂与岩性控制。该类型矿床成因规律如下。

1. 铀矿体特征

总体来看，矿化强度弱，表现为矿体规模不大、垂幅小、矿石品位低。

2. 矿石特征

矿石物质成分复杂，原生铀矿物主要为沥青铀矿（晶胞参数为 5.414×10^{-10} m），偶见铀石。其他金属矿物有方铅矿、白铁矿、黄铁矿、辉铜矿、黄铜矿、斑铜矿等。发育有钾长石化、绿泥石化、黄铁矿化、碳酸盐化、水云母化、赤铁矿化及褪色化。在氧化带发育有铀黑、钙铀云母，以及褐铁矿、蓝铜矿、孔雀石等。伴生元素中 Pb、Zn、Cu、Ag 明显增高，并可圈出 Pb、Zn、Ag 矿体。

研究区热液亚型铀矿床矿化特征如表 4-16 所示。

表 4-16　研究区热液亚型铀矿床矿化特征

矿床名称	含矿层位	矿体规模			矿体埋深			品位/%
		长/m	宽/m	厚/m	标高/m	垂幅/m	埋深/m	
上龙岩	Z_2—$\in_1 n$	矿体面积 $80 \sim 17\ 140\ m^2$		$0.25 \sim 4.34$	$475 \sim 695$	220	$0 \sim 40$	0.34
黄材	Z_2—$\in_1 n$	$15 \sim 300$	$10 \sim 200$		$115 \sim 195$	310		0.136
云山	Z_2—$\in_1 n$	$20 \sim 230$		平均 1.80	$0 \sim 181$	181		0.115

第5章 地球物理场及异常特征

5.1 区域地球物理场及异常特征

5.1.1 重力场及异常特征

1. 岩石密度特征

对岩石密度的测定及其测定结果的分析研究是正确解释重力异常的重要依据。通过对本区实测和收集到的岩石密度参数统计整理，可以看出岩石密度具有如下特征。

（1）工作区岩石标本具有和地壳平均密度一样的密度平均值，对湖南怀化地区标本密度值按表 5-1 进行了分区统计，并作直方图（图 5-1）。从表 5-1 和图 5-1 中可看出：密度值主要集中在 2.60 ～ 2.70 g/cm³，该区间采样点数占工作区标本总采样点数的 48.0%。正态分布曲线的极大值点对应的密度值为 2.67 g/cm³ 左右，另外对本区物性剖面按标本块数进行加权平均统计，其密度值也是 2.67 g/cm³（表 5-2），这说明工作区的平均密度与地壳平均密度（2.67 g/cm³）相一致，采用密度值 2.67 g/cm³ 进行重力资料整理是合适的。

表 5-1 湖南怀化地区标本密度分布区间表

密度分布区间	$2.3 \leqslant D < 2.4$	$2.4 \leqslant D < 2.5$	$2.5 \leqslant D < 2.6$	$2.6 \leqslant D < 2.7$	$2.7 \leqslant D < 2.8$	$2.8 \leqslant D < 2.9$
采样点数	2	5	2.6	2.7	2.8	2.9
标本分布频率 f_1	0.5%	1.2%	10.4%	48%	36.8%	3.1%

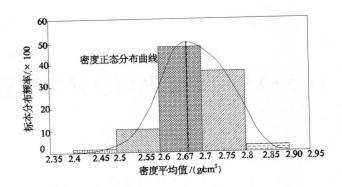

图 5-1　湖南怀化地区标本密度值分布直方图

表 5-2　湖南怀化地区标本密度表

序号	点号	采样点位置		岩石名称	地层代号	密度值	标本块数	单点加权密度值
		X	Y					
1	2-095	3098208	19354021	中层状灰岩	$\in_3 b$	2.7	15	40.5
2	2-086	3095365	19357096	薄层状泥灰岩	$\in_3 c$	2.71	15	40.65
3	2-097	3092811	19359717	块状砾石	K_1	2.7	15	40.5
4	2-085	3089041	19372090	条带状绢云母板岩	Qb	2.61	15	39.15
5	2-078	3073568	19378231	条带状凝灰质绢云母板岩	Qb	2.69	15	40.35
6	2-066	3071206	19385755	紫红色细砂岩	K_2^3	2.64	12	31.68
7	2-053	3066991	19392560	紫红色细砂岩	K_2^2	2.6	12	31.2
8	2-050	3060765	19355199	紫红色细砂岩	K_2^1	2.62	12	31.41
9	2-048	3086129	19404749	紫红色细砂岩	K_2^2	2.67	12	32.04
10	2-047	3060765	19395199	紫红色细砂岩	K_3	2.67	15	40.05
11	3-097	3056129	19404749	砂砾岩	K_1^2	2.68	18	48.24
12	3-101	3054081	19408878	薄层状泥灰岩	$T_1 d$	2.72	12	32.64
13	3-104	3047154	19414314	白云质灰岩、灰岩	$\in_1 h$	2.74	15	41.1

序号	点号	采样点位置		岩石名称	地层代号	密度值	标本块数	单点加权密度值
14	3-105	3044349	19415500	含白云质灰岩	C_2h	2.72	13	35.36
15	3-107	3044071	19421960	凝灰质绢云母板岩	Qb	2.73	12	32.76
16	3-109	3042161	19425290	硅质岩	Zb	2.6	13	33.3
17	3-110	3042067	19423298	变质砂岩	Zaj	2.69	12	32.23
18	3-054	3039714	19428891	硅化绢云母板岩	Qb	2.67	13	34.71
19	3-112	3040481	19432620	灰绿色绢云母板岩	Qb	2.7	13	35.1
20	3-085	3033658	19433137	中粒花岗闪长岩	γ^3	2.68	12	32.16
21	3-083	3035813	19445152	中粒黑云母花岗岩	γ^3	2.66	12	31.92
22	3-038	3033693	19449200	中粒黑云母花岗闪长岩	$\gamma\delta^3$	2.71	12	32.52
23	3-039	3030299	19452940	中粒黑云母花岗岩	$\gamma\delta^3$	2.61	13	33.93
24	3-031	3026616	19457346	薄层状泥灰岩	$\in_2y$	2.63	13	34.19

注 1. 标本总块数 Σh_1 =321，加权统计值总和 $\Sigma(h_1 \times \delta_1)$ =858.27，加权平均密度值 δ =2.67；

2. 以上密度单位均为 g/cm³。

（2）研究区内不同岩性具有不同的密度值。对工作区内岩石标本按岩性分类，并以标本块数为权进行统计，编制成湖南怀化地区岩类密度值简表（表5-3）。从表中可以看出：不同岩性具有不同的密度值，其中硅质岩、砂岩、花岗岩密度值最小，均为 2.61 g/cm³，白云岩密度值最大，为 2.80 g/cm³。

表5-3　湖南怀化地区湖南怀化地区岩类密度值简表

测区	界(岩体)	系（期）	标本块数	总厚度（面积）	平均密度值/g·cm⁻³	备注
湖南怀化地区	新生界	古近系（E）—新近系（N）	110	1 343 m²	2.63	2.63	密度层

测区	界（岩体）	系（期）	标本块数	总厚度（面积）	平均密度值/g（cm⁻³）		备注
湖南怀化地区	中生界	白垩系（K）	801	9 205.7 m²	2.61	2.7	密度层
		侏罗系（J）	179	2 447.7 m²	2.6		
		三叠系（T）	136	939.6 m²	2.66		
	上古生界	二叠系（P）	183	520.5 m²	2.7	2.73	密度层
		石炭系（C）	320	1 061.4 m²	2.75		
		泥盆系（B）	56	601 m²	2.7		
	下古生界	志留系（S）	117	4 351 m²	2.73	2.63	密度层
		奥陶系（O）	68	492 m²	2.69		
		寒武系（Є）	861	4 383.5 m²	2.74		
	元古界	南华系（Nh）—震旦系（Z）	372	6 389.2 m²	2.63	2.66	与围岩有密度差
		青白口系（Qb）（板溪群）	1 731	12 096.7 m²	2.69		
		蓟县系（Jx）（冷家溪群）	50	1 463 m²	2.63		
	白马山复式岩体	燕山早期	152	183 m²	2.66		
		加里东期	461	970 m²	2.66		
		雪峰期	46	17 m²	2.76		

（3）工作区内不同地层具有不同的密度平均值，依据已取得的芷江、会同、溆浦岩石密度成果，编制了研究区密度成果表（表5-4），并且按各系地层（岩体期次）绘制了研究区密度直方图（图5-2）。

表5-4　湖南怀化地区地层岩石密度成果表

岩　类	标本块数	密度变化范围	密度平均值	备　注
灰岩	1 043	2.63 ～ 2.76 g/cm³	2.70 g/cm³	
白云岩	211	2.76 ～ 2.84 g/cm³	2.80 g/cm³	
硅质岩	67	2.55 ～ 2.66 g/cm³	2.61 g/cm³	
砂岩	1 309	2.38 ～ 2.79 g/cm³	2.61 g/cm³	

续　表

岩　类	标本块数	密度变化范围	密度平均值	备　注
砾岩	98	2.60 ～ 2.70 g/cm³	2.66 g/cm³	
板岩	2 453	2.35 ～ 2.82 g/cm³	2.66 g/cm³	
凝灰岩	354	2.47 ～ 2.71 g/cm³	2.64 g/cm³	
花岗岩	215	2.49 ～ 2.67 g/cm³	2.61 g/cm³	
花岗闪长岩	370	2.57 ～ 2.72 g/cm³	2.69 g/cm³	
辉绿岩	46	2.73 ～ 2.83 g/cm³	2.73 g/cm³	
石英岩	11	2.63 ～ 2.72 g/cm³	2.66 g/cm³	

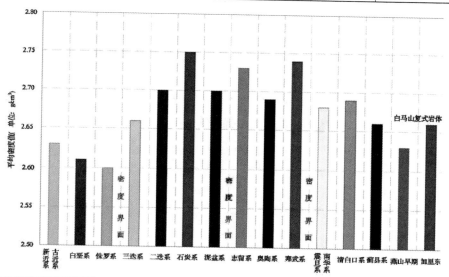

古近系	白垩系	侏罗系	三叠系	二叠系	石炭系	泥盆系	志留系	奥陶系	寒武系	南华系	清白口系	蓟县系	燕山早期	加里东
2.6	2.61	2.60	2.66	2.70	2.75	2.70	2.73	2.69	2.74	2.68	2.6	2.66	2.53	2.7

图 5-2　湖南怀化地区标本密度直方图（4π×10⁻⁶SI）

从表 5-4 和图 5-2 中可看出：①新生界和中生界密度较低，古生界密度较高，元古界密度较高。②湖南怀化地区地层间存在三个明显的密度界面，即中生界侏罗系与下伏三叠系及上古生界、上古生界与下古生界、下古生界与元古界之间均有明显的密度差异，分别达到 $-0.012\ g/cm^3$、$-0.10\ g/cm^3$、$0.07\ g/cm^3$。这些密度差异能引起明显的重力异常，利用重力资料划分地壳圈层结构、盆地界面并确定其埋深和起伏情况是具有地球物理前提的。另外，岩浆岩与围岩间也有密度差异，是引起黄茅园—白马山—金石桥一带重力低异常的主要原因。志留系与寒武系地层密度值偏高，主要原因是志留系地层中砂质板岩密度值偏高，在 $2.68\ g/cm^3$ 和 $2.80\ g/cm^3$ 之间；寒武系地层中岩性以灰岩和白云岩为主，其平均密度值分别为 $2.70\ g/cm^3$ 和 $2.80\ g/cm^3$（表5-4）。下古生界密度值偏高，在对重力资料进行解释时应特别注意。据 $1:20$ 万洞口幅区域重力调查密度资料，灰岩和白云岩平均密度值分别为 $2.70\ g/cm^3$ 和 $2.78\ g/cm^3$，砂质板岩平均密度值为 $2.71\ g/cm^3$，这三类岩石密度值都较高，表明表5-4中密度值统计是准确的。

2. 重力资料解释基本思路与方法

解释工作的基本步骤：场的分析→数据处理→定性和定量解释（地球物理解释）→地质解释和推断。研究区重力异常解释步骤如图5-3程序框图所示。区内拟对重力数据进行解析延拓（主要是不同高度向上延拓）、不同方向（0°、45°、90°、135° 四个方向）的水平导数计算、垂向二阶导数计算和进行场的分离（提取区域异常与剩余异常）。

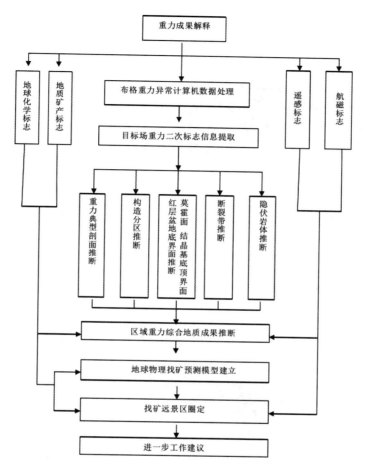

图 5-3　重力异常解释程序框图

3.重力场分区

（1）重力场与高程相关性分析及地质意义。重力异常与高程的相关分析采用线性相关分析方法。重力异常与高程的统计分析结果从另一方面反映了地壳结构特征，为推断解释提供统计信息。在本区对布格重力异常、自由空间重力异常与高程做了相关分析，结果如图 5-4、图 5-5 所示。

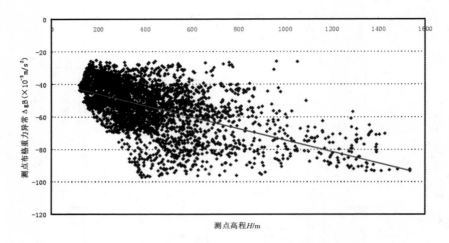

图 5-4　怀化地区布格重力异常与高程相关性分析散点图

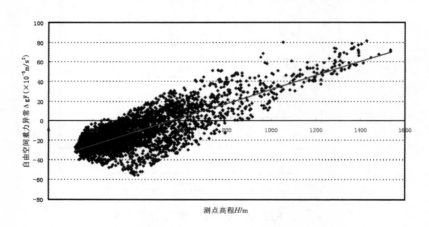

图 5-5　怀化地区自由空间重力异常与高程相关性分析散点图

　　①布格重力异常 ΔgB 与高程 H 的相关分析。[72]布格重力异常与高程的线性回归方程为 $\Delta gB=-38.887-0.035H$，本区重力异常与高程的相关系数为 -0.544。显示本区布格重力异常与高程呈负相关关系，相关性较为密切。

　　②自由空间重力异常 ΔgF 与高程 H 的相关分析。自由空间重力异常与高程的线性回归方程为 $\Delta gF=-39.158+7.104H$，相关系数为 0.790，表现为较密切的正相关关系。这说明自由空间重力异常与地形关系密切。这同全国的普遍规律一致。地形是最新的构造特征，布格重力异常、自由空间重力异常与地形相关性越大，说明重力场包含的新生代构造信息越大，亦说明重力场与深部构造密切相关。现代地形特征正是历史上多期、多次构造运动结果的反映。

168

（2）重力场的分布特征。

①布格重力异常特征。测区布格重力异常幅值在 $-96 \times 10^{-5} \sim -28 \times 10^{-5}$ m/s²之间变化，异常的走向为北东方向，在研究区西南部则变化为北西向。本区重力值低的位置为东南角和西南角，中北部则表现为重力值高。异常在东南部较复杂，本区的异常的梯度变化大，主要表现为一东宽西较窄的负异常带，最高负值为 -96×10^{-5} m/s²，呈近北东东向走向。在本区复杂的重力场上，存在金石桥、白马山、黄茅园三个明显的圈闭重力负异常存在。该负异常带在往南进入洞口幅后在中华山一带突然转为近南北向的负异常带，构成了一个弧形的负异常带。中北部为范围比较宽大的低缓异常区，整体呈北东—南西走向，主要位于沅陵—麻阳红色沉积盆地南西端。在低缓的异常区内存在谭家寨和西晃山两个明显的圈闭重力高异常，异常值为 -28×10^{-5} m/s²。溆浦—淘金坪表现为相对低重力异常。溆浦—会同一线存在明显的宽大重力梯级带，长达 170 km，宽约 30 km，梯度达 0.7×10^{-5} m·s⁻²/km。西南角的异常值从北东到南西逐步向重力低异常变化，表现为较强梯级带特征，走向为北西向，异常负值最高达 -94×10^{-5} m/s²。异常等值线走向在大堡子处分为两个方向，一部分往北东拐，一部分往南西拐。布格重力异常的这种特征是测区构造格架的反映。[73] 图 5-6为怀化—洞口地区网格化布格重力异常分色立体图（等值线间距为 2×10^{-5} m/s²），该图清晰地反映了布格重力异常特征，如麻阳重力高异常、白马山重力低异常、凉伞重力低异常、瓦屋塘重力低异常以及梯度变化带等。

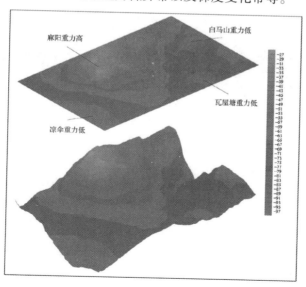

图 5-6　怀化—洞口地区网格化布格重力异常分色立体图

②自由空间重力异常特征。自由空间重力异常是测点处的重力测量值与密度正常分布时重力值的偏差，对海平面上下物质的影响未做校正。从统计规律看，局部的自由空间重力异常受局部地形起伏影响较大。从湖南怀化地区自由空间重力异常平面图可知，测区自由空间异常幅值在 $-55 \times 10^{-5} \sim 81 \times 10^{-5}$ m/s² 之间变化。异常复杂且正负相间，异常幅度变化大；异常等值线密集，异常范围差异大，走向多变；东部重力正异常整体呈北东向雁行排列，与雪峰山脉地形完全对应；西部重力正异常走向，与武陵山脉地形完全对应；中部重力异常等值线与东西部比较相对稀疏，在广泛分布的负异常背景下，零星夹杂着局部正异常，异常形态与丘陵、沉积盆地地形相对应。宏观上看，异常形态趋势与地形呈正相关关系，充分反映了近地表物质的分布状态。图 5-7 是湖南怀化—洞口地区网格化自由空间异常立体图（等值线间距为 5×10^{-5} m/s²），更加清晰地反映了自由空间重力异常与地形的正相关关系：地形越高，自由空间重力异常正异常值越大；地形越低，自由空间重力异常负异常值越大。

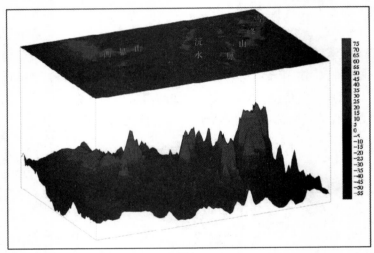

图 5-7　湖南怀化—洞口地区网格化自由空间异常立体图

③区域异常特征。采用 $R=18$ km 窗口半径滑动平均法，编制了怀化—洞口地区区域重力异常图（图 5-8）。从图中可以看出，测区区域重力异常主要特征表现为东南角—西南角低，中北部高，等值线光滑，总体走向为北东向，而西南部则为北西向。白马山—金石桥一带有局部重力低存在，溆浦—淘金坪表现为"舌状"相对重力低异常。麻阳—西晃山一带有局部重力高存在。溆浦—安江—团河一线表现为规模比较宽大的呈北东—南西走向的重力梯级带，

并且部分等值线在会同拐向北西走向。

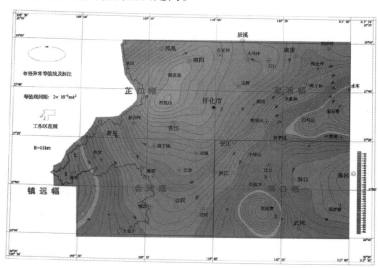

图 5-8 怀化—洞口地区区域重力异常图

④剩余异常特征。根据实测场减去上述区域场后的结果，编制了测区剩余重力异常图（图5-9）。从图中可以看出，测区存在两处明显的剩余重力负异常带。

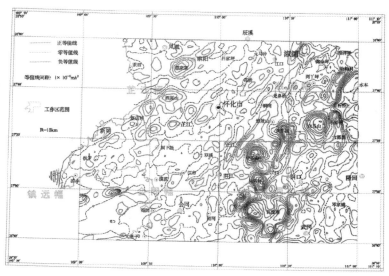

图 5-9 怀化地区剩余重力异常图

东南部两丫坪、黄茅园、江口、白马山、水车、金石桥、六都寨一带剩余重力负异常带呈近南北向工字形展布，异常梯度大，并形成了明显的剩余重力低圈闭，剩余重力异常中心幅值达 -8×10^{-5} m/s^2，是由黄茅园、白马山、金石桥中酸性岩浆岩及其隐伏部分所引起的，其密度值为 2.66 g/cm^3。异常受近东西向构造控制。另外，在白马山岩体北侧，剩余异常零值线和垂向二阶导数异常零值线均在岩体内穿过，部分出露岩体向北超出异常零值线，一部分已落在局部重力高范围内，推测是由于岩体向北超覆所致，超覆体下为前震旦系地层，具有较高的密度值，因而剩余重力异常相对偏高。据 1∶50 万重磁报告推断，雪峰山地区超覆构造呈普遍现象。

中部从火马冲—怀化—会同广大地区表现为较弱的剩余重力负异常带，整体呈北东走向。主要是由密度相对较低的元古界地层（密度值为 2.68 g/cm^3）和白垩系、侏罗系地层引起的（密度值为 2.61 g/cm^3）。

另外，测区内还存在三处明显的局部剩余重力高异常。铁坡山西侧到安江重力高是由黄狮洞超基性 - 基性岩群引起的，一般超基性岩密度值为 2.8 g/cm^3 左右。金石桥岩体西侧两个剩余重力高异常主要是由相对于岩体密度较高的奥陶系、寒武系、震旦系以及清白口系地层引起的。

⑤垂向二阶导数异常特征。据艾勒金斯第一公式计算工作区垂向二阶导数异常 [74]，$R=10$ km，如图 5-10 所示。从图中可以看出，黄茅园—金石桥一带仍然表现为很明显的圈闭重力低异常特征，异常走向近东西向，南北异常零值线超出已出露岩体范围，并且在进入洞口幅后变成近南北向，夹住瓦屋—中华山岩体，这进一步表明了雪峰弧形构造岩浆岩带的存在。在溆浦—两丫坪一带也有一个圈闭重力低异常，是溆浦—低庄凹陷的一部分，沉积盖层主要是较低密度的白垩系地层。在火马冲—芷江—江市一带出现两个范围较大的零值线圈闭，南面零值线大致为芷江盆地的边界范围，且在芷江有一个较小的圈闭重力低异常，可能是该盆地沉积中心。北面零值线圈出了麻阳盆地的一部分及其东面边界。从地质图上看，麻阳盆地西面边界应在凤凰—谭家寨以西，与零值线没有重合，主要是由于盆地深部高密度基底隆起所致，这也是麻阳—谭家寨重力高产生的主要因素。西晃山重力高形成的原因除了深部高密度基底隆起外，还与元古界板岩具有相对较高密度有关。怀化—会同重力高带主要是由走向北东的褶皱隆起所致。

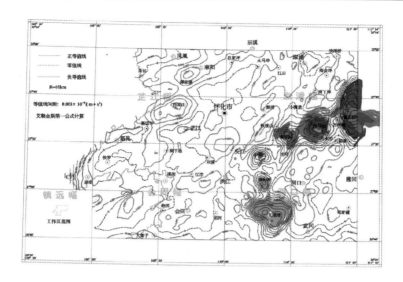

图 5-10　怀化—洞口垂向二阶导数异常平面等值线图

⑥水平一阶导数异常特征。根据测区主要构造为北东走向的特征，编制了布格重力 135° 水平一阶导数异常图（图 5-11）。采用空间域求导方式，计算跨度为 2 个网格点距（4 km）。从图中可以看出，异常主要具有明显的北东向或北北东向展布特征，其次为近东西向展布，再次为北西向展布。根据异常极值点连线，推断了 7 条北东向或北北东向线性构造、3 条近东西向线性构造、1 条北西向线性构造。

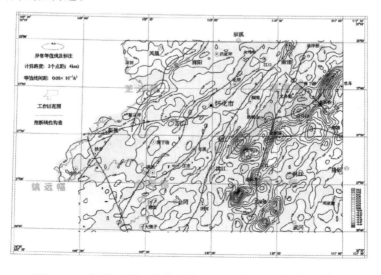

图 5-11　怀化—洞口布格重力 135° 水平一阶导数异常图

⑦布格重力异常上延特征。为研究深部地质目标体，分别编制了怀化—洞口地区上延 5 km、10 km、15 km、20 km、30 km 五个不同高度的布格重力异常图（图 5-12 ~ 图 5-16），其特征分述如下。

a. 上延 5 km 布格异常特征：重力场总体趋势变化不大，但异常等值线更加圆滑。东南部白马山复式岩体重力低异常仍然明显，但黄茅园重力低圈闭已消失，异常中心幅值变大。西北部谭家寨与西晃山两个重力高仍然圈闭，但幅值开始变小，异常长轴方向为北东向。在这两者之间，溆浦—团河梯级带变得更加清晰明显，梯度更大，而且梯级带宽度已开始向西北扩大，特别是安江—铜湾一带，上延后异常等值线不再平缓变化。西南角重力梯级带更加明显，场的分区更加清晰。

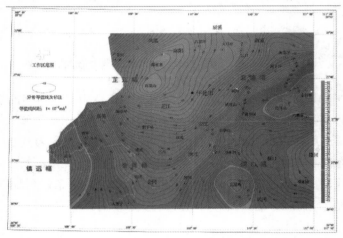

图 5-12　怀化—洞口上延 5 km 布格重力异常平面图

上述特征表明：

第一，中酸性花岗岩是引起白马山重力低异常带的主要因素，并且岩浆有可能由东向西侵入，在黄茅园处侵入位置较高。

第二，沅麻盆地深部基底隆起是产生谭家寨与西晃山重力高的根本因素，而且是褶皱隆起。

第三，溆浦—团河深大断裂是存在的，且倾向北西，倾角较大。黔溆鞍部构造也是存在的。

第四，扶罗—大堡子一带应是云贵高原东端基底凹陷与沅麻盆地基底隆起的过渡区。

b. 上延 10 ~ 15 km 布格异常特征：与未上延布格异常图相比，局部异常特征变化较大。黄茅园—白马山—金石桥串珠状重力低异常完全消失，变为单一椭圆状，异常中心在金石桥，走向仍为近东西向。溆浦重力低异常消失。谭家寨重力高与西晃山重力高合二为一，异常圈闭呈椭圆状，异常中心在谭家寨，异常长轴方向为北东向。溆浦—团河梯级带轮廓更加清晰，而且向北东延伸。梯级带等值线圆滑平直，其主体宽度大并且基本定型。其异常形态也与金石桥、瓦屋塘局部异常完全不同。

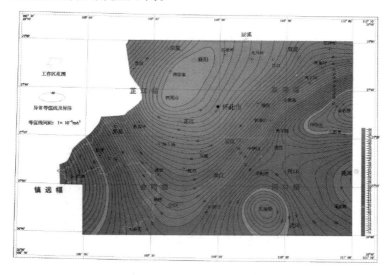

图 5-13　怀化—洞口上延 10 km 布格重力异常平面图

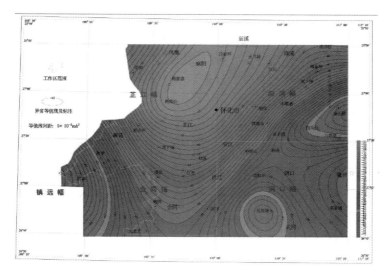

图 5-14　怀化—洞口上延 15 km 布格重力异常平面图

上述特征表明：

第一，白马山复式岩体由东往西侵入，岩体根部应在金石桥下部。

第二，基底褶皱规模不大，轴部相距较近，基底顶界面埋深大约在 5 km 左右。

第三，溆浦—团河梯级带是由深大断裂引起，该断裂极有可能是湖南两大构造单元——扬子准地台和华南褶皱带在本区的分界线。

c. 上延 20 km 布格异常特征：白马山局部重力低异常往东南方向位移，范围缩小，等值线变得宽缓，异常中心幅值大大变小，为 -58×10^{-5} m/s² ；麻阳局部重力高异常圈闭消失，异常等值线往北东延伸，异常中心同时向北东位移，异常幅值与上延 15 km 时基本一致。溆浦—团河梯级带往东南方向有所位移。西南部梯级带异常形态基本不变。

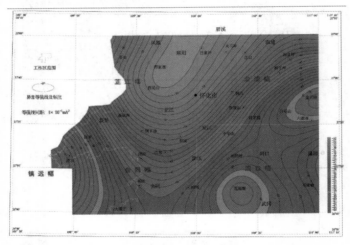

图 5-15　怀化—洞口上延 20 km 布格重力异常平图

上述特征表明：

第一，白马山局部重力低异常在上延 20 km 后应是岩体与基底的双重反映。

第二，进一步证明溆浦—团河深大断裂的存在。

第三，可以基本肯定扶罗—大堡子一带是云贵高原东端基底凹陷与沅麻盆地基底隆起的过渡区。

d. 上延 30 km 布格异常特征：基本特征与上延 20 km 时相似，但深部区域场特征更加明显。白马山局部重力低异常在金石桥圈闭，异常走向为北东转近东西向，并与洞口幅内瓦屋塘局部重力低异常构成了一个近北东向的似葫芦状异常带，其异常中心幅值更加变小，仅为 -48×10^{-5} m/s²；麻阳局部重力高异常等值线呈喇叭形向北延伸，异常幅值为 -29×10^{-5} m/s²。

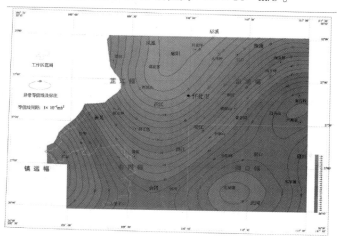

图 5-16　怀化—洞口上延 30 km 布格重力异常平面图

上述特征表明：布格异常在上延 30 km 后主要是结晶基底的反映。另外，还可以看出：随着上延高度增大，重力异常反映地质体的深度在加大，重力异常值也在逐渐变大，这说明随着深度增加，地壳内各地质体（层）的密度也在逐步变大。

（3）重力场分区及其地质意义。根据上述重力场特征，将本区重力场划分为东南部重力低值区和北西部重力高值区（图 5-17）。

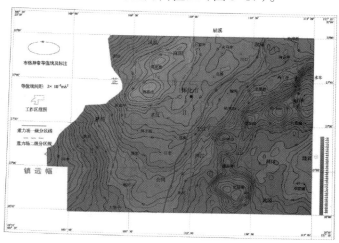

图 5-17　湖南怀化地区重力异常分区图

①东南部重力低值区（Ⅰ）。该区位于溆浦—安江—会同东南，约占测区面积 1/3 左右，布格重力异常以低值为背景，异常幅值大，梯度变化大，走向为北东向，与北西侧高背景、梯度变化小形成了对比。该区进一步分为如下三个异常小区。

a. 黄茅园—白马山—金石桥重力低异常带（I_1）。位于测区溆浦幅东南角，重力场整体呈北东走向的低值条带状，与北东侧分界明显。重力异常中心呈串珠状展布，比南北两侧低 18×10^{-5} m/s²。而异常中心南侧表现为近东西向重力梯级带异常特征，北侧表现为北东向重力梯级带异常特征。该重力低异常带地表主要出露加里东期—燕山早期中酸性花岗岩，在其接触带上发育有航磁异常，该重力低应由低密度的中酸性花岗岩体引起。该复杂重力低异常区基本反映了研究区雪峰弧形构造带的展布形迹。

b. 溆浦—团河重力梯级带（I_2）。位于溆浦—安江—团河一带，重力梯级带长约 120 km，走向为北东向，梯度约 0.5×10^{-5} m·s^{-2}/km。重力梯级带一方面反映了雪峰弧形褶皱带与沅陵—麻阳红色沉积盆地之间深部物质的密度存在明显的差异，另一方面可由此推断出这两个地质体间存在着深大断裂（即后面推断的 F_1 断裂）。

c. 溆浦—淘金坪重力低异常带（I_3）。位于研究区东北角，重力场呈近似三角形展布，异常中心圈闭，幅值不大。

②北西部重力高值区（Ⅱ）。该区位于溆浦—安江—会同北西部，约占研究区面积 2/3 左右，布格重力异常主要以高值为背景，异常幅值小，梯度变化平缓，走向整体为北东向，仅芷江—洞下场一带异常走向为近东西向，新晃—大堡子一带异常走向为北西向。该区进一步分为如下四个异常小区。

a. 江口—怀化—会同缓坡（II_1）。位于测区中部，布格重力异常为宽大的重力梯级带，梯度变化平缓，走向由近东西向或北西向转北东向，重力场呈东南低北西高变化趋势，反映了结晶基底由东南向北西逐步抬升的基本特征。该区牛牯坪—渔溪口一带地表主要出露元古界清白口系（板溪群）地层，其密度值相对较高；芷江—江市一带地表主要出露中生界白垩系地层，其密度值相对较低；怀化—江口一带出露地层复杂，从元古界到中生界均有出露；漠滨—会同一带主要出露元古界清白口系（板溪群）地层，其密度值相对较高，仅会同附近局部就有石炭系、二叠系、白垩系地层出露。由此可以看出，重力场与地表地质没有直接对应关系，重力场应是结晶基底与地表地质的双重反映。

b. 谭家寨—西晃山重力高异常带（II_2）。位于测区西北部麻阳—芷江之间，布格重力异常为有两个圈闭中心的重力高异常，异常幅值为 -28×10^{-5} m/s²。

重力场形态为一哑铃状，走向为北东向。剩余异常为局部重力低圈闭异常。航磁异常无显示。该区地表主要出露中生界白垩系地层，其密度值相对较低，重力场应该表现为重力低，而不是重力高。

c. 凤凰—茶田斜坡（II_3）。位于测区西北角，布格重力异常为比较宽大的重力梯级带，走向为北东向。异常值范围为 $-58 \times 10^{-5} \sim -40 \times 10^{-5} \, \text{m/s}^2$，重力场呈东南高北西低变化趋势，与东南侧重力高异常明显不同，反映了结晶基底由北西向东南逐步抬升的基本特征。该区地表主要出露下古生界寒武系地层，其密度值相对较高，显然不能引起重力梯级带负异常。该梯级带重力场反映了较深部位的构造特征。

d. 新晃—凉伞斜坡（II_4）。位于测区西南角，布格异常为宽大的重力梯级带，走向北西。异常值变化范围为 $-94 \times 10^{-5} \sim -40 \times 10^{-5} \, \text{m/s}^2$，梯度达 $0.75 \times 10^{-5} \, \text{m} \cdot \text{s}^{-2}$/km。重力场呈西南低北东高变化趋势，反映了结晶基底由西南向北东逐步抬升以及壳内物质密度西南低北东高的基本特征。剩余重力异常和重力垂向二阶导数表现为北东走向的条带状和串珠状异常。该区地表主要出露元古界清白口系（板溪群）地层，其次为下古生界寒武系地层与元古界震旦系地层，其密度值相对较高，这显然不能引起重力低异常。该异常区虽然表现为重力低异常，但其异常形态及走向与东南部 I 区不同，故将其划入 II 区。

4. 局部异常解释

（1）局部重力异常提取方法及标志。局部重力异常可突出局部基底凸起、沉积凹陷、隐伏或半隐伏岩体等局部构造信息，同时为断裂构造的划分提供依据。在本区通过不同窗口对比实验，采用窗口半径为 18 km 的滑动平均法求取的重力场作为本区重力的区域背景场，再从布格重力异常中减去区域重力场即可求得剩余重力异常。以所求出的剩余重力异常为主，结合重力垂向二阶导数异常，就可以圈定局部重力异常。对局部重力异常的划分原则如下。

①布格重力异常要在图上有所显示，剩余重力异常要形成圈闭，重力垂向二阶导数图上有零等值线圈出的异常。[75]

②实际重力测点不少于 3 个。

③异常的范围较大，幅值不小于 $2 \times 10^{-5} \, \text{m/s}^2$。据此，在区内共划分局部重力异常 7 个，其中重力高异常 5 个，重力低异常 2 个。局部重力异常分布如图 5–18 和表 5–5 所示。

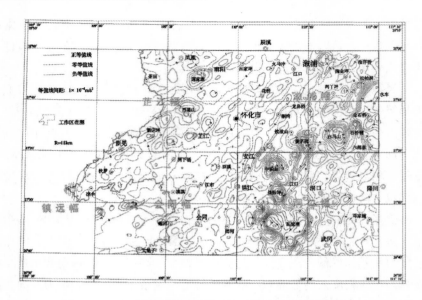

图 5-18　湖南怀化地区主要局部剩余重力异常标注图

表 5-5　局部重力异常登记表

性质	编号	走向	形状	幅值	航磁特征	出露地层	定性解释
白马山重力低	G1	近东西向	条带状三个低点	-7×10^{-5} m/s²	正负向相间 $-40 \sim 80$ nT	γ γσ	中酸性侵入岩
溆浦重力低	G2	南北向	椭圆状	-3×10^{-5} m/s²	—	K	沉积凹陷
谭家寨重力高	G3	北东向	椭圆状	4×10^{-5} m/s²	—	K	基底隆起
西晃山重力高	G4	北东向	椭圆状	3×10^{-5} m/s²	—	Pt（Qb）	基底隆起老地层
安江重力高	G5	北东向	条带状	3×10^{-5} m/s²	$-20 \sim 10$ nT	Pt（Qb）—Z	老地层、超基性-基性岩
石桥铺	G6	南北向	条带状	4×10^{-5} m/s²	$0 \sim 10$ nT	Pt（Qb）—Z	老地层
松柏洞	G7	北东向	条带状	4×10^{-5} m/s²	$-60 \sim 0$ nT	Pt（Qb）—Z	老地层

（2）局部重力异常分类。通过对局部重力异常的定性分析，参考航磁异常，按引起重力异常的地质原因，将其划分为以下 5 类。

180

①老地层引起的重力高异常。

②基底凸起引起的重力高异常。

③中生代凹陷引起的重力低异常。

④中酸性侵入岩引起的重力低异常。

⑤基性 – 超基性岩引起的重力高异常。

（3）主要局部重力异常定性推断登记表（见表 5–5）。

（4）主要局部异常的定性解释。对局部重力异常进行解释是由已知到未知、由平面到剖面、由定性到定量不断反复深化的过程。这里以 G1（白马山重力低）和 G3（谭家寨重力高）两个局部异常为例进行讨论。

从图 5–18 可以看出，东南部白马山一带异常复杂，异常梯度变化大，表现为东宽西窄的串珠状条带负异常，重力最高负值为 -96×10^{-5} m/s^2，呈近北东东向走向，将其编号为 G1。剩余异常重力低，异常由三个明显的局部重力低异常圈闭。航磁异常均显示为北东向的条带状强磁异常，磁场强度为 $-40 \sim 80$ nT，与重力异常不完全对应，说明两者不是同源异常。从地表出露看，G1 主要出露有燕山早期二云母花岗岩、花岗闪长岩和加里东期二长花岗岩 – 花岗闪长岩。G1 重力低异常形态与地表出露范围较为对应。

在中西部—中北部范围宽大的低缓异常区，可以看出有两个醒目的局部重力高圈闭异常，呈椭圆状，走向北东向，重力幅值为 -28×10^{-5} m/s^2，将其中之一的谭家寨重力高编号为 G3。剩余异常为局部重力低圈闭异常。航磁异常无显示。从地表出露看，出露主要为中生代白垩系（K）地层，密度相对较低，本应显示重力低异常，实际上却以重力高表现出来。这主要是因为沅麻盆地高密度结晶基底隆起的原因。[76]

5. 断裂的推断解释

重、磁力勘探是利用断裂构造导致正常的物性分布发生变化，影响正常的重、磁力场分布状态这一规律来研究和推断断裂构造的。

（1）确定断裂的标志。在区域重力异常、布格重力异常、剩余重力异常、重力垂向二阶导数异常图以及水平导数图上断裂构造的标志如下。

①有明显不同特征异常的分界线。

②有明显的线性梯级带。

③存在线状（窄带状）异常带。

④存在线性分布的高低异常过渡带。

⑤存在异常（异常轴线）错动线。

⑥寻找异常等值线的规则扭曲部位。

⑦存在串珠状异常（正异常或负异常）分布带。

⑧异常等值线的疏密突变带。

⑨异常（多异常）的宽度突变带。

⑩水平导数异常极值点及其连线有一定走向。[77]

（2）断裂构造分类。区内共划分出大小断裂 15 条（表 5-6 与图 5-19）。根据断裂构造的规模大小、在重磁场上的反映情况、构造切割深度及其对地质环境的控制作用，将其划为如下三级：Ⅰ级断裂三条（$F_1 \sim F_3$）、Ⅱ级断裂三条（$F_4 \sim F_6$）、Ⅲ级断裂九条（$F_7 \sim F_{15}$）。其中，F_5、F_6、F_8 为新发现断裂，F_5、F_6、F_{15} 是白马山—龙山东西向构造岩浆岩带的有机组成部分。

表 5-6　断裂带划分成果表

编号	断裂带名称	分级	断裂带产状	异常特征
F_1	溆浦—安江—团河	Ⅰ	北东向展布，倾向西，倾角相较大，切割深度大	北东向布格重力异常梯级带，梯度约 0.5×10^{-5} m/s^2。水平一阶导数异常微值的连线线性分布，剩余异常零值线线性展布，布格重力异常上延 $5 \sim 30$ km 后梯级带更加清晰明显
F_2	溆浦—黄茅园—瓦屋塘	Ⅰ	北北东向展布，倾向西，倾角较大，切割深度大	布格重力异常等值线同形扭曲，异常等值线错动水平一阶导数异常极值的连线线性分布，垂向次导数、剩余异常零值线条带状线性展布
F_3	新晃—芷江	Ⅰ	近东西向展布，倾向北，倾角较大，切割深度大	布格重力异常等值线同形扭曲，异常分界、水平一阶导数异常极值的连线线性分布，剩余异常零值线串珠状展布
F_4	火马冲—怀化—漠滨	Ⅱ	北东向展布倾向北西	布格重力异常等值线同形扭曲，区域场异常分界与拐折，水平一阶导数异常极值的连线线性分布，剩余异常零值线北东向条带状线性展布。垂向二次导数异常分界
F_5	中华山—金石桥	Ⅱ	北东东向展布倾向北西	布格异常强烈梯级带，水平一阶导数异常极值的连线线性分布，垂向二次导数异常零值线北东东向线性展示
F_6	黄茅园—六都寨	Ⅱ	东西向展布倾向南	布格异常强烈梯级带，水平一阶导数异常极值的连线线性分布，垂向二次导数异常零位线东西线性展布

编号	断裂带名称	分级	断裂带产状	异常特征
F_7	会川—安江	Ⅲ	北东向展布倾向北西	布格重力异常等值线同形扭曲,剩余异常与垂向二次导数异常串珠状展布,水平一阶导数异常极值的连线线性分布
F_8	大堡子—扶罗	Ⅲ	北西向展布倾向北东	北西向布格重力异常梯级带,水平一阶导数异常
F_9	麻阳—新店坪	Ⅲ	北东向展布倾向南东	布格异常分界,水平一阶导数异常极值的连线近似线性分布
F_{10}	江市—双溪	Ⅲ	北东向展布倾向北西	布格重力异常等值线同形扭曲,水平一阶导数异常极值的连线线性分布
F_{11}	凤凰—茶坪	Ⅲ	北东向展布倾向南东	北西向布格重力异常梯级,向二次导数异常零位线北东向线性展布
F_{12}	金石桥—两丫坪	Ⅲ	北西向展布倾向北东	布格异常错位,水平一阶导数异常值的连线线性分布,水平一阶导数异常极值的连线线性分布
F_{13}	新晃—凉伞	Ⅲ	北东向展布倾向南东	布格重力异常等值线同形扭曲,水平一阶导数异常极值的连线线性分布
F_{14}	会同	Ⅲ	北西向展布倾向南	布格重力异常分界与拐折,垂向二次导数异常分界
F_{15}	白马山—坪下	Ⅲ	北东向展布倾向南东	布格重力异常等值线同形扭曲,异常错位,区域场等值线突然变窄

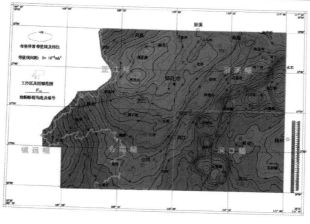

图5-19　湖南怀化地区断裂构造推断图

（3）主要断裂构造的地质解释。

①溆浦—团河断裂（F_1）：该断裂的布格重力异常梯级带表现为宽缓状态，梯度达 0.5×10^{-5} m·s^{-2}/km，并向北东延伸本区之外（据 1∶50 万湖南省布格重力异常图），从安江往南梯级带逐步转向北西向。18 km 半径的区域重力异常亦存在一较为明显的北东向梯级带；布格重力异常上延 5～30 km 后梯级带更加清晰明显，规模更加宽大。剩余异常零值线很明显呈北东向展布，且异常范围较宽；4 km 半径水平一阶导数异常极值的连线线性分布十分明显；10 km 半径垂向二次导数异常的零值线总体呈北东向展布；该断裂带西侧显重力高，区域航磁异常变化平缓，莫霍面反映地壳厚度相对薄；该断裂带东侧显重力低，区域航磁异常变化复杂，基性–超基性–中酸性岩浆岩发育，地壳相对加厚，东西两侧地壳厚度落差 1～2 km；根据湖南省区域地质志有关资料和布格重力异常梯级带、剩余异常零值线、水平一阶导数异常极值的连线，结合垂向二次导数异常零值线划定该断裂。我们根据本区重力异常梯级带走向、规模、梯度的变化方向，再结合重力的半定量反演，推断该断裂为北东向展布，倾向北西，倾角较大，且切割深度大，为本区Ⅰ级断裂。据湖南省岩浆岩图可知，该断裂为压扭性高级断裂，也是靖县—溆浦—安化—桃江高级断裂的主要组成部分。另据《湖南省 1∶50 万区域重磁成果研究报告》推断，靖县—溆浦—安化—桃江断裂带具有深断裂性质，属切穿地壳的Ⅰ级断裂，并且构成了湖南省扬子准地台与华南褶皱带两个一级构造单元的分界线。据有关地质资料，自武陵运动后该断裂两侧在大地构造性质、沉积岩相、厚度、古生物群等几方面都存在着较大的差别。

②溆浦—黄茅园断裂（F_2）：沿该断裂布格重力异常等值线有规律地同形扭曲或变化。4 km 半径水平一阶导数异常极值的连线线性分布十分明显，走向为北北东向；该断裂黄茅园两侧发育有燕山期与加里东期岩浆岩，而且沿该断裂航磁异常很发育，达 –40～80 nT。根据《湖南省区域地质志》等有关资料和布格重力异常等值线有规律的同形扭曲或变化、水平一阶导数异常极值的连线及该地区航磁异常特征，结合剩余异常零值线、垂向二次导数异常零值线来划定该断裂；根据重力异常等值线有规律的同形扭曲或变化及其规模、水平一阶导数异常极值的连线展布方向，结合重力半定量反演，推断该断裂为北北东向展布，倾向正西，倾角大，切割深度较深（《湖南省 1∶50 万区域重磁成果研究报告》推断该断裂切割基底），为本区Ⅰ级断裂。该断裂为压扭性高级断裂，是溆浦—五团大断裂的组成部分。

③新晃—芷江断裂（F_3）：沿该断裂布格重力异常等值线有规律地同形扭

曲或变化，4 km 半径水平一阶导数异常极值的连线线性分布十分明显，走向为近东西向；剩余重力异常等值线串珠状展布。根据《湖南省区域地质志》等有关资料和布格重力异常等值线有规律的同形扭曲或变化、水平一阶导数异常极值的连线，结合剩余异常展布特征划定该断裂。根据重力异常等值线有规律的同形扭曲或变化的走向及其规模、水平一阶导数异常极值的连线展布方向，推断该断裂为北东向展布，倾向北西方向，倾角大，切割深度较深（据湖南省岩浆岩图，该断裂为高级断裂），为本研究区 I 级断裂。根据布格异常特征及水平一阶导数异常极值的连线特征划定了另外 12 条断裂（表 5-6）。

（4）断裂构造推断成果表。为清晰表述以上断裂构造成果，按编号、名称、级别、产状、异常特征五个方面列表，如表 5-6 所示。

6. 隐伏岩体推断解释

（1）白马山构造岩浆岩带推断。根据垂向二阶导数异常零值线及岩体出露情况划定该构造岩浆岩带。该带主要分布于测区东南部的白马山—龙山东西向隆起带西段，沿该带在该区内的元古界地层中侵入有黄茅园、白马山、金石桥三大岩体，由志留纪水车超单元、中三叠世龙潭超单元、晚三叠世小沙江超单元与早侏罗世龙藏湾超单元等岩体组成，其岩性为二长花岗岩、花岗闪长岩和二云母花岗岩；岩体侵入时期为加里东构造运动期、印支构造运动中晚期和燕山构造运动早期。该构造带往东伸入 1:20 万新化幅，西南部延入 1:20 万洞口幅，与中华山—五团南北向构造岩浆岩带融为一体，构成了雪峰弧形构造岩浆岩带。该带主体构成是白马山复式岩体。从地质资料看，燕山早期岩体，其长轴方向及岩体分布均呈北东东或近东西向，说明岩体受北东东（近东西）向及北东向两组构造的复合控制。这两组构造的主干断裂即为上述根据重力资料推断出的 F_5 和 F_6 两条断裂。垂向二阶导数零值线基本上反映了 F_5 和 F_6 两条断裂的位置和走向。

（2）重力推断半隐伏岩体。根据布格异常、剩余重力异常、重力垂向二阶导数异常、航磁异常及地质体出露情况，本区共圈出半隐伏花岗类岩体三处。

小横垒半隐伏岩体（I）：是白马山复式岩体中西段北侧的半隐伏部分。布格异常、剩余异常以及垂向二次导数异常均在该处形成负异常，剩余异常以及垂向二次导数异常零值线均超出已出露岩体较大范围。地表出露震旦系板岩和寒武系灰岩，据物性资料，其密度值相对较高（密度统计值分别为 2.70 g/cm³ 和 2.68 g/cm³），不应出现重力低值。另外，黄茅园—小横垒一线有较强的航磁正异常，幅值达 60 nT，而且北西侧航磁零值线与剩余异常以及垂向二次导数异常零值线基本吻合。该航磁异常与岩体侵入后热液蚀变有关。推测负异常是由花岗岩低密度体引起的。

洗马半隐伏岩体（Ⅱ）：是黄茅园岩体西南侧的半隐伏部分。布格异常、剩余异常以及垂向二次导数异常均在该处形成负异常，剩余异常以及垂向二次导数异常零值线均超出已出露岩体较大范围。地表出露震旦系板岩和寒武系灰岩，据物性资料，其密度值相对较高（密度统计值分别为 2.70 g/cm³ 和 2.68 g/cm³），不应出现重力低值。另外，黄茅园—洗马一线有较强的航磁负异常，幅值达 –40 nT，异常与矿化蚀变有关。推测负异常是由花岗岩低密度体引起的。这与 1∶20 万洞口幅重力资料推断结果是一致的。

六都寨—石桥铺—大水田半隐伏岩体（Ⅲ）：是金石桥岩体西南侧与白马山岩体东南侧的半隐伏部分。布格异常、剩余异常以及垂向二次导数异常均在该处形成负异常，剩余异常以及垂向二次导数异常零值线均超出已出露岩体较大范围。航磁异常在白马山岩体东南侧表现为正异常，幅值在 0～20 nT。地表出露清白口系板岩，据物性资料，其密度值相对较高（密度统计值为 2.70 g/cm³），不应出现重力低值。推测负异常是由花岗岩低密度体引起的。

（3）沉积盆地与凹陷推断解释。根据本区重力异常的特征，结合本区各时代沉积地层特征，圈定溆浦燕山晚期凹陷、中生代麻阳盆地和芷江沉积盆地，两个盆地是沉麻盆地的有机组成部分（图 5-20）。溆浦燕山晚期凹陷：溆浦—油洋桥一带，是溆浦—低庄凹陷的一部分。布格异常、剩余异常及垂向二次导数异常均有负的封闭异常圈。地表出露白垩系地层，据物性资料，其密度值较底部前震旦系地层低，推断该异常是由溆浦凹陷低密度体引起的，凹陷面积约 260 km²。据 M–M′ 重力剖面半定量反演与盆地密度界面反演：麻阳—芷江盆地沉积中心底部埋深大约为 3 km。出露的白垩系（K）地层平均密度为 2.61 g/cm³，与其东西两侧大面积分布的元古界地层密度（2.70 g/cm³）相比要小很多，密度值相差达 0.09 g/cm³，应形成明显重力低异常。实测布格异常资料反而表现为圈闭明显的重力高，据推测主要是其深部密度较高的早元古界与太古界地层（结晶基底）隆起以及莫霍面抬升所致。湖南地质学校谢湘雄教授等人曾对沉麻盆地重力高异常形成机制进行探讨，认为该盆地的地壳结构模式是深部隆起背景上的浅部凹陷。深部隆起引起的重力高幅度大，浅部凹陷引起的重力低幅度小，两相抵消后，以剩余重力高的形态显示出来。

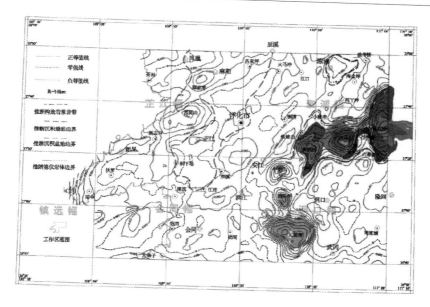

图 5-20   湖南怀化地区隐伏岩体与沉积盆地 - 凹陷推断图

7. 重力场与成矿、控矿的关系

据物化探资料初步推断认为，矿床（矿田）的形成可能与深部构造和隐伏岩体以及深部围岩蚀变有关。而重力场在深部构造和隐伏岩体上都有十分明显的异常特征（重力负异常）。重力资料在推断深部构造和隐伏岩体在湘南地区成矿预测中取得过良好的效果。湘西地区很多大中型金属都赋存于隐伏岩体外接触带，岩体侵入时产生的巨大的热源有利于矿液的形成与活化转移。在湘中、湘西北地区，元古界地层及泥盆系下统地层的 Au、Sb 等元素的丰度明显高于其他地层，是金、锑的矿源层。据 1∶50 万重力和航磁资料初步推断：区内存在的隐伏岩体为矿源层中 Au、Sb、U 等元素的活化、转移、富集创造了良好的条件。构造和地层对成矿有利时，是地质找矿的有利地段。概括来讲，重力场（结合磁异常）主要反映了下列控岩、控矿因素。

（1）地壳结构性质。区域重力异常可以了解地壳厚度变化的基本轮廓，从而圈定构造隆起和凹陷区，而多金属矿产也多产于凹陷区内的基本隆起构造部位。

（2）重要断裂带对矿带和大矿有明显的控制作用。湖南省现已发现的大多数内生 - 层控多金属矿田（矿床）无不与深大断裂有关。这些深大断裂有的控制了壳幔结构的变化，有的控制了基性 - 超基性岩带以及酸性侵入岩带。

（3）能有效地圈定中酸性隐伏 - 半隐伏岩体。这类岩体是内生多金属矿的成矿母岩，或是层控型矿床的岩浆热源条件，因而研究岩体深部产状对缩小找矿靶区也有实际意义。

8. 重力场与矿产分布的关系

为研究重力场与矿产分布的关系，编制了布格重力异常与金属矿产各矿点的分布关系图（图5-21），从图中可以看出矿点主要分布在下列重力场上。

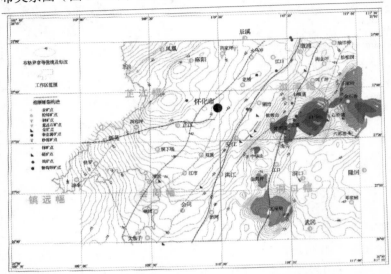

图5-21 怀化地区重力场与矿产分布关系图

（1）大规模梯级带。

（2）异常等值线拐折变化部位。

（3）环岩体梯级带。从地质角度看，矿点主要分布在如下位置。

①断裂（特别是大断裂）及其边缘。

②岩体内外接触带。

有关专家根据区域地球化学、地球物理资料和成矿地质特征，初步分析了深部构造与内生金属矿床的关系，将湖南省划分为九个成矿区带，其中有两个落在本研究区。

（1）花垣—凤凰铅锌银汞成矿带。

（2）溆浦—安江—靖县金成矿带。

从图5-19金属矿点分布可以看出，溆浦—安江—靖县金成矿带是存在的，该成矿带正处在重磁推断的桃江—安化—溆浦—安江—靖县深大断裂上。据专家研究，无论从地温、构造条件，还是物质条件，该成矿带都是湖南寻找中大型规模金矿床的最佳有利地段。在此带中已知金矿床有湘西钨锑金矿（与钨锑矿共生）、桐溪金矿以及矿点多处。花垣—凤凰铅锌银汞成矿带在本测区仅涉及新晃—茶田—凤凰一小部分范围，没有局部异常反映，但存在有一个较大的重力梯级带。据 1:50 万重磁资料，该成矿带位于重力梯级带反映的深断裂上，莫霍面变化较大处，没有酸性岩浆的活动，推测该成矿带主要受控于深大断裂带。[78] 研究区发现的铀矿点、带大部分产生在这些成矿带上。

5.1.2　放射性测量分析解译

铀为放射性元素，通过测量岩石的放射性可以直接发现铀矿化，所以放射性测量是寻找铀异常与矿化最有效的方法，也贯穿于整个铀矿勘查过程之中。我国已探明的碳硅泥岩型铀矿床几乎都是通过放射性测量发现的。

1. 地面伽马测量

（1）地面伽马测量的底数统计情况。将研究区的放射性底数统计结果列表说明如下：表 5-7 为本区冰碛层与上覆的泥盆系地层的放射性物理特征对比表，表中表明 $\in_{11}$ 岩性段伽马背景值最高，均方差大，铀元素的离散性大，其他地层依次为 $\in_{12}$、$\in_{13}$、Z_2d、Z_2l_3 岩性段，也具有较高的背景值和较大的均方差，Z_2l_1、Z_2l_2、Zn_2 和 D 等地层则较差。雪峰山北西缘地区亦符合上述特征。上述高背景值伽马场地层，尤其是寒武系底部层位和留茶坡组中部泥岩层位及陡山沱组中的二个泥岩段，其伽马场分布有如下特征：伽马异常场分布连续，沿层位呈带状分布。研究区伽马场晕出露面积、形态与含铀层产状有关。受陡倾角的含铀层或含矿构造控制的伽马晕多呈条带状，连续性好，点带密集；呈面状出露的偏高场往往出现于缓倾角地层的转折部位，异常强度低且分散；跨层位分布的伽马场晕多出露在地层转折破碎部位和构造复合部位，这类异常具有一定的分布范围，在地表往往可见矿化现象。伽马晕在不同的地段，其分布特征及控制因素也有所差别。

表5-7 研究区 Z_1-$\in_1$ 地层与上下层位放射性特征对比表

地层	岩性	宁乡向斜 南翼 如意亭望北峰 背景值均值 10⁻⁶	方差	宁乡向斜 南翼 平江溪—偏桥洞一带 背景值均值 10⁻⁶	方差	宁乡向斜 北翼 龙家村—桥头河 背景值均值 10⁻⁶	方差	安化向斜 北翼 泗里河 背景值均值 10⁻⁶	方差	安化向斜 北翼 白洋—肖家村 背景值均值 10⁻⁶	方差	安化向斜 南翼 密岩—洞市 背景值均值 10⁻⁶	方差	安化大神山隆起南翼 背景值均值 10⁻⁶	方差	仙女山背斜 人字岭 背景值均值 10⁻⁶	方差
泥盆系 D	砾岩、粗砂岩及泥岩等	16	4.8			22	3.6									18.2	2.8
寒武系 $\in_1^3$	含碳泥岩、灰质泥岩	26	6	21.3	4.6	26.5	4.8	25	4	24.6	4.6	24.4	61	21	6	27	7
寒武系 $\in_1^2$	碳质泥岩	26	6	23.5	6.6			27.5	6	26	6.6	26	5.5	37	8	23.8	6
寒武系 $\in_1^1$	薄层、含磷结核含碳泥岩	20.4	10.2	26.1	10.3	34.4	9.4	34.3	10	30.4	12.1	25.5	7	12	8	21.5	5.6
震旦系 Z_{21}^3	薄层状泥岩									20.2	7.2						
震旦系 Z_{21}^2	含硅泥岩、白云岩、含碳泥岩夹硅岩	17.8	5	17	9	17.2	6	21.5	5	19	8.1	19.8	6.5	16	6	19	5.6
震旦系 Z_{21}^1	厚层状硅岩	25	4							18.8	6.1			10	6		
震旦系 Z_{2d}	白云岩、泥岩、含硅泥岩	17.3	3.8	17.1	5.8	18	6.7	18	2.5	20	4.2	20.4	5.6	20	7.5	21.6	6.2
震旦系 Z_2^2	冰碛沙砾岩	18.2	3.2	17.9	5	21.8	6.1			20.2	3.7	20	4.2	18	4	20.1	6.2

（2）伽马异常点带在各地质体中的分布特征。研究区经系统铀矿普查之后，所发现的新老异常点带按其所产出的地质体进行统计，其分布情况如表 5-8 所示，从表中可知，工作区内的伽马异常点带主要集中于 $\in_1 x_1$ 和 $Z_2 l$，其次就是 $Z_2 d$，再次是构造和 $\in_1 x_2$，也就是说异常点带明显受寒武系下统小烟溪组中 $\in_1 x_{1-2}$ 和震旦系上统留茶坡组中段 $Z_2 l_2$ 的岩性和层位严格控制，属硅灰泥岩型异常。对研究区不同地质体的底数（μ）、均方差（δ）、变异系数（γ）等进行统计和计算，其结果如表 5-9 所示。从表可看出，$\in_1 x_2$、$\in_1 x_1$、$Z_2 l$、$Z_2 d$ 等层位为本区伽马底数偏高的地段，其均方差变化区间大，即 $3 \times 10^{-6} \sim 13 \times 10^{-6}$，一般为 5×10^{-6} 左右，变异系数变化区间也大，即为 $12\% \sim 68\%$，故对铀的富集成矿有利。上述四个层位应是研究区铀矿找矿的有利层位，而其他层位伽马底数较低，对成矿不利。但 $P_{1q}+P_{1m}$，$C_{2h}-C_{3h}$ 以及 D_{2q} 等层位虽底数低，但变异系数仍较大（大于 20%），若当其岩石中含有机质或沥青质，而且存在构造或破碎时，则往往形成异常点、带，这种情况要引起足够的重视。在仙人湾地区的二叠系含有机质灰岩中就找到了该类型的异常，强度大于 $1\,000 \times 10^{-6}$。

表 5-8　黄岩地区各地质体点带分布统计表

$C_2 h$	$\in_1 t$	$\in_1 x_2$	$\in_1 x_1$	$Z_2 l$	$Z_2 d$	Z_1	构造	总计	备注
5	1	32	807	351	115	3	45	1 399	不包括详测中的异常
0.37	0.07	2.35	59.38	25.83	8.46	0.22	3.31	100	

表 5-9　放射性底数统计结果表

地区	黄岩地区			冷溪			坑龚里			桐木桥			田家村			西牛潭			西牛潭外围					
																			龙场			黄溪		
地质体符号	μ γ	δ γ	γ %	μ γ	δ γ	γ %	μ γ	δ γ	γ %	μ γ	δ γ	γ %	μ γ	δ γ	γ %	μ γ	δ γ	γ %	μ γ	δ γ	γ %	μ γ	δ γ	γ %
Q	15	3	18.8																					
K_1^{2+1}	12	1	8.3																					
$P_{1q}+P_{1m}$	15	3	20																					

地区	黄岩地区			冷溪			坑龚里			桐木桥			田家村			西牛潭			西牛潭外围					
																			龙场			黄溪		
地质体符号	μ/γ	δ/γ	$\gamma\%$	μ/γ	δ/γ	$\gamma\%$	μ/γ	δ/γ	$\gamma\%$	μ/γ	δ/γ	$\gamma\%$	μ/γ	δ/γ	$\gamma\%$	μ/γ	δ/γ	$\gamma\%$	μ/γ	δ/γ	$\gamma\%$	μ/γ	δ/γ	$\gamma\%$
P_1q_1	15	2	13.3	10	3	30				10	4	40	11	5	46									
C_{3h}	14	3	21.1	10	3	30										12	3	25						
C_{2h}	14	3	21.4	12	5	42													11	3	21.4	15	4	26.7
D_{2q}	14	3	21.1																					
D_{2t}	14	2	14.3	20	3	15																		
$\in_{3t}$	20	5	25																					
$\in_{3m}$	21	5	23.8																					
$\in_{2t}$	22	5	22.7	23	5	22				20	5	25	18	8	44									
$\in_1x_3$	23	5	21.7	23	4	17				29	13	45	24	13	54	16	3	18	23	6	26	22	6	27.3
$\in_1x_2$	25	6	23	25	6	24	48	4	8.4	21	11	58	17	8	49	10	4	40						
Z_2l	17	5	29.4	25	3	12	24	8	33	21	6	29	18	7	40							17	2	11.8
Z_2d	18	5	27.8	21	6	30	21	4	19	16	4	25	11	4	28.6	15	2	13						
Z_1n	20	3	15				20	4	20															

2. 研究区伽马场特征

本区上震旦统与下寒武统及下伏的南沱冰碛层与上覆的泥盆系地层的放射性物理特征对比，表明 $\in_1^1$ 岩性段伽马背景值最高，均方差大，铀元素的离散性大。野外工作表明，其分布并不均匀。其他地层依次为 $\in_1x_2$、$\in_1x_3$、Z_2l_2、Z_2d、Z_2l_3 岩性段，也具有较高的背景值和较大的均方差。其余 Z_2l_3、Z_2l_1 和 Z_1n、D 等地层则较差。上述高背景值伽马场地层尤其是寒武系底部层位和留茶坡组中部泥岩层位及陡山沱组中的两个泥岩段，均方差和铀元素的离散性也较大。其伽马场分布有如下特征：伽马场晕出露面积、形态与含铀层产状有关。受陡倾角的含铀层或含矿构造控制的伽马晕多呈条带状，连续性好，一般伽马强度不高，仅个别点大于 25×10^{-6}。黄岩向斜中段较稀疏地分布着一些异常点，一般 γ 强度不高，$25\times10^{-6}\sim75\times10^{-6}$，主要产于 $\in_1x_1$ 中。总之，地面

γ^2 异常的分布与航测 γ 异常分布情况是一致的。黄岩地区的放射性底数统计结果列表如表 5-10 所示。

表 5-10　本区 γ 底数统计表（据 311 队）

地层代号	放射性底数（10^{-6}）	γ 底数变化特征及见矿情况
C_{2+3}	$9 \sim 11$	较稳定
$\mathrm{\epsilon}_1 x_{1-2}$	$20 \pm$	稳定
$\mathrm{\epsilon}_1 x_{1-1}$	$25 \sim 30$	一般下部为放射层，也见有 0.03% 的矿化
$Z_2 l_3$	$30 \pm$	一般下部 $Z_2 l_2$ 含矿的孔也有反应，$0.01\% \sim 0.03\%$，个别孔见工业矿
$Z_2 l_2$	$40 \sim 50$	较高，变化较大，铀矿层
$Z_2 l_1$	$18 \sim 20$	稳定，但个别钻孔见铀矿化
$Z_2 d$	$14 \sim 16$	变化较大，含碳泥岩大于 25×10^{-6}
Z_1	$10 \sim 12$	稳定

由表 5-10 可知，研究区伽马底数一个突出的特点是主要工业矿化产出层位的伽马底数最高，而其上、下层位伽马底数都不高，同一层位在不同地区的伽马底数组合相同。因此，在不同地区的震旦—寒武地层中找矿，应该从该区伽马底数最高，上、下层位伽马底数组合最有利的层位中去找。

整个研究区所发现的伽马异常点带按不同的强度区间分四类进行统计，即异常下限到 100×10^{-6}、$100 \times 10^{-6} \sim 300 \times 10^{-6}$、$300 \times 10^{-6} \sim 500 \times 10^{-6}$、$>500 \times 10^{-6}$ 四类，统计结果如表 5-11 所示。表中看出整个研究区主要分布着低值伽马异常，一般强度均在 100×10^{-6} 以下，其次则是 $100 \times 10^{-6} \sim 300 \times 10^{-6}$ 的中低值异常，此两类异常点带则占异常总数的 88.37%。而 300×10^{-6} 以上的异常点带在全区异常总数中所占的比例较小，仅为 11.62%，但好的和一般的异常点带基本都集中在这个类别的强度值范围内。

表 5-11　不同的强度区分类统计表

强度区间 统计项目	异常 下限 ~ 100(10^{-6})	100 ~ 300 （ 10^{-6} ）	300 ~ 500 （ 10^{-6} ）	>500(10^{-6})	总　计
异常点个数	835	366	93	65	1 359
占总异常数的百分比	61.44	26.93	6.84	4.78	100

3.伽马异常找矿意义的分类统计及特征

对黄岩地区的所有伽马异常点带按其找矿的意义（好的、一般的、无意义三类）进行统计，结果是好的异常点带有 36 个，占异常总数的 1.66%，一般的有 65 个，占异常总数的 4.78%，而无意义或情况不明的异常则有 1 258 个，占异常总数的 92.57%。一般的两类异常点带数还不到异常点带总数的 10%（图5-22）。有关田慢村矿点、大龙潭矿化点的详测成果将在下节进行简要概述。

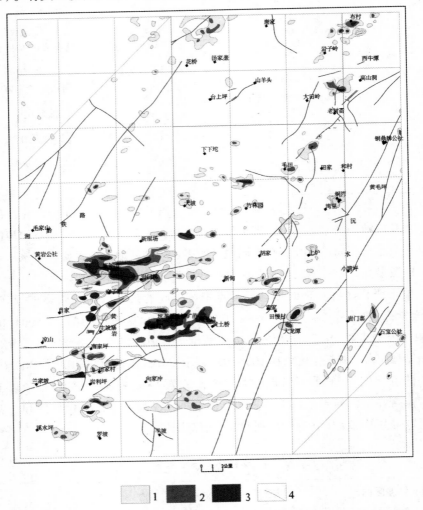

1—偏高场；2—高场；3—异常场；4—构造。

图 5-22　研究区伽马等值线图

5.1.3 ^{210}Po 测量分析解译

^{210}Po 是一种长期累积测氡的技术，它是通过在野外采取土样或岩样，用电化学处理的方法将样品中的放射性核素 ^{210}Po 置换在铜、银、镍等金属片上，再用 α 辐射仪测量置换在金属片上的 ^{210}Po 放出来的 α 射线，从而确定 ^{210}Po 异常，用来发现深部的铀矿化，找寻构造破碎带，解决深部的一些地质地球物理问题[79]。

1. 基本原理

在铀衰变系列中，氡气之后有一个半衰期较长的 ^{210}Po，半衰期为 22.3 年，它能形成一个 ^{210}Pb 的分散晕，经过长时间积累的 ^{210}Pb 有可能与氡气保持一定的关系，因而可能代表该地百年内氡浓度的平均值。直接测氡，易受气候、温度、季节等的影响，所得结果容易变动。^{210}Pb 是一个弱 α 辐射体，单独测不容易，但其后 ^{210}Bi（半衰期为五天）的子体 ^{210}Po 有较强的 α 辐射，半衰期长，为 138.4 天，因此测定 ^{210}Po 可以了解 ^{210}Pb 的情况，间接推测其母体的分布规律。^{210}Po 是 ^{222}Rn 的子体，所以测的结果不受钍的干扰。[80] 这是与 γ 测量、射气测量、α 径迹测量的不同之处。只测量 ^{210}Po 的 α 辐射，而不测定 Po 的其他同位素放出的 α 射线，是借助它们之间半衰期不同完成的，如表 5-12 所示，天然存在的 Po 的同位素都是短寿命的，而且 Po 只有四个短寿命的天然存在的放射性核素，用电化学的方法能把钋置换在铜片上，这样就保证了只测定 ^{210}Po 的辐射，而排除了其他天然存在的放射性核素的干扰。[81]

表 5-12 ^{210}Po 及其他放射性同位素的主要特征对比表

核素名称	^{218}Po	^{214}Po	^{210}Po	^{216}Po	^{212}Po	^{215}Po	^{211}Po
所属衰变系列	^{238}U	^{238}U	^{238}U	^{232}Th	^{232}Th	^{235}U	U^{235}
衰变形式	α	α	α	α	α	α	a
半衰期	3.0 min	1.64×10^{-4} s	138.4 d	0.15 s	3.05×10^{-7} s	1.8×10^{-3} s	0.56 s

2. 测量方法及应用

（1）测量方法。^{210}Po 法只在野外取样，分析样品全部在室内进行，测量仪器较简单，但需要电化学处理过程。土样处理按以下步骤进行。

①样品过 40 目的筛子。

②取体积约为 40 cm³ 或质量为 4 g 的样品，连同 0.5 g 抗坏血素和一个面积约为 2 cm³ 的铜片，一起放进 100 ml 烧杯中。铜片可以用化学纯铜或紫铜

片，厚约 0.1 mm，背面可以涂耐酸油漆，并书写编号，正面的油污应洗干净，铜片的规格应一致。

③加入含有 2% ～ 3% 柠檬酸的 2.5 mol/l 盐酸溶液 15 ml。若样品与酸起剧烈反应消耗盐酸，则可外加浓盐酸，使溶液保持 2.5 mol/l。

④将烧杯置在振荡盘上。可在 40 ℃恒温条件下振荡 3 h，使电化学置换反应顺利进行：$2Cu=2Cu^{2+}+4e$，$Po^{4+}+4e=Po$。电化学置换法分离和浓集钋的基本原理是根据钋在化学置换系列中的位置，样品溶液中的钋可以自发电镀在银、铜、镍片上，形成均匀的薄膜，钋能自发电镀的特性是大多数放射性核素所没有的，因此能利用这一特性来浓集和纯化钋，用自电渡法分离钋最简便。同一样品，振动时间应一致。[82]

⑤取出铜片洗净晾干，用 α 辐射仪测量铜片正面的 α 射线计数，由于计数效率很低，通常需要观察 10 ～ 30 min 或更长时间，才能使数据有一定的精度，符合有关工作的要求。

（2）应用。在研究区进行伽马普查的同时，还做了相同比例尺、相同面积的 ^{210}Po 测量，其完成的面积是 370.70 km²。在编制研究区 ^{210}Po 等值图时，采用 500、1 000、1 500（单位是 h^{-1}）。三级等值线进行圈图，如图 5-23 所示，共圈出钋晕 23 个，其中好的 7 个、一般的 4 个、无意义的 12 个。

全区的 23 个钋晕主要分布于区域性构造及其上盘的成矿有利层位 $\mathbb{C}_1x_1$、Z_2l、Z_2d 等出露部位。主要晕圈排列则与有利层位的走向和北东向区域性构造的展布方向一致。

与伽马偏高场对比，^{210}Po 的偏高晕面积较大，范围较广，而钋晕的增高晕和异常晕相对小些，但其范围及其长轴方向与伽马异常点带的分布、展布相吻合。某些钋晕的展布方向明显地反映了不同地质体的接触关系和接触带的相对位置及展布形态。钋晕与地形、地层产状有关，有的晕圈就比同地段的伽马偏高场范围小。此可能是地形切割剧烈的影响所致。地形切割剧烈，则露头出露较好，圈定的伽马偏高场就连续，范围也大。相反，浮土发育，露头少，则钋晕反映范围就比伽马偏高场稍大些。

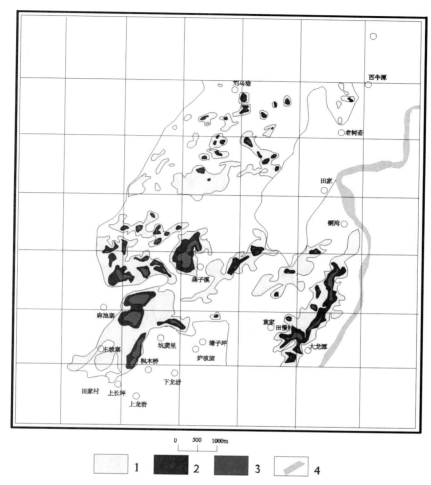

1—偏高场；2—高场；3—异常场；4—河流。

图 5-23　湖南省怀化市黄岩地区 ^{210}Po 测量等值线图

3. ^{210}Po 晕与矿化的关系

总的来说， ^{210}Po 晕在研究区较好地展示了矿化情况，特别是在露头出露差、浮土移盖的地段，钋晕则显示了异常的分布范围、展布方向，并可大致圈定和反映工作区的成矿有利地段，晕圈主要受岩性、层位和构造所控制。经揭露验证，多数情况都有矿化显示，但也有的仅反映了构造的存在和展布形态。特别是处在地形切割剧烈且岩层倾角较陡（40°以上）的情况下，钋晕的找矿效果就受到了影响，尤其是钋晕面积较小时，则只反映地表的矿化，显示深部的矿化信息较少，但当钋晕面积和范围较大时，就应实地对钋晕进行综合分析和研究，并做进一步探索和验证。就目前所掌握的资料来看，如果钋晕在地层的倾向方向有所展布或与地层相一致，而且地层产状较缓的情况下，该钋晕可看成深部矿化信息的显示，这已在田慢村、大龙潭地区的槽、坑揭露中得到了初步验证。从已知到未知地段的对比研究，发现袁家—铜湾一带广泛出露 Z_2l 及其上 ϵ_1x^1 的层位，产状较缓，并形成多个不同规模的向斜构造地段。它们与田慢村、大龙潭两矿化点对比，其航放异常，地面物探场晕以及所处的地质构造等方面都很类似，故认为这一地段还是较有远景的。有关田慢村矿点、大龙潭矿化点的详测成果将在下节进行简要概述。

5.1.4　能谱测量与航空伽马测量分析解译

利用航空伽马能谱测量所取得的铀、钍、钾能谱资料来评价研究区的基底铀源，查明放射性元素的分布规律。在研究区中收集了沅陵和怀化黄岩地区部分资料，航测面积只覆盖部分工作区，其中怀化黄岩地区只覆盖了北部一小部分，未覆盖主要铀矿化地段。现将已有能谱资料特征分析如下。

1. 铀、钍、钾在工作区内各地质单元分布特征

依据航测数据对区内出露的主要地层和岩体的主要地层和岩体的放射性元素含量，可归纳出如下特征。

（1）区内铀含量平均值为（4～7）×10⁻⁶，其中上震旦统留茶坡组中段、下寒武统小烟溪组下段特别是小烟溪组下段铀含量明显增高，尤其庄里地区铀含量高于平均值4～7倍，而第四系的铀含量低于平均值。

（2）区内钍含量平均值为（10～15）×10⁻⁶，总体上异常不是很明显。其中，白垩系上统分水坳组、寒武系中统探溪组钍含量明显增高。

（3）区内钾含量平均值为（1～2）×10⁻²，寒武系中统探溪组最高，其他均低于平均值。

综上所述，本区各层单元铀、钍、钾丰度各不相同，其中震旦统留茶坡组中段、下寒武统小烟溪组下段、寒武系中统探溪组，铀、钍、钾丰度较高，在隆起区形成高场、偏高场。

2. 航空伽马能谱场级划分及分布特征

（1）场级的划分。根据已搜集资料，初步了解区内铀、钍、钾平均含量和在区内的分布特征，初步确定区内铀、钍、钾的背景场、偏高场和高场的等级划分参数（表5-13）。

表 5-13　沅陵－怀化地区航空伽马能谱铀、钍、钾场级表

场元素	背景场	偏高场	高　场
K（%）	< 2.0	2.0 ～ 3.0	> 3.0
U（$\times 10^{-6}$）	< 7	7 ～ 10	> 10.0
Th（$\times 10^{-6}$）	< 10.0	10.0 ～ 15.0	> 15.0

（2）铀、钍、钾异常分布特征。

①研究区内伽马场具有强度高，场值变化范围大，形态不一，方向明显的特点。

②伽马偏高场和高场总体分布为北东向，走向与地质构造、地层的分布一致。

③从区内铀、钍、钾偏高场和高场分布情况可以看出，铀、钍、钾三元素之间有较好的相关性。背景场的范围大致反映了盆地的分布大小和形状，而偏高场呈线状分布，大致显示了隆起的界线及其轮廓。

（3）航空伽马能谱场地质解释。依据航空伽马能谱场强度的高低和铀、钍、钾分布特征及其所处构造部位，将研究区几片主要能谱偏高场、高场划分如下（图 5-24）。

①庄里铀高场。该铀高场分布在研究区沅陵东北部庄里一带，位于北东断裂上盘，沿断裂走向展布，长 6 km，宽 1 ～ 2 km，面积约 8 km²。该地区的 Z、$\in_1 x$ 的伽马场也较高，但其特点是 $\in_1 x$ 的伽马场高于 Z 的伽马场。地层中的伽马场，$\in_1 x$ 反映以 12×10^{-6} ～ 15×10^{-6} 为主，Z 则以 9×10^{-6} ～ 12×10^{-6} 为主。铀高场在自身的高场中连续而稳定，并与该地区铀钍比值、伽马能谱高场相对应。该区铀高场有 HF-87、HF-88、HF-104、HF-105 四个航放异常场带。

②杨柳坪、银匠溪铀、钾高场。该铀、钾高场位于研究区沅陵南部，沿北东断裂走向方向展布，长约 2 km，宽约 1 km，面积约 2 km²。该地区的 Z、$\in_1 x$ 的伽马场也较高，但其特点是 $\in_1 x$ 的伽马场高于 Z 的伽马场。该地区铀、钾高场不是很连续和稳定，但与该地区的铀钍比值、伽马能谱高场能很好地对应。该铀、钾高场区有 HF-11、HF-70、HF-71 三个航放异常带。

③张家湾铀、钾高场。该铀、钾高场位于研究区沅陵西南角，沿北东断裂走向展布，长约 2 km，宽约 1 km，面积约 2 km²。该地区的 Z、$\in_1 x$ 的伽马场也较高，但其特点是 $\in_1 x$ 的伽马场高于 Z 的伽马场。该地区铀高场自身很连续而稳定，钾高场却并不连续、稳定。该地区的铀、钾高场与铀钍比值、伽马能谱高场能很好地对应。该高场区有 HF-85 航放异常带。

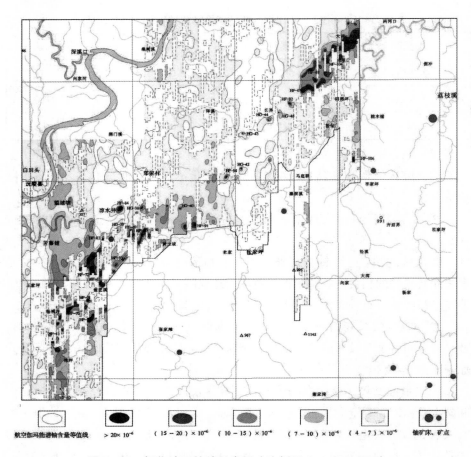

航空伽玛能谱铀含量等值线　　> 20×10⁻⁶　　（15～20）×10⁻⁶　　（10～15）×10⁻⁶　　（7～10）×10⁻⁶　　（4～7）×10⁻⁶　　铀矿床、矿点

图 5-24　怀化地区航放异常图（比例尺 1：100 000）

5.2　矿床地球物理场及异常特征

5.2.1　径迹测量分析解译

α 径迹蚀刻测量又称径迹找矿法。它是通过测量氡及其子体产生的 α 径迹来寻找深部铀矿的新技术。[83] 研究区径迹测量做的不多，仅将所做的部分剖面说明如下：麻池寨矿区本部，径迹底数为 50，在 I 号矿体上部地表工作结果大于 130 的异常范围，与矿体边界基本吻合，矿体埋深 120 m，地表为

$\in_1 x_1$ 及浮土。对于矿体埋深大于 150 m 的 IV、V 号矿体地表径迹反映不明显。麻池寨矿床外围笔架山地段三个剖面 163 个点的统计，底数为 300×10^{-6}，大于 $1\,000 \times 10^{-6}$ 的异常点 20 多个，产出地层为 $\in_1 x_1$，地面 γ 反映也高。主坡寨矿床按 7 条剖面统计，径迹底数为 80×10^{-6}，大于 400×10^{-6} 的异常点较多，高者可达 $1\,079 \times 10^{-6}$。老树斋异常点一个试验剖面，$\in_1 x_1$—Z_2 地层覆土中径迹为 $136 \times 10^{-6} \sim 554 \times 10^{-6}$，D 层覆土 $29 \times 10^{-6} \sim 185 \times 10^{-6}$。

综上所述，已成工业矿区地表径迹底数并不高，异常也不高，而地表径迹底数很高的地段到目前为止还没有发现大工业矿体。其原因可能是径迹底数很高地段反映了地表分散的弱矿化作用、虽有很高的径迹底数和异常，但不成工业矿。因此，径迹测量在地表无矿化作用、伽马反映也不高的地段对攻深找盲有效，而在地表伽马反映很高的地段，则径迹底数也高，难以区分径迹异常反映的是地表矿化还是深部矿化。这说明径迹找矿在本区找矿还需进一步研究。下一节和氡气测量比较也可以看出这一结论。

5.2.2　氡气测量分析解译

1. 断裂构造氡异常的形成

^{222}Rn 的直接母体是镭（^{226}Ra），是铀系的唯一的气态元素。母体元素的含量在一定程度上决定了土壤、岩石中氡气浓度的高低。氡是一种物理性质十分活泼的元素，迁移能力强，很容易经过岩石进入地表土壤。因此，在地质构造破碎带和铀、镭富集的地段都可能形成氡的富集，而氡在附近地段，含量明显减少。根据氡异常的高低，可以寻找构造破碎带和铀矿体。[84]

2. 测氡仪器基本原理及工作方法

（1）基本原理。本区工作采用 RaA 测氡法，仪器对放射性的测量采用的是金硅面垒型半导体探测器，它具有较高的灵敏度与高分辨率，当射线进入探测器的灵敏层后，将产生电子空穴对，并在电场作用下向两极运动，形成脉冲电流，在负载电阻 R 上产生电压脉冲，经电荷灵敏放大器及主放大器放大后，送入单道脉冲幅度甄别器，剔除低能噪声及 RaA 的高能干扰脉冲，仅通过测量 RaA，最后进入计数电路，在液晶屏上显示出来，这就是本仪器的基本工作过程（图5-25）。[85]

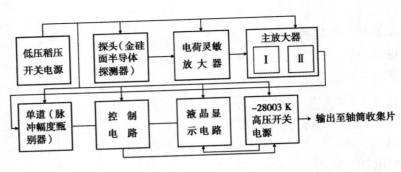

图 5-25　FD-3017RaA 测氡仪工作原理

（2）工作方法。尽量按照垂直于断层走向的原则布设测线，点距一般为 20 m，重点位置加密为 10 m。在野外测量过程中，在本区中潮湿且地势较低的地区工作时，要时时提防地下水进入干燥器和提筒内腔，以免损害测量仪器，放片换片时要注意收集片的标记，以防将收集片位置放反而无法得到正确的测量结果，取样器插入土壤中，并用钢钎打好抽气孔后及时将土壤密闭踩实，以免漏气影响测量结果。[86]

（3）矿区测量实例。隐伏矿体上部地表常形成明显的异常晕，特别是长寿命氡子体异常（图5-26）。研究区广子田矿区径迹异常能很好地反映深部隐伏矿化，其最大探测深达 160 m（图 5-27）。在刁德卡矿床，埋深达 180 m 隐伏铀矿，在地表的径迹测量中也有异常反映（图 5-28）。该方法在应用上也有一定的局限性，当含矿层和矿体产状平缓时，特别是夹有高碳泥岩层时，对氡具有吸附和屏蔽作用，异常反映较弱，效果较差（图5-27）。氡也经常沿断裂迁移并在其中富集，所以运用氡法探测隐伏断裂构造也有较好的效果。

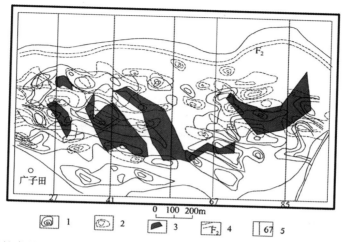

1—爱曼异常晕；2—径迹异常；3—工业矿体；4—构造带；5—勘探线及编号。

图 5-26　广子田矿区 F$_{-35}$ 氡测量综合图

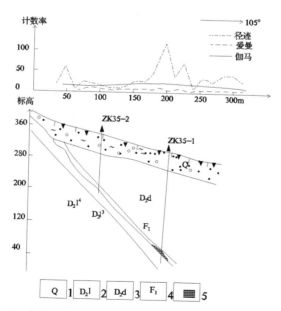

1—第四系浮土土；2—中泥盆统东岗岭组；3—中泥盆统应堂组；4—构造带；5—矿体。

图 5-27　广子田矿区 F$_{-35}$ 氡测量综合剖面示意图

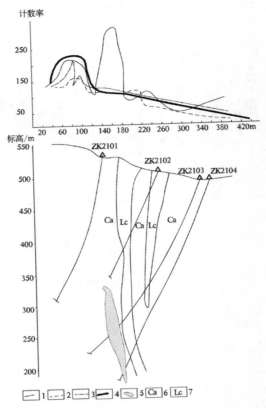

1—径迹；2—爱曼；3—伽马；4—铀量；5—铀矿体；6—灰岩；7—碳板岩。

图 5-28　上龙岩矿区 17 剖面线测氡曲线图

5.2.3　磁法测量分析

　　在本区开展高精度磁测是有一定地球物理基础的，本区主要出露的地层为震旦系和寒武系的含硅岩、含硅碳质泥岩。层间破碎带主要发育于寒武系下统的含硅岩与含硅碳质泥岩，构造带内岩石强烈破碎，含泥质、碳质、磷质和黄铁矿、硫化物等。碳硅泥岩体具有微弱的磁性，总体引起的是 100 nT 左右的磁场；经实地测量，该区围岩岩体分布有大量的含硅质、碳质的泥岩，造成了该区的磁场相对偏高，而靠近围岩的破碎带附近，断裂构造作用造成岩石破碎、地下水作用以及与铀矿化有关的去磁作用，造成磁场降低。为了确定断裂构造和铀矿体与围岩的磁性差异，我们在构造上的富铀矿体地段及其相关构造上用磁力仪进行了测量，矿体及其构造磁化率上明显比围岩低，且铀矿体愈富，磁化率则愈低。这就为应用高精度磁测在本区圈定断裂构造，从而探测铀矿体提供了可靠的物性依据。磁参数测定结果表明，本区碳硅泥岩体具有微弱的磁性或无磁性，靠近岩体的接触带、地层中分布有大量的磁性矿物则显示有强弱不等的磁性，而断裂构造作用造成岩石破碎、地下水作用以及与铀矿化有关的去磁作用与围岩相比也显示一定的磁异常，它们组成的各种地质体是形成区内各种磁异常的主要因素。从表 5-14 中可以看出，研究区属中弱磁场区，岩（矿）石磁性参数特征表明，用地面高精度磁法圈定断裂构造、提供岩层界面是可行的，该区已经具备开展高精度磁法测量的地球物理前提。[87]

表 5-14　怀化地区实测岩（矿）石磁参数统计

岩石名称	样品 / 块	κ/（$4\pi \times 10^{-6}$）SI		M_r/（10^{-3}A/m）	
		变化范围	平均值	变化范围	平均值
磁黄铁矿矿石	15	1 800 ～ 37 958	9 200	2 821 ～ 2 845 016	242 241
角岩	8	157 ～ 93 527	26 452	165 ～ 121 014	27 441
矽卡岩	50	0 ～ 139 853	14 460	42 ～ 194 556	18 488
花岗岩	9	0 ～ 844	192	90 ～ 560	77
辉绿岩	11	3 498 ～ 7 850	5 326	1 123 ～ 5 200	2 393
灰岩	9	5 ～ 400	208	75 ～ 890	327
黄铁矿矿石	15	207 ～ 15 700	94 885	58 ～ 131 440	55 650
炉渣	5	1 254 ～ 2 680	1 960	3 785 ～ 8 976	5 697

先对区内各类岩石、矿石进行系统的物性参数测量和研究。利用含矿构造破碎带与围岩存在的磁性差异，采用高精度磁法剖面测量，查明铀矿化发育地区内含矿构造带规模及延深情况，大致查明工作区隐伏构造的分布情况，指导山地工程部署，圈定矿产预查靶区。同时，针对矿点、重要矿化蚀变带及分析筛选的物（化）探矿致异常进行查证，工作比例尺为 1:2 000 和 1:5 000，采用面积测量和剖面测量方法，1:2 000 面积测量线距 20 m，点距 10 m；1:2 000 剖面测量，点距 10 m；1:5 000 剖面测量，点距 20 m，重点地段点距加密到 10 m。采用 GPS 精确定位。磁测使用仪器为 GSM-19T 质子旋进磁力仪做总场观测，并做日变改正。主要技术要求如下。

（1）仪器噪声水平测定：在工作区我们选择磁场平稳且不受人文干扰的

地区对参与工作的所有仪器同时进行噪声水平测定，选择噪声水平低（平均趋于 0）的仪器开展配对测量，并且将该点作为磁测的基点（日变站）。

（2）仪器和探头的一致性测定：工作前对探头的一致性进行测定，计算其算术平均值，选取平均值小的探头进行测量。仪器的一致性通过测量不同时段的日变曲线进行判别，选择不同仪器间曲线圆滑的仪器进行配对测量。

（3）日变观测：日变观测点尽量选在工作区内或附近，以保证能探测到区内的相对局部低（负）磁异常。测量时用一台同精度的仪器进行日变观测，读数时间为 10 s。日变测量延续时间为开工前，收工后。

（4）测量数据预处理及成图：本次对磁测数据主要进行了如下处理，具体流程见图 5-29。

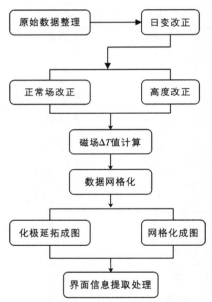

图 5-29　磁测数据处理流程图

①日变改正：首先对日变观测原始数据进行编辑，剔除非正常变化点；然后做适当的滑动平均滤波处理，通过线性插值方法将日变采样时间与测线采样时间转换成相同格式（达到秒级同步）；最后统一减去基点（日变站）对应值并加上 T_0 值，即得到相应的日变改正值。本次日变校正采用 GEMLINKW4.0 软件进行自动插值处理。

②基站 T_0 值测定工作：用质子磁力仪在基点测出的地磁场绝对值 T_i 是时间的函数，为准确求出基点的 T_0 值，做了长时间的日变观测，读数间隔 20 s，

观测时间 6 h。选择在 2 h 内磁场平均值变化不超过 2 nT 的时间段，即地磁场变化平稳段，求取 T_i 的平均值 $\bar{T}_i$，$\bar{T}_i$ 即为该处的 T_0 值。

$$\bar{T}_i = T_0 + \frac{1}{n}\sum_{i=1}^{n}\delta(t) \tag{5-1}$$

式中，n 为参与统计的地磁场 T_i 值总数。

③地磁场南北向梯度改正：在一级近似的情况下，沿南北向的磁场梯度如下式：

$$\frac{\partial T_0}{\partial X} = \frac{3ZH}{2RT_0} \tag{5-2}$$

式中，R 为地球平均半径。

④高度改正：高度改正又称地磁场垂直梯度改正，它是将工作区内不同海拔高度上的测量值换算到工作区平均海拔高度上，以此来消除因测定高程变化（即地磁场垂向变化）对测量结果的影响。可用下式来表示：

$$\Delta T_{hi} = -\Delta h \frac{3T_{ei}}{R} \tag{5-3}$$

式中，ΔT_{hi}——第 i 个测点处的地磁场垂向梯度（高度）改正值，单位为 nT；

T_{ei}——第 i 个测点处的正常地磁场值，单位为 nT；

Δh——第 i 个测点处的海拔高度与工作区平均海拔高度之差，单位为 m；

R——地球平均半径（6 371 000 m）与工作区平均海拔高度之和，单位为 m。

⑤磁场 ΔT 值的计算：将各点实测磁场值减去日变改正值、地磁场正常场水平梯度改正值和垂直梯度改正值，然后对全区磁场水平做适度调整，最后得到各测点的 ΔT 磁场值[71]。

⑥磁参数统计与计算：工区内岩石的磁性参数是通过 GSM-19T 质子磁力仪对磁标本进行测定的。标本采集点应尽量平均分布在工作区中，每种岩性的磁标本数量不少于 30 块，以提高代表性与准确性。基于本区磁性偏弱，磁标本测定采用高斯第二位置进行，测定过程采用单探头的总场测量装置，附近另设一台测日变的同类仪器，将每次读数进行日变改正后才能算出标本产生的磁场，记录在磁参数测定记录本上，其磁参数计算公式如下。

磁化率[88]：

$$\chi = \frac{10r^3}{3T_0}\cdot\frac{1}{V}\left[\left(n_0 - \frac{n_1+n_2}{2}\right) + \left(n_0 - \frac{n_3+n_4}{2}\right) + \left(n_0 - \frac{n_5+n_6}{2}\right)\right]\cdot10^{-6}\times4\pi\cdot\mathrm{SI} \tag{5-4}$$

剩磁：

$$I_r = 5r^3 \cdot \frac{1}{V} \sqrt{(n_2 - n_1)^2 + (n_4 - n_3)^2 + (n_6 - n_5)^2} \cdot 10^{-3} \, \text{A/m} \qquad (5-5)$$

偏角：

$$\varphi = \tan^{-1} \frac{n_2 - n_1}{n_4 - n_3} \qquad (5-6)$$

倾角：

$$\theta = \tan^{-1} \frac{n_6 - n_5}{\sqrt{(n_2 - n_1)^2 + (n_4 - n_3)^2}} \qquad (5-7)$$

（5）磁异常平剖图制作：本区磁测工作采用一定间距的剖面测量，将每条测线 ΔT 值曲线图放置在地形地质底图上，用颜色表示正负异常，正异常用红色表示，负异常用蓝色表示，叠加其他物化探方法成果图件形成地质物化探综合平剖解译图。有关田慢村矿点、大龙潭矿化点的详测成果将在下节进行简要归述。

5.2.4　电法测量分析解译

上龙岩矿床，赋矿的上震旦统—下寒武统被大面积巨厚的白垩系红层覆盖。根据红层、产矿层与基底花岗岩视电阻率差异（表5-15），运用电测深方法，查明了产矿层在深部的展布。

表5-15　上龙岩矿床视电阻率表

地层 / 岩体	岩　性	视电阻率	
		常见值 /（Ω·m）	变化范围 /（Ω·m）
K	砾砂岩	400 ～ 600	300 ～ 2000
$\in q_1$	碳板岩	0.02	0.01 ～ 0.1
	含碳硅板岩	250	75 ～ 1250
	硅质泥板岩	12	12 ～ 175
Zb_1	石英硅岩	13 000 ～ 20 000	5 000 ～ 400 000
Y_3	黑云母花岗	4 000 ～ 6 000	3 000 ～ 9 000

笔者在上龙岩矿床的已知测线上做了激电实验，线长 1 500 m，根据测线所圈定的异常范围与已知铀矿位置做了比较，如图 5-30 所示。由图 5-30 可知激电测量圈定的异常范围与实际铀矿方向一致，范围稍大，这说明了上龙岩

矿床赋矿碎裂岩和铀矿体内金属硫化物发育的特点。我们可以利用激电方法圈定深部激电体的发育地段，为查明赋矿碎裂岩带深部的产状和隐伏铀矿体分布提供依据。

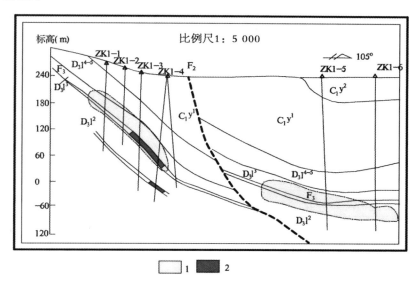

1—激电体；2—铀矿体。

图 5-30　上龙岩矿床激电剖图

5.2.5　重点测区物探成果解译

1.麻池寨矿区田慢村测区

在重点分析的基础上，我们在麻池寨矿区田慢村地区进行了地面高精度磁测、地面 γ 测量和 ^{210}Po 测量取样，共测量 81 条剖面，线距 20 ～ 40 m，点距 10 ～ 20 m，面积约为 1.5 km²。测区定点主要采用手持 GPS 定点，由于工作区山高林密，对于在接收不到 GPS 卫星信号的地点采取罗盘加皮尺进行定点。单点定位误差基本控制在 3 m 内，单条测线长度约 1.5 km，整体误差在 10 ～ 20 m。地形起伏较大，植被发育，工作条件艰苦。

（1）高精度磁测。鉴于本区地形起伏较大，根据本区的磁性特征（表 5-16）和所测磁测数据，对所有数据进行了日变改正和地形改正。绘制出该工作区的实测剖面图，应用前述解释依据，分别对各磁测剖面进行了解译，见图 5-31。

表5-16 田慢村地区磁性参数表

主要岩性	层位	标本块数	磁化率（SI）	采样地点
泥岩				BT110
碳质泥岩				BT110
泥质碳质岩				BT110
含泥硅质岩				BT110
含白云质黄褐色泥岩				BT102
薄层含硅泥岩	Z_2d	21	$0.000\,3 \times 10^{-3} \sim 0.097 \times 10^{-3}$	BT102
厚层含硅碳质泥岩				BT102
黑色薄层含硅泥岩				BT101
黄褐色含泥硅质岩				BT101
青灰色黄褐色含白云泥岩				BT101
中层泥质硅质白云岩				KD101
中层含硅碳质泥岩				BT103
破碎带含矿层				BT103
中层含硅碳质粉砂质泥岩	$\in_1 x_{1-4}$	8	$0.000\,1 \times 10^{-3} \sim 0.003\,0 \times 10^{-3}$	BT107
断层				BT107
中层含硅碳质泥岩				BT109
韧性剪切带	Z_2l	5	$0.001\,5 \times 10^{-3} \sim 0.004\,2 \times 10^{-3}$	TC105
白云岩含碎屑	C_2h	4	$0.000\,8 \times 10^{-3} \sim 0.021\,7 \times 10^{-3}$	TC105
灰白色粉红色层状薄层含硅泥岩	$\in_1 x_2$	1	$0.015\,0 \times 10^{-3}$	TC105
含碳泥岩、灰色、泥质薄层与薄层含碳含硅泥岩互层	$\in_1 x_{1-2}$			TC105
黑色薄层状含硅碳质泥岩与灰色薄层含硅泥岩互层	$\in_1 x_{1-2}$	5	$0.000\,4 \times 10^{-3} \sim 0.004\,4 \times 10^{-3}$	TC105
薄层黄褐色硅质泥岩与薄层灰黑色含硅泥岩互层	$\in_1 x_{1-2}$			TC105

主要岩性	层位	标本块数	磁化率（SI）	采样地点
中薄层层状碳质硅质岩	$\epsilon_1 x_{1-2}$	5	$0.000\,4 \times 10^{-3} \sim 0.004\,4 \times 10^{-3}$	TC105
含硅碳质泥岩与含碳硅质泥岩互层	$\epsilon_1 x_{1-2}$			TC105
硅质岩含磷结核	$\epsilon_1 x_{1-1}$	1	$0.006\,1 \times 10^{-3}$	TC105

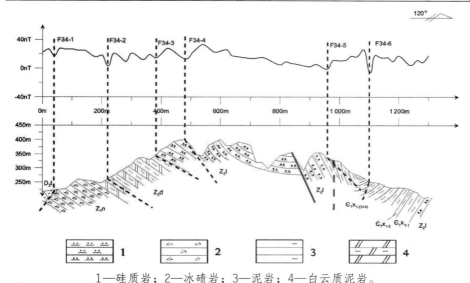

1—硅质岩；2—冰碛岩；3—泥岩；4—白云质泥岩。

图 5-31　CT34 号磁测剖面解译图

图 5-31 是 Ct34 号磁测剖面的综合解译图，应用上述解释依据共推测出 6 条地层界面或层间剪切褶皱伴生的脆性破裂。如图 5-31 所示，F34-1 位于 40 m 处，是泥盆系砂岩与震旦系下统南沱组冰碛岩的角度不整合地质界线；F34-2、F34-3 位于 220 ~ 380 m 处，初步推测分别是震旦系陡山沱组的上下界面，其间曲线呈锯齿状，推测为硅质白云岩与泥岩互层引起；F34-4 位于 480 m 处，处于震旦系留茶坡组中，初步推测为产状较缓，倾向南东的构造；F34-5 位于 960 m 处，初步认为是震旦系留茶坡组与寒武系小烟溪组的界线；F34-6 位于 1 100 m 处，处于寒武系小烟溪组中，且曲线异常幅值较大，初步推测为产状较陡，倾向南西的构造。为了更好地解译工作区含矿构造 F1，利用磁测剖面推测地层界线和构造的平面展布形态，综合 8 条磁测剖面，绘出了工作区的两处磁测平面剖面图（图 5-32、图 5-33）。对 Ct52、Ct46、Ct40 和

Ct34 四条磁测剖面进行数据处理，绘出平面剖面图（图 5-32），依据磁测剖面中的低磁异常形状以及地层产状，推测出的构造与 F1-1 吻合较好，且位于其两侧的平行构造也具有较好的连续性。为了更好地解译含矿构造 F1-3，对 Ct70、Ct60、Ct54、Ct46 四条磁测剖面进行数据处理，绘出平面剖面图（图 5-33），依据磁测剖面中的低磁异常形状以及地层产状，推测出的构造与 F1-3 吻合较好，且位于其北侧 300 m 左右有一条连续性较好的平行构造。

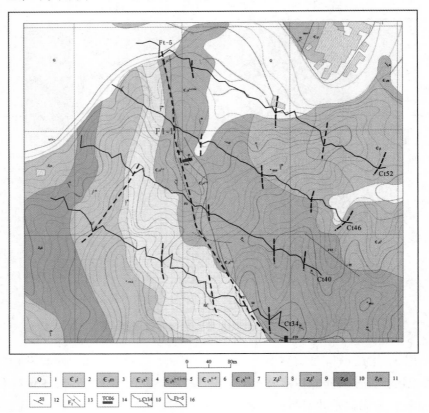

1—第四系；2—寒武系上统田家坪组；3—寒武系上统米粮坡组；4—寒武系下统小烟溪组上段；5—基性岩脉寒武系下统小烟溪组下段第三层和第四层；6—寒武系下统小烟溪组下段第二层；7—寒武系下统小烟溪组下段第一层；8—震旦系上统留茶坡组上段；9—震旦系上统留茶坡组下段；10—震旦系上统陡山陀组；11—震旦系下统南陀组；12—实测地层产状；13—实测及推逆断层与产状；14—槽探工程；15—高精磁测 ΔT 剖面图；16—高精磁测推测断裂。

图 5-32　田慢村测区北部磁测平面剖面图

212

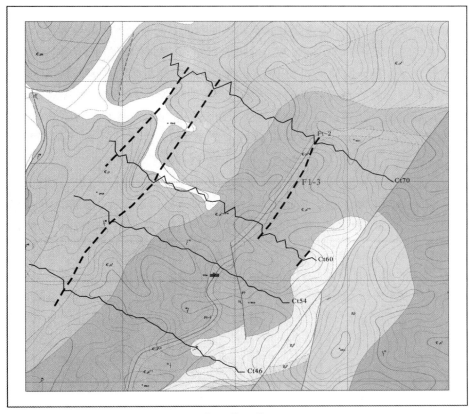

1—第四系；2—寒武系上统田家坪组；3—寒武系上统米粮坡组；4—寒武系下统小烟溪组上段；5—基性岩脉寒武系下统小烟溪组下段第三层和第四层；6—寒武系下统小烟溪组下段第二层；7—寒武系下统小烟溪组下段第一层；8—寒武系下统小烟溪组下段未分；9—震旦系上统留茶坡组上段；10—震旦系上统留茶坡组中段；11—震旦系上统留茶坡组；12—实测地层产状；13—实测及推逆断层与产状；14—槽探工程；15—高精磁测 ΔT 剖面图；16—高精磁测推测断裂。

图 5-33　田慢村测区南部磁测平面剖面图

本次地面高精度磁测形成了网度为 20 m × 10 m 的面积测量，面积约为 1.5 km²，按规范要求屏蔽了空白区，绘制出工作区磁测 ΔT 平面等值线图，见

图 5-34。从图 5-34 中可看出，本区磁异常特征呈明显的条带状，高磁异常区和低磁异常区相互交错，主要分布有北西向和北东向两个方向的异常带。将测区内主要的正磁异常和负磁异常进行归纳和分类，共有 4 个正磁异常区和 6 个负磁异常区，具体特征见表 5-17。根据地表踏勘和地质图修编，利用区内几个负磁异常区的分布，对成矿有利的几个层间褶皱及伴生的脆性破裂控矿构造进行了推断。其中，Ft-1 位于测区东南部，呈北东向展布，与已知的含矿层间剪切构造 F1 吻合；Ft-2 位于 Ft-1 北西侧 200 m 左右，与 Ft-1 平行展布，且与工作区含矿构造 F1-3 吻合；Ft-3 位于 Ft-2 北西侧 200 m 左右，与 Ft-2 平行展布，地表未见构造出露，处于寒武系小烟溪组上段与下段的接触带上；Ft-4 位于测区中部，呈北东向展布，地表主要被第四系覆盖，推测为 F3 向东延伸；Ft-5 位于测区西北部，呈北西向展布，与测区含矿剪切构造 F1-1 吻合。

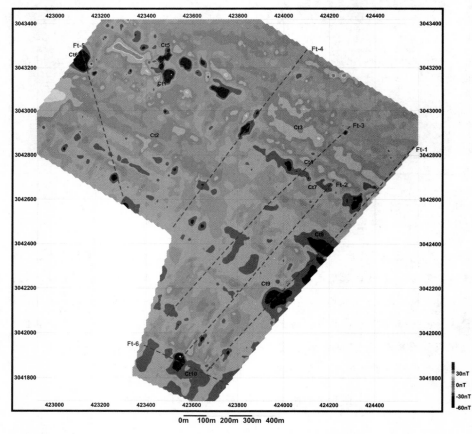

图 5-34　田慢村地区 ΔT 平面等值线图

表 5-17　田慢村测区磁异常统计表

磁异常编号	位　置	幅　值	岩　性	描　述
Ct1	423430　3043130	0 ～ 40 nT	灰岩夹泥质岩	北西向条带状
Ct2	423450　3042900	0 ～ 40 nT	薄层碳质泥岩	北东向条带状
Ct3	424110　3042910	0 ～ 20 nT	薄层碳质泥岩	北西向条带状
Ct4	424095　3042785	0 ～ 20 nT	薄层碳质泥岩	北东向条带状
Ct5	423500　3043270	−40 ～ −10 nT	灰岩夹泥质岩	团块状
Ct6	423110　3043250	−60 ～ −10 nT	冰碛砾岩硅质岩	团块状
Ct7	424115　3042705	−40 ～ −10 nT	薄层青灰色泥岩	北西向条带状
Ct8	424380　3042390	−60 ～ 0 nT	厚层硅质岩	团块状
Ct9	423950　3042180	−60 ～ −10 nT	黑色薄层硅质岩	团块状
Ct10	423704　3041900	−60 ～ −10 nT	薄层黑色硅质岩	北西向条带状

（2）地面伽马测量。在田慢村测区与地面高精度磁测同时进行了地面伽马测量，按规范要求对伽马测量数据进行了处理和计算。测区正常场在（20 ～ 30）× 10^{-6} 左右，偏高场大于 $40 × 10^{-6}$，高场为 $80 × 10^{-6}$，异常场为 $120 × 10^{-6}$ 以上。按规范要求屏蔽了空白区，绘制出测区伽马异常平面等值线图，见图 5-35。

由图 5-35 可知明显较大规模的伽马异常晕有 3 个，主要分布在测区的西部和中部。其中，Rt1、Rt2、Rt3 具有异常明显、衬度较大、带状分布等特征，具体特征见表 5-18，其他异常呈团块状分布。Rt2、Rt3 和一连串北东向展布的伽马异常晕与测区含矿剪切构造 F1-3 吻合，异常晕的形态受 F1-3 控制。总体来看，伽马异常晕有以下特点：异常分布与层间剪切褶皱及伴生的脆性破裂已知含矿构造吻合较好，异常发育程度和规模与下寒武统小烟溪组有利层位和弯滑作用产生的层间剪切褶皱及伴生的脆性破裂带紧密相关。异常晕主要分布于下寒武系下统小烟溪组，岩主要为含碳硅岩与含硅碳质泥互层。

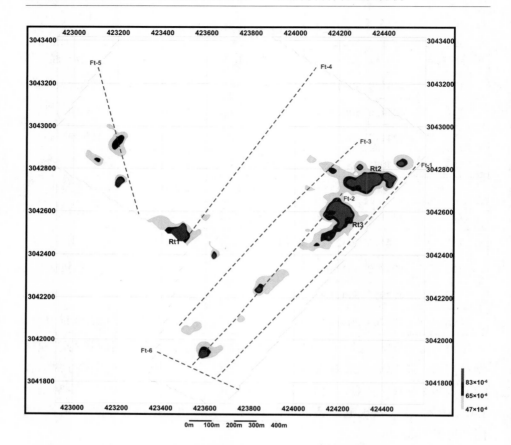

图 5-35   田慢村地区伽马异常平面等值线图

表 5-18   田慢村测区伽马异常统计表

伽马异常编号	位　　置	幅　值（×10⁻⁶）	岩　　性	描　　述
Rt1	423490　3042503	80 ～ 120	薄层碳质泥岩	带状
Rt2	424359　3042752	80 ～ 120	薄层碳质泥岩	带状
Rt3	424207　3042593	80 ～ 120	薄层碳质泥岩	带状

（3）地面 ^{210}Po 取样测量。在田慢村测区与地面测量同时进行了地面 ^{210}Po
取样测量，经送样分析，对 ^{210}Po 测量分析数据进行了处理和计算。经统计，
田慢村测区 ^{210}Po 平均值为 54.59 cph，标准方差为 31.4 cph。本次采用大于
或等于 $\overline{X}$ +3δ 的值作为异常的下限值，确定工作区 ^{210}Po 的异常下限值为
148.8 cph。采用大于或等于 $\overline{X}$ +2δ 的值作为高场的下限值，确定工作区 ^{210}Po

的高场下限值为 117.4 cph。按规范要求屏蔽了空白区，绘制出测区 ^{210}Po 异常平面等值线图，见图 5-36。

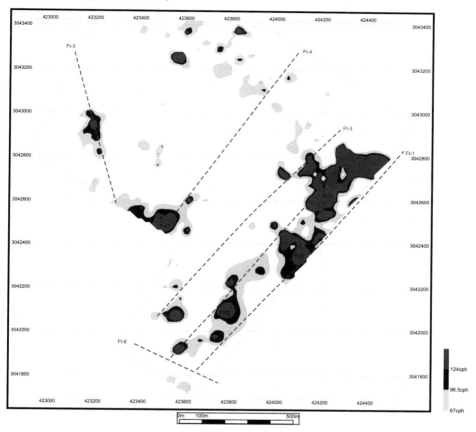

图 5-36　田慢村地区 ^{210}Po 异常平面等值线图

由图 5-36 可知，明显较大规模的 ^{210}Po 异常晕有 4 个，主要分布在测区的西部和中部，呈雁形展布。其中 Pot1、Pot2、Pot3、Pot4 具有异常明显、衬度较大、带状分布等特征，具体特征见表 5-19，其他异常呈团块状分布。Pot2、Pot3、Pot4 和一连串北东向展布的 ^{210}Po 异常晕位于磁测推测的构造 Ft-1 与 Ft-3 之间，与测区含矿构造 F1-3 吻合，异常晕的形态受 F1-3 控制。总体来看，^{210}Po 异常晕有以下特点：异常分布与地面伽马测量异常晕吻合较好，且范围更大，异常更加明显。这表明本区深部铀矿化相对于地表具有更好的找矿前景。

表 5-19　田慢村测区 ^{210}Po 异常统计表

异常编号	位　置	幅　值	岩　性	描　述
Pot1	423490　3042503	100 ～ 124 cph	薄层碳质泥岩	团块状
Pot2	424359　3042752	100 ～ 124 cph	薄层碳质泥岩	条带状
Pot3	424207　3042593	100 ～ 124 cph	薄层碳质泥岩	条带状
Pot4	424207　3042593	100 ～ 124 cph	薄层碳质泥岩	条带状

2.上龙岩矿区大龙潭测区

本次测量在大龙潭地区进行了地面高精度磁测、地面伽马测量、土壤化探测量和 ^{210}Po 测量取样，共测量 53 条剖面，线距 20 ～ 40 m，点距 10 ～ 20 m，面积约为 0.5 km²。单条测线长度约 0.5 km。

（1）磁法测量。大龙潭测区地面高精度磁测形成了网度为 20 m × 10 m 的面积测量，面积约为 0.5 km²，按规范要求屏蔽了空白区，绘制出工作区磁测 ΔT 平面等值线图。

为了更好地解译工作区含矿构造 F1-4，利用磁测剖面推测地层界线和构造的平面展布形态，综合本区测量的磁测剖面，绘出了大龙潭工作区的磁测平面剖面图（图 5-37）。

依据磁测剖面中的低磁异常形状以及地层产状，推测出的构造与 F1-4 吻合较好，且位于其两侧的平行构造也具有较好的连续性。

从图 5-37 中可看出，本区磁异常特征整体呈条带状，高磁异常区和低磁异常区相互交错，主要分布有北东向的异常带。对测区内主要的正磁异常和负磁异常进行归纳和分类，共有 2 个正磁异常区和 5 个负磁异常区，其分布位置见图 5-38，具体特征见表 5-20。根据地表踏勘和地质图修编，利用区内几个负磁异常区的分布，对层间褶皱及伴生的脆性破裂控矿构造进行了推断，具体分布见图 5-38。其中，Fd-1 位于测区东南部，呈北东向展布，地表未见构造出露，处于震旦系留茶坡组上段与下段的接触带上；Fd-2 位于 Fd-1 北西侧 50 m 左右，与 Fd-1 平行展布，处于寒武系小烟溪组中，且与工作区含矿构造 F1-4 相吻合；Fd-3 位于 Fd-2 北西侧 150 m 左右，与 Fd-2 平行展布，地表亦有构造出露。

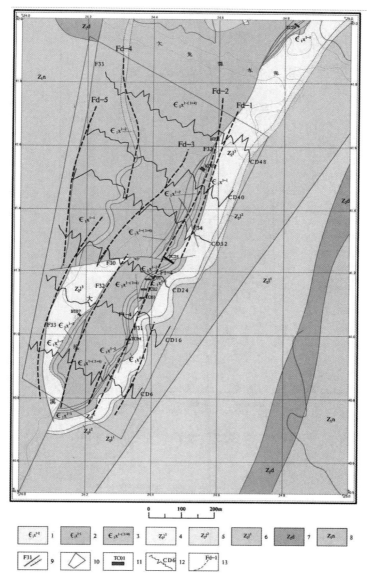

1—寒武系下统小烟溪组下段第二层；2—寒武系下统小烟溪组下段第一层；3—寒武系下统小烟溪组下段第三层和第四层未分；4—震旦系上统留茶坡组上段；5—震旦系上统留茶坡组中段；6—震旦系上统留茶坡组下段；7—震旦系上统陡山陀组；8—震旦系下统南陀组；9—实测及推逆断层与产状；10—高精磁测工作区；11—槽探工程；12—高精磁测 ΔT 剖面图；13—高精磁测推测断裂。

图 5-37　大龙潭测区磁测平面剖面图

219

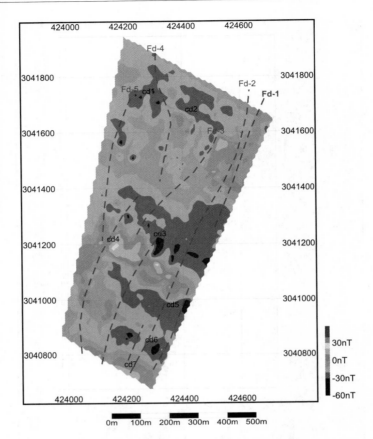

图 5-38 大龙潭地区 ΔT 平面等值线图

表 5-20 大龙潭测区磁异常统计表

磁异常编号	位　置	幅　值	岩　性	描　述
Cd1	424285 3041773	$-60 \sim -10$ nT	中层含硅碳质泥岩	北东向条带状
Cd2	424450 3041520	$-60 \sim -10$ nT	中层含硅碳质泥岩	北东向条带状
Cd3	423360 3041180	$-60 \sim -10$ nT	中层含硅碳质泥岩	北东向条带状
Cd4	424500 3041180	$0 \sim 30$ nT	黑色薄层硅质岩	团块状
Cd5	424410 3040980	$-60 \sim -20$ nT	薄层碳质泥岩	北东向条带状
Cd6	424300 3040820	$-60 \sim -10$ nT	薄层碳质泥岩	团块状
Cd7	424210 3040750	$0 \sim -20$ nT	中层碳质泥岩	团块状

220

（2）地面伽马测量。在大龙潭测区与地面高精度磁测同时进行了地面伽马测量，按规范要求对伽马测量数据进行了处理和计算。测区正常场在（20～30）×10^{-6}左右，偏高场大于60×10^{-6}，高场为80×10^{-6}，异常场为120×10^{-6}以上。按规范要求屏蔽了空白区，绘制出测区伽马异常平面等值线图，见图 5–39。由图可知，明显较大规模的伽马异常晕有 3 个，主要分布在测区的西部和中部。其中，Rd1、Rd2、Rd3 具有异常明显、衬度较大、带状分布等特征，具体特征见表 5–21，其他异常呈团块状分布。Rd2、Rd3 和一连串北东向展布的伽马异常晕与测区含矿剪切构造 F1–4 吻合，异常晕的形态受 F1–4 控制，总体看来，与田慢村测区类似伽马异常晕主要有以下特点：异常呈北东向与北西向分布，与已知层间褶皱两翼伴生的脆性剪切破裂含矿构造吻合较好，异常发育程度和规模与含矿构造和含矿层位紧密相关，异常晕主要分布于下寒武统小烟溪组有利层位和弯滑作用产生的层间剪切褶皱及伴生的脆性破裂带。

（3）地面 ^{210}Po 取样测量。在大龙潭测区与地面测量同时进行了地面 ^{210}Po 取样测量，经送样分析，对 ^{210}Po 测量分析数据进行了处理和计算。经统计，田慢村测区 ^{210}Po 平均值为 54.59 cph，标准方差为 31.4 cph。本次采用大于或等于 $\overline{X} + 3\delta$ 的值作为异常的下限值，确定工作区 ^{210}Po 的异常下限值为 148.8 cph。采用大于或等于 $\overline{X} + 2\delta$ 的值作为高场的下限值，确定工作区 ^{210}Po 的高场下限值为 117.4 cph。按规范要求屏蔽了空白区，绘制出测区 ^{210}Po 异常平面等值线图，见图 5–40。

由图 5–40 可知，明显较大规模的 ^{210}Po 异常晕有 4 个（表 5–22），主要分布在测区的西部和中部，呈雁型展布。其中，Pod1、Pod2、Pod3、Pod4 具有异常明显、衬度较大、带状分布等特征，其他异常呈团块状分布。Pod1、Pod2、Pod4 和一连串北东向展布的 ^{210}Po 异常晕位于磁测推测的构造 Fd–1 与 Fd–3 之间，与测区含矿构造 F1–4 吻合，异常晕的形态受 F1–4 控制。总体看来，^{210}Po 异常晕有以下特点：异常分布与地面伽马测量异常晕吻合较好，且范围更大，异常更加明显。这表明本区深部铀矿化相对于地表具有更好的找矿前景。

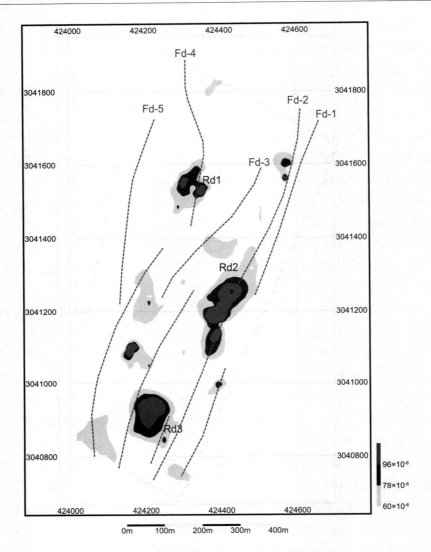

图 5-39 大龙潭地区伽马异常平面等值线图

表 5-21 大龙潭测区伽马异常统计表

伽马异常编号	位　　置	幅　　值	岩　　性	描　　述
Rd1	424333 3041547	40 ～ 120 nT	薄层碳质泥岩	团块状
Rd2	424427 3041233	40 ～ 120 nT	薄层碳质泥岩	北东向条带状
Rd3	424213 3040934	40 ～ 120 nT	中层碳质泥岩	团块状

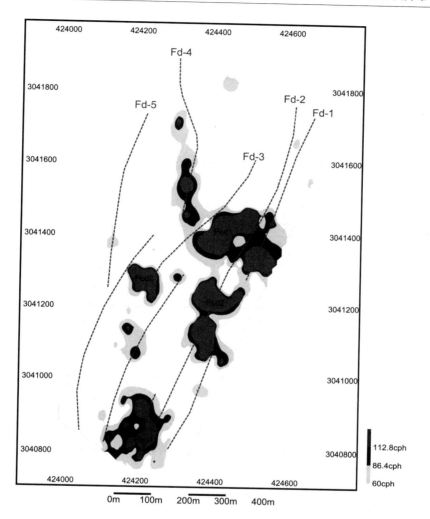

图 5-40　大龙潭地区 ^{210}Po 异常平面等值线图

表 5-22　大龙潭测区 ^{210}Po 异常统计表

异常编号	位　置	幅　值	岩　性	描　述
Pod1	423490　3042503	90 ～ 112 cph	薄层碳质泥岩	团块状
Pod2	424359　3042752	90 ～ 112 cph	薄层碳质泥岩	条带状
Pod3	424207　3042593	90 ～ 112 cph	薄层碳质泥岩	条带状
Pod4	424207　3042593	90 ～ 112 cph	薄层碳质泥岩	条带状

223

3. 永丰矿区张家滩测区

本次测量在张家滩地区进行了地面高精度磁测，我们对已知磁测剖面进行详细解剖分析。图 5-41 是 T06 号磁测剖面综合解译图，由于地表地形起伏较大，对磁测数据进行了 5 点圆滑滤波处理，压制地表干扰因素。共推测出 4 条地层界面或断裂构造。经野外实地调查验证，解译出来的磁异常界线均对应磁性差异地质体界面，主要为断层和地层分层界面。F6-1 至 F6-2 位于 860 ~ 1 370 m 处，初步推测为倾向南东的构造。受该构造影响，在断裂上盘形成一系列次级褶皱，岩石中等破碎，在该区域形成一系列磁异常，伽马异常也明显增高；F6-3 位于 1 370 m 处，初步推测为震旦系留茶坡组的上部硅岩与下寒武统小烟溪组碳质泥岩分界面；F6-4 位于 1 530 m 处，据野外实地查证，处于震旦系留茶坡组中，由留茶坡组中段含白云质泥岩引起，该层位宽度仅有 4 m，产状平缓，岩性以泥质为主，岩石中等破碎，铀含量偏高，最高达到 80×10^{-6}，顶底板均以硅岩为主。与实际情况相符合。

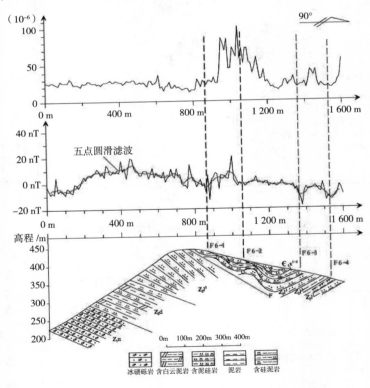

图 5-41　T06 号磁测剖面综合解译图

　　为了理清张家滩冉家冲测区断裂及矿化情况，对所有磁测剖面数据进行了磁异常数据处理，并结合伽马总量测量结果，形成综合平剖图进行解译，见图 5-42。图 5-42 中各磁异常剖面形态清晰，正负异常突出明显。正磁异常范围较小，整体零散分布；负磁异常大体分布在震旦系留茶坡组和寒武系小烟溪组中。磁参数显示震旦系留茶坡组岩石磁性较弱，造成低磁异常，可大致圈定该层位出露范围。破碎及断裂带处磁异常多呈现低值，在正负磁异常出现的地带，鉴于幅值负磁异常推测为断裂破碎带，共推断出 7 条构造。Ft1 推测为南北向破碎带，受应力作用产生了弯曲，负磁异常表现较小，伽马值偏低，推测该破碎带规模较小；Ft2 由北东向南西倾，该断裂未出现伽马晕，与震旦系留茶坡组和寒武系小烟溪组间的构造北东段吻合；Ft3 为 Ft2 的南西向延伸断裂，应为地表出露震旦系留茶坡组和寒武系小烟溪组间的构造南西段，该断裂规模较大，长度近 600 m，沿构造出现低值伽马晕，应为一条低品位含矿构造。Ft4 位于 Ft2、Ft3 南东 100 m 处，长度大约 1.5 km，该处浮土覆盖较厚，岩石出露不明显，此断裂的中段出现小规模伽马晕，应为一条深部隐伏构造；Ft5 南段位于震旦系留茶坡组和寒武系小烟溪组接触带，往北向震旦系留茶坡组延伸，长度近 1.5 km，磁异常明显，此断裂的南端沿构造出现小规模伽马晕，与地表出露的震旦系留茶坡组和寒武系小烟溪组含矿断裂吻合；Ft6 为 Ft5 西侧的一条平行断裂，磁异常突出明显，长度近 800 m，沿此构造分布大范围的伽马异常晕，推测其为一条规模较大的含矿构造；Ft7 为位于杜家湾的一条北北东向断裂，负磁异常体现较为明显，幅值较大，长度一般，出现伽马晕，推测为一条规模一般的破碎带，应为在其东边出露地表处断裂的验证。伽马晕为块状出现，主要分布在寒武系中，其他地层亦有零星分布。

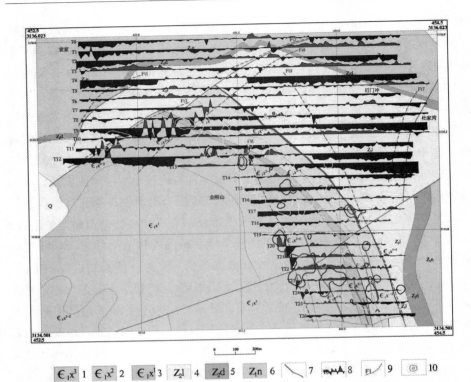

1—寒武系小烟溪组上段；2—寒武系小烟溪组中段；3—寒武系小烟溪组下段；4—震旦系留茶坡组；5—震旦系陡山沱组；6—震旦系南沱组；7—断层；8—磁测曲线；9—推测磁异常界线；10—伽马晕圈。

图 5-42 永丰矿区张家滩地段物探综合平剖解译图

第6章 地球化学场及异常特征

6.1 矿床地球化学场及异常特征

6.1.1 工作原理

在研究区主要应用了元素分散晕法来进行地球化学场测量，元素分散晕法是通过发现和研究原生分散模式来进行找矿的一种场面地球化学手段。

铀和伴生元素在矿体的上方形成分散晕，通过分析它们的单个或组合元素晕圈特征，可以推测出深部隐伏矿体的位置。研究区产铀地层为富含多种金属元素的黑色岩系，其中与 U 紧密共生的 Mo、V 元素含量也较高。在铀矿床发育区形成明显的 U、Mo、V 元素地球化学异常晕。另外，P、Cu、Ni、As、Hg 等含量亦增高，亦可形成地球化学异常晕。[89]

研究区的样品分析数据应用下述公式可经计算出背景上限（或称异常下限）：

$$T=C_b+1.96S_b \tag{6-1}$$

其中

$$C_b=1/N \sum_{i=1}^{N} C_i \tag{6-2}$$

$$S_b= \sqrt{1/(N-1)\sum_{i=1}^{N}(C_i-Cb)^2} \quad (i=1,2,3,\cdots,N) \tag{6-3}$$

T 为背景上限；C_b 为样品的平均背景值；S_b 为样品背景值的均方差；C 为样品元素含量，所测的 U、Mo、V 值大于其值的样品则为异常样品，所测值则为异常值。[90]

6.1.2 沉积-成岩亚型铀矿床元素分散晕

在麻池寨矿床，以 1∶25 000 比例尺进行取样，其中点距为 20 m，线距为 250 m，共取样 800 个。通过分析和计算绘出了 U、V、Mo 元素分散晕图。图6-1 为所测的麻池寨矿区地表发育 U、V、Mo 元素分散晕图。由图 6-1 可以看出，沉积－成岩亚型铀矿床发育区形成明显的面状 U、Mo、V 元素地球化学异常晕，而且面积较大，三个晕圈的中心基本一致，实地验证表明：当三种元素晕圈重叠时，在深部都能见到工业矿体；单铀晕圈，不伴随有 V、Mo 元素地化晕时，则无铀的矿化。

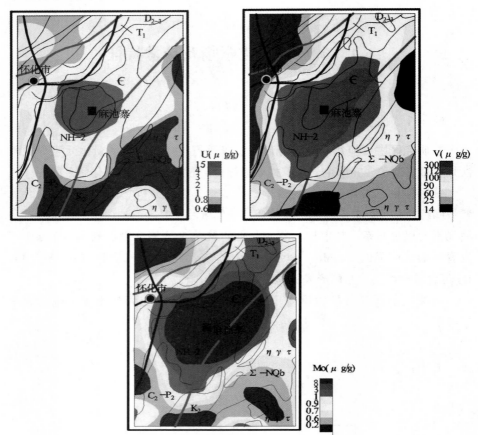

图 6-1　麻池寨矿床的元素分散晕圈图（比例尺 1∶25 000）

6.1.3　热液亚型铀矿床元素分散晕

在一些热液亚型碳硅泥岩型铀矿床中汞也是伴生元素之一，基于汞极易蒸发和迁移，在地表土壤中形成异常富集，所以运用汞法寻找碳硅泥岩型矿床也取得了较好效果。特别是对汞 – 铀型矿化，更能反映这一特性。例如，在上龙岩矿床埋深 100 m 的铀矿体上方有很明显的汞异常，而伽马、Rn 的异常却很不明显（图 6-2）。

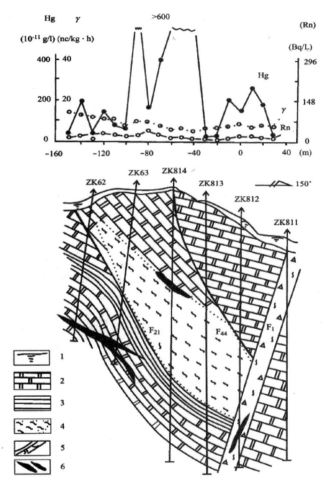

1—残坡积物；2—白云岩；3—页岩；4—断裂及编号；6—铀矿体。

图 6-2　上龙岩矿床 8 号线土壤中汞气 – 伽马测量对比剖面图

在上龙岩矿床，以 1∶10 000 比例尺进行取样，其中点距为 20 m，线距为 100 m，共取样 250 个，通过分析和计算绘出了 U、Ni、Mo 元素分散晕图。图 6-3 为所绘的上龙岩矿床 U、Ni、Mo 元素分散晕圈图。由图 6-3 可见，本类矿床在地表发育 U、Ni、Mo 元素分散晕，而且面积较大晕圈呈明显的长条形。

经实地验证，当三种元素晕圈重叠时，在深部也能见到工业矿体；单铀晕圈，不伴随有 V、Mo 元素地化晕，深部测无铀矿化。这说明这三个晕圈能很好地指示铀矿的位置和面积。

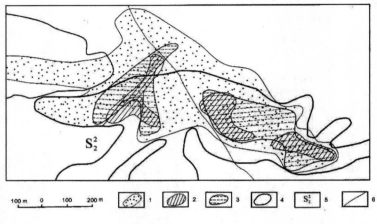

1—氡晕；2—铀晕；3—镍晕；4—钼晕；5—硅灰岩；6—河流。

图 6-3　上龙岩矿床 U、Ni、Mo 元素晕圈图

6.1.4　外生渗入亚型铀矿床元素分散晕

为了探明外生渗入亚型铀矿床与元素分散晕的关系，我们在永丰矿床及其附近地区按 1 : 25 000 的比例尺进行了取样，点距为 20 m，线距为 250 m，通过分析和计算绘出了永丰矿床及其附近地区 U、V、Mo 元素分散晕图。图 6-4 是永丰矿床及其附近地区 U、V、Mo 元素分散晕图。由图 6-4 可见，在永丰矿区 U、Mo、V 晕圈都很发育，而且都呈面状。这就说明铀及其伴生元素 Mo、V 能很好地指示外生渗入亚型铀矿床的位置和范围。

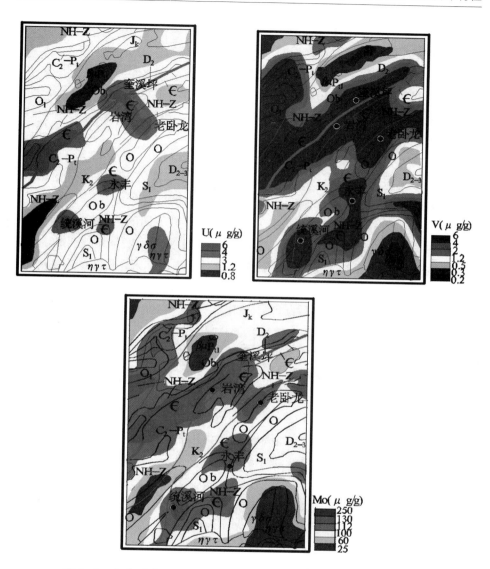

图 6-4　永丰矿床 U、Ni、Mo 元素晕圈图（比例尺 1 : 25 000）

6.2　元素分散晕圈在研究区的应用

根据湖南省区域化探与自然重砂异常分布情况，湘西地区区域化探次生晕异常有 12 个，其中本研究区占 6 个，次生晕与航空伽马复合晕圈有 7 个，研究区就占了 5 个。如图 6-5 所示，麻池寨和 906 矿床各在一个复合晕圈内。现将研究区主要次生晕异常分述如下。

247 号次生晕异常与 HF-5 号航空伽马异常中心部位复合，但次生晕的西南端则在伽马异常场中的相对低场内，麻池寨矿床恰恰位于这个部位。这为以后进行矿产预测提供了新的思路，有次生晕的部位，伽马异常低的地方也可能是深部含矿地区。

247 号次生晕异常元素为 Cu、Pb、Zn、Mo、Ni、Cr、V，据麻池寨矿床铀矿石样品分析结果可知，与铀成一群的元素是 U、Zn、Pb、Co、V、Mo 等，而非矿岩石中仅 U、Zn 为一群，其余元素为另外的群。

这说明铀矿石与非矿岩石中的元素共生组合是不同的，这种特点就决定了本区铀矿床上会形成这些伴生元素异常。次生晕异常元素与铀矿石中铀的共生元素基本一致正反映了这种情况：次生晕异常与铀矿床有一定的内在联系。根据次生晕异常元素的不同，可以区分该地区矿床是否为含铀矿床。在研究区与次生晕异常有关的地层主要为 $\mathcal{C}_1h_1$、Zb。

248 号次生晕异常与 HF-5 号航空伽马异常的西南端复合，906 矿床正位于这个复合圈内。上述两个已知矿床都位于航测伽马异常与化探次生晕异常复合晕圈，这为我们成矿预测提供了新经验：通过对比航空伽马异常和化探次生晕异常晕的晕圈范围，圈出晕圈重合部位即为铀成矿的重点地区。

240 号次生晕异常与 HF-18 号航测伽马异常复合，异常元素为 Zn、Cu、V、Ga、Mo、Co 等。复合晕圈的东北部也是伽马异常场中的相对低场，其异常元素为 Cu、Pb、Zn、Mo、As 等。塘子边矿床正好位于这个部位内。本次生晕的西南端延出伽马异常外而达三个异常之间的相对低场内，也有分散流异常 Cu、Pb、Zn、V 等，上长坪—上龙岩矿点位于该处，异常地层为 $\mathcal{C}_1h_1$、Zb 等。另外两个异常为下一步工作重点地区。

237 号次生晕异常与 HF-12 号航空伽马异常部分复合，大部分在伽马异常外，地层为 $\mathcal{C}_1h_1$ 和 Zb，西牛潭矿点位于该复合晕圈内。

250 号次生晕异常与 HF-19 号航测伽马异常复合，且延出到 HF-10 号之间的相对低场内，地层为 $\mathcal{C}_1h_1$、Zb，异常元素为 Cr、Ni、V 等，大龙潭异常位于该复合晕圈内，异常产出层位为 $\mathcal{C}_1h_1$。

236 号次生晕异常与牛马塘异常的航测伽马异常复合，该处也有一地表矿化异常点。

其余次生晕异常处则无航空伽马异常和地面伽马异常点。此处不赘述。

根据本区麻池寨矿床、906 矿床、塘子边矿床各产于复合晕圈的经验，按与麻池寨相似条件推测，上长坪、上龙岩、西牛潭、大龙潭、牛马塘复合晕圈也很有远景价值。在实地均已发现矿化或异常点，应用综合地质地球物理模型所预测的远景区也包含了以上矿床与矿点。

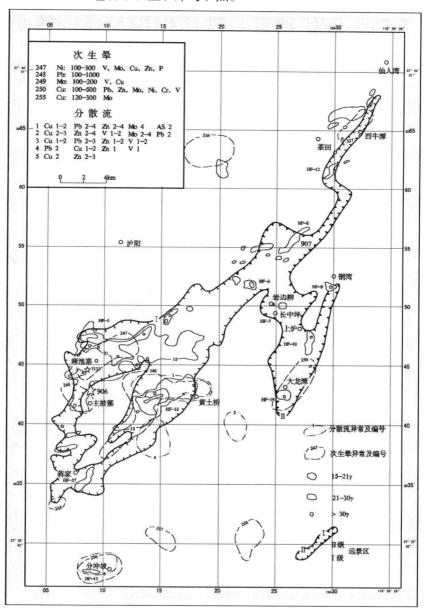

图 6-5　研究区化探次生晕异常成果图

第7章 成矿模式、找矿模型及其综合研究

通过前面几章对研究区碳硅泥岩铀矿的矿床和区域地质、地球物理和地球化学分析研究，如能建立一套地质、地球物理及地球化学成矿模式、找矿模型以及它们的综合模型，对研究区铀矿勘探和研究会有很大的促进作用，更加有利于研究区工作的开展。

7.1 区域找矿模型

区域找矿模型主要是通过对区域地质、航空能谱、地面物化探测量资料综合分析，结合地面调查和放射性测量结果圈出成矿远景地区。

7.1.1 沉积－成岩亚型铀矿区域找矿模型

根据沉积－成岩亚型铀矿在地质、放射性和地球化学等方面的显示特性，在区域找矿工作中找矿模型如表7-1所示。

表7-1 沉积－成岩亚型铀矿区域找矿模型

找矿阶段	适用方法		方法组合
	名称	使用目的	
区域评价	地质	确定矿层分布与有利成矿地段	地质＋放射性测量＋地球化学测量
	航空，地面放射性测量	确定产矿层与发现矿化	
	地球化学测量	确定产矿层与矿化地段	
	地质	确定有利岩相区、矿化特征与成矿规律	
普查与勘探	航空，地面放射性测量	确定矿化地段	地质＋放射性测量＋地球化学测量
	地球化学测量	评价Mo、V等伴生元素的可利用性	

区域评价阶段主要是通过对区域地质、航空能谱与地面化探测量的资料综合分析，结合地面地质调查和地面放射性测量结果圈出成矿远景地段。在进入评价与普查、勘探阶段后，由于该类型矿化产出的地质环境简单、面积大、控矿因素清楚，所以最有效、最简单的找矿方法组合仍是地质调查和地面放射性测量。前者可以直接确定产矿层特征与成矿环境，后者则可直接提供铀矿化信息，这两种方法都简单易行，完全可以满足找矿需要。地球化学测量虽然也具有很好的有效性，但成本相对高，工作速度慢，故多作为辅助手段，主要用于评价伴生元素（V、Mo 等）的成矿前景与可利用性。

7.1.2　热液亚型铀矿区域找矿模型

根据热液亚型铀矿在地质、放射性和地球化学等方面的显示特性，在区域找矿工作中找矿模型如表 7-2 所示。由于这类铀矿情况复杂，矿化层位专属性较差，岩性多样，岩石与矿石有物性差异，有时为隐伏矿化，在地表矿化现象不明显、放射性异常不发育，铀与伴生元素的地球化学异常晕较弱，所以应用找矿的方法相对较多。

表 7-2　热液亚型铀矿区域找矿模型

找矿阶段	适用方法			方法组合
	名称		使用目的	
区域评价	地质		研究成矿地质环境	地质 + 放射性测量 + 地球化学
	航空 / 地面伽马能谱		确定产矿层与矿化地段	
	普通物探		分析地质环境	
	地球化学		确定有利成矿区	
普查与勘探	地质		研究成矿区的控矿因素	基本组合方法为地质 + 地面放射性测量，其方法视矿化区基本情况确定
	放射性测量	地面伽马	确定矿化地段	
		氡	探索隐伏铀矿化	
		^{210}Po		
		Pb 同位素		

找矿阶段	适用方法			方法组合
	名称		使用目的	
		磁法	推测深部地质结构与富含硫化物的矿体	基本组合方法为地质＋地面放射性测量，其他方法视矿化区基本情况确定
普查与勘探	普通物探	电法		
		重力		
	地球化学	元素	确定矿化地段，评价伴生元素的可利用性	
		化学分量	探索隐伏矿	

区域评价阶段主要是通过对区域地质、遥感解译、航空能谱、物探、化探测量、其他金属矿化资料的综合分析，结合地面地质调查和放射性测量结果圈出远景地段。

在进入普查、勘探阶段后，基于热液亚型铀矿床地质环境的复杂性、隐伏矿体多，简单的地表地质调查和地面伽马能谱测量已不能提供足够的地质情况与铀矿化信息，满足不了找矿需要，所以要有针对性地开展地质、物探、化探方法，以获取与隐伏矿化有关的地质信息。例如，通过磁法、电磁方法查明控矿与赋矿构造、富含硫化物铀矿体的产状、空间展布；利用氡气测量、地球化学测量等收集深部矿化信息。具体选择什么方法，主要根据矿床具体的地质环境、要解决的问题、自然地理条件以及借鉴类似矿床的勘查经验，通过方法试验最后决定。一般是应用测氡法和 ^{210}Po 法与地化方法探测深部矿化，运用电法、磁法查控矿构造与深部地质结构。需要指出的是，在找矿工作中，多种方法综合使用，不但可以提供深部矿化信息，而且有利于区分含矿异常与非含矿异常。

7.1.3　外生渗入亚型铀矿区域找矿模型

根据外生渗入亚型铀矿在地质、放射性和地球化学等方面的显示特性，在区域找矿工作中找矿模型如表 7-3 所示。

区域评价阶段主要是通过对区域地质、航空能谱、物探、化探测量、水化测量等资料进行综合分析，结合地面调查和放射性测量结果圈出远景地段。

表 7-3　外生渗入亚型铀矿区域找矿模型

找矿阶段	适用方法		方法组合
	名称	使用目的	
区域评价	地质	研究成矿地质环境、控矿层分布与矿化区	地质 + 放射性测量 + 地球化学测量
	航空、地面放射性	确定矿化区与矿化地段	
	地球化学	确定矿化区与矿化地段	
	水文地球化学	确定成矿地段	
普查与勘探	地质	确定有利成矿岩相区与矿化特征、分布规律	地质 + 放射性测量 + 物探测量
	地面放射性	确定矿化地段	
	^{210}Po	探测深部铀矿化	
	普通物探	查明产矿地质环境	
	地球化学	确定矿化地段，评价伴生元素的可利用性	

　　进入普查、勘探后，基于产矿层出露地表，铀矿化在地表有不同程度的显示，最有效、最简单的方法组合就是地质调查和地面放射性测量，前者可以直接确定成矿环境，后者可以直接获得矿化信息，一般可满足地表找矿需要。对于覆盖于古近系下的矿化可采用氡法和 ^{210}Po 法探测深部矿体，并利用物探方法了解红盆基底特征与产矿层分布。

7.2　矿床成矿模式与找矿模型

7.2.1　沉积－成岩亚型矿床成矿模式与找矿模型

1. 成矿模式

　　根据第 3 章总结，笔者将沉积－成岩型铀成矿作用过程划分为铀活化阶段、铀迁移阶段、铀沉淀与富集阶段和铀重新分配阶段（图 7-1）。

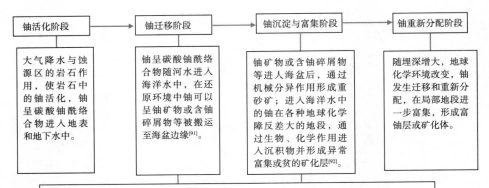

图 7-1　沉积 – 成岩亚型铀矿床成矿模式图框

（1）蚀源区铀的活化与迁移。在新元古代至下古生代初期，大气圈的成分处于以二氧化碳为主向以氧气为主的转化期，出现了二氧化碳和氧含量都相当丰富的时期。在该环境下，岩石中的四价铀被氧化为六价，并在水中转化为铀酰形式，加上地表水都为碳酸溶液，易形成碳酸铀酰络合物并随河水或地下水进入海洋盆地内，形成"富铀"的海水，另外有少量铀矿物或含铀碎屑随河水进入滨海地段。

（2）铀的沉淀与富集。铀矿物或含铀碎屑进入海盆后，随重力分异作用，形成含铀矿物的重砂矿或进入沉积物，但这不属碳硅泥型铀矿成矿作用。碳硅泥岩型铀成矿是指"富铀"的海水通过在各种地球化学障处发生沉淀富集并形成富铀碳硅泥岩层。震旦纪－下古生代，在海洋中发生了生物大爆发，在局部淤泥中大量堆积有机物，形成有利于铀沉淀和富集的强还原环境及各种地球化学障。海水中的铀在各地球化学变异带叠加地段通过沉淀与被吸附进入沉积物（薄层黑色碳硅泥岩）中并形成异常富集，甚至形成贫的铀矿化层。[94]

（3）铀元素的重分配。进入成岩期，随着地球化学环境的改变和压实作用等，岩层中的部分铀发生重新迁移和分配，在一些地段进一步富集，形成贫的铀矿化。

在沉积 – 成岩作用的成矿过程中，成矿物质除来自陆源外，海底火山喷发也是重要的物源，能提供一定的还原气体、铀和一些金属元素（图 7-2）。

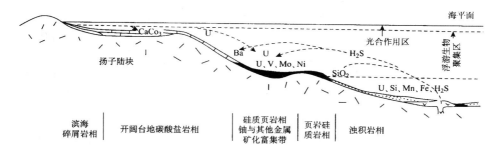

图 7-2　沉积 – 成岩亚型铀矿成矿模式图

2. 找矿模型的建立

根据成矿模式的特点，笔者从以下四个方面建立沉积 – 成岩亚型铀矿床找矿模型。

（1）地球物理场。本类矿床的产矿岩层岩性相对稳定，产状较平缓，分布范围大，控矿构造简单，产矿岩石与矿化层物理参数相近，加上矿层地表多有出露，在找矿中用的普通物探方法较少。一般用磁法寻找较大的断层。

（2）放射性场。本类矿床的特点是产矿围岩与矿体为同一体，其含铀量都很高（$>50 \times 10^{-6}$），都有很高的放射性照射量率。

（3）地球化学场。本类矿床有明显的 U、Mo、Ni、V 地球化学晕圈。

（4）地质找矿标志。

①陆块区被动边缘带内的低洼地段，特别是碳酸盐岩建造向泥质、硅质页岩建造的过渡区。

②发育上震旦统—下寒武统薄层碳硅泥岩建造，具明显的"排骨状"构造，岩石富含有机质和黄铁矿，有时含磷结核。

③构造活动弱，岩层产状平缓，断裂构造不发育。

④岩层铀含量高，铀矿化露出地表，有时见铀的次生矿物。

⑤区内有沉积 – 成岩型 V、Mo 等金属矿。

3. 找矿模型

为了便于总结对比，笔者将地质地球物理及地球化学模型合在一起进行比较，这样使模型更加简单明了。如表 7-4 所示。

表7-4　沉积－成岩亚型铀矿地质－地球物理－地球化学模型

成矿要素		矿化信息显示	要素应用
地质	地层	上震旦统—下寒武统，特别是白云岩相向泥岩和硅岩相的过渡地段	确定成矿远景地段
	构造	平缓的或向斜断裂不发育	
	矿化	在地表可见铀矿化、铀异常、铀的次生矿物	确定矿化地段
	地形、地貌	产矿层多形成陡坎或悬崖状地形	确定产矿层
地球物理	磁法	构造有负磁异常	确定断裂构造
放射性	地面伽马	岩石的伽马值高，强度相对均匀，异常呈带状，长达数千米	确定矿化地段
	^{210}Po	有比伽马异常晕大的 ^{210}Po 异常晕	
	氡与氡子体	有面状氡与氡子体异常	
	航空能谱	有明显的带状异常场面	确定成矿远景地段
地球化学	铀与伴生元素 U、M、V	形成面状异常，含量高，局部达到矿化标准，异常范围大，连续分布	确定成矿远景地段与矿化地段
	P	一般含量较高，局部形成磷块岩层	
	Ni、Cu	有异常值	

7.2.2　热液亚型矿床成矿模式与找矿模型

1.成矿模式

笔者根据相关深源热液铀成矿理论，结合我国碳硅泥岩型热液亚型铀矿床产出的地质环境、矿化特征，建立了深源浸取铀成矿模式，并将整个成矿过程划分为热液形成阶段、铀浸出与迁移阶段和铀沉淀富集成矿阶段（图7-3）。

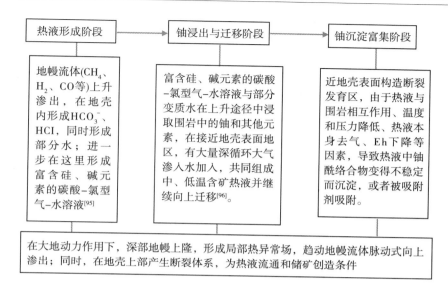

图 7-3 热液亚型铀成矿模式图框

（1）热液形成阶段。在地球动力作用下，地幔上隆，地幔流体（CH₄、H₂、CO 等）与活性元素（其中可能含有微量铀）向上部地壳渗透。进入下地壳后，随着温度、压力下降，流体成分发生演化。大约在地下 20 ～ 15 km 到 7 ～ 5 km 处（相当于花岗 – 闪长岩凝固地区），Cl、F 开始代替甲烷等类似化合物。这时，氧的状态发生变化，活性增加，特别是在深断裂和构造变形地区发生氧化作用，不仅形成 HCO₃⁻、HCl，还形成部分水，进一步形成富含硅、碱元素的碳酸 – 氯型气 – 水溶液。

（2）铀浸出与迁移阶段。富含硅、碱元素的碳酸 – 氯型气 – 水溶液具有极强的活性，它们能够浸取围岩中的铀和其他元素，特别是地壳内富铀花岗岩层内的铀。在这期间，会有大量变质水、加热的深循环大气渗入水加入，共同组成含矿热液。

（3）铀沉淀富集阶段。含铀热液在进入近地表地区内的构造后，由于热液与围岩相互作用、热液本身去气以及温度和压力降低等因素，导致热液中铀酰络合物变得不稳定，以沉淀形成铀矿物或者被吸附剂吸附并富集成矿。

该成矿模式自下而上可以划分出热液形成区、铀浸取区和铀成矿区。根据有关资料，热液形成区为从上地幔到地表以下 10 ～ 15 km 区间，铀浸取区为地表以下 10 ～ 5 km 到 2.0 ～ 2.5 km 区间，铀成矿区为地表以下 2.0 ～ 2.5 km 到 0.5 ～ 0.7 km 区间（图 7-4）。

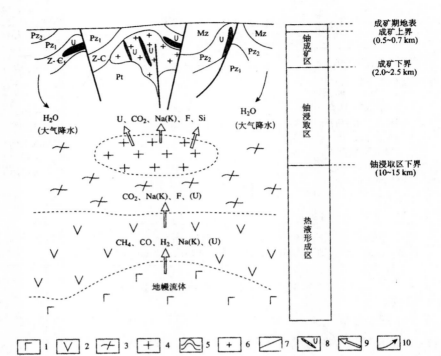

1—上地幔；2—粒变岩 - 玄武岩层；3—花岗 - 变质岩层；4—铀含量增高的花岗岩化岩与花岗岩岩浆室；5—沉积、变质岩层；6—花岗岩侵入体；7—深断裂；8—含矿断裂与碎裂岩带；9—深源流体；10—大气降水。

图 7-4　热液亚型铀矿成矿模式与垂向地球化学分带图

2. 找矿模型的建立

根据成矿模式的特点，笔者从以下四个方面建立热液亚型铀矿床找矿模型。

（1）地球物理场。该类型矿床的产矿层时代跨度大（从震旦系到二叠系）、岩性主要为厚层碳酸盐岩层夹薄层碳硅泥岩层。铀矿化受断裂构造控制。由于热液对围岩的改造，赋矿构造岩、矿体与围岩的物理参数会产生一定的差异，所以可运用一些普通物探方法，确定隐伏矿体位置、控矿断裂构造的产状与延展情况以及矿床地质结构等，如在上龙岩矿床已用磁法和电法做过测量，效果较好。

（2）放射性场。热液型矿床形成时，矿体处于地表下 0.5 ~ 2.5 km 区间，所以地表与铀矿化直接有关的放射性场强度与矿体上部岩石剥蚀的强度的地质特征有关。在矿体上存在巨厚的无矿岩石或屏蔽层时，地表可能没有任何与矿化有关的放射性异常；随着上部岩石被剥蚀，到达铀矿化分散晕范围后，放射性强度开始增高，出现弱的异常晕圈；当剥蚀到接近铀矿体后，出现反差很大的点状强异常晕圈。

氡场：在隐伏矿体上部地表常形成明显的异常晕，特别是长寿命氡子体异常，氡也经常沿断裂迁移并在其中富集，所以运用测氡方法探测隐伏断裂构造也有较好的效果。

（3）地球化学场。元素分散晕：铀和伴生元素在矿体的上方形成分散晕，通过分析它们单个或组合元素晕圈特征，可推测深部隐伏矿体的位置。近年来，地球化学分散晕方法在铀矿勘查中虽然还处于试验阶段，但在研究区热液亚型碳硅泥岩型铀矿勘查中应有很好的效果，需要进行推广。

（4）地质找矿标志。

①构造—岩浆活化区，广泛发育复式花岗岩体，特别是燕山期花岗岩发育，其铀含量高（$>10 \times 10^{-6}$）。在一些地区虽然岩浆活动弱或无岩浆活动，但构造褶皱变形强烈，发育背斜隆起，有区域性的深断裂通过。

②热液脉体（硅质脉、碳酸盐脉等）和热液蚀变（硅化、碳酸盐化、褪色化、赤铁矿化等）发育。

③区内有 W、Mo、Cu、Pb、Zn、Hg 等热液型金属矿化，另外在附近花岗岩体内有热液型铀矿床。

④在地表碳硅泥岩层内见有热液亚型铀矿化现象。

⑤沿断裂带往往有现代温泉出露，有时水中铀和氡含量增高。

⑥附近有白垩纪—古近纪红色碎屑岩断陷盆地。

3. 找矿模型

综合该类铀矿床上述地质、地球物理、地球化学等成矿要素的显示特征，建立的热液亚型矿床找矿模型如表 7-5 所示。

表 7-5　热液亚型铀矿找矿模型

成矿要素		矿化信息显示			要素应用
		单铀建造	铀-多金属建造	铀汞建造	
地质	地层	上震旦统—下寒武统薄层碳硅泥岩层、古生界碳酸盐岩层富含有机质和黄铁矿，为富铀层或普通岩层			确定成矿远景地段与矿化地段
	岩浆岩	有富铀复式花岗岩体、岩株、岩墙出露			
	构造	区域性断裂旁侧被切割的向斜、背斜翼部			
	热液活动	发育热液脉体或蚀变，有时出露现代温泉			
	矿化	有时地表有铀矿化出露，可见次生铀矿物，附近有花岗岩型铀矿化			确定矿化地段
	地形、地貌	产于各种地形地貌			确定保矿地段
地球物理	磁法	矿体、赋矿断裂带与围岩之间有明显的物性差异			确定隐伏矿体与断裂产状和延伸情况，确定隐伏岩体
	电法				
	重力法				
放射性	航空伽马	有明显的团块状异常场或点状异常			确定成矿远景地段
	地面伽马	有明显的团块状异常场或点状、带状异常			确定矿化地段
	氡子体	有明显的团块状异常场或点状、带状异常			确定隐伏矿化地段
地球化学	水文地球化学	在产矿层下游的水系中见 U、Rn 的元素异常晕，有时有温泉出露			确定矿化地段
	元素地球化学	发育 U 的元素地球化学晕	分别发育 U 和相应伴生元素（W、Pb、Zn、Cu 等）的元素异常晕	发育 U、Hg、Mo 的元素异常晕	确定成矿远景地段与隐伏矿

7.2.3　外生渗入亚型矿床成矿模式与找矿模型

1. 成矿模式

　　根据我国碳硅泥岩型铀矿化特征，建立了近源型断裂、层间破碎带外渗入型成矿模型，共划分为铀活化阶段、铀迁移阶段、铀富集成矿阶段和铀重新分配阶段 4 个成矿阶段，如图 7-5 所示。

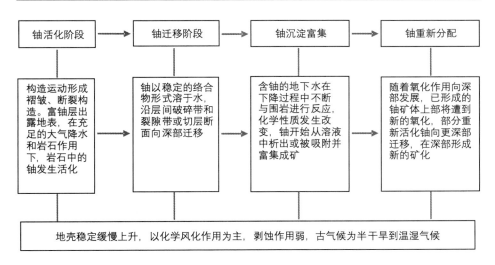

图 7-5　外生渗入亚型铀矿床成矿模式图框

（1）铀活化阶段。在构造运动作用下，富铀的碳硅泥岩层产生褶皱、构造，隆升出露地表，在半干旱 - 湿润气候期，大气降水与岩石作用下，岩石中的铀开始活化。初期，弱碱性的 HCO_3^- 型含氧水与岩石作用，岩石中的有机碳和低价金属矿物开始氧化，四价铀氧化为六价，并形成碳酸铀酰络合物；随着黄铁矿氧化，硫氧化成六价，使地下水变为 HSO_4^- - HCO_3^- 型，水岩反应加强，岩石中的铀释放变快，同时形成碳酸铀酰和硫酸铀酰络合物。[97]

（2）铀迁移阶段。碳酸与硫酸铀酰络合物随地下水向深部渗入。铀向深部迁移的深度取决于构造带的规模、构造岩的渗透性大小、潜水面高低、地下水的水量和其与围岩的反应速度与古气温。在构造带的规模小、构造岩的渗透性小、潜水面浅、水量很少、蒸发量大、气温低和水岩之间反应强烈时，铀迁移的距离就很短，在相反的情况下，就可能较长。[98]

（3）铀富集成矿阶段。铀的沉淀与富集通过两种途径：一是地下水在下降过程中不断与围岩进行反应和被蒸发，地下水量变小，水中铀浓度增高，水质类型与 pH 发生改变，导致铀酰络合物变得不稳定，铀逐渐从水中析出并形成铀矿物。在弱氧化带主要形成钙铀云母、铜铀云母、铝铀云母等，在弱氧化带底部和还原带内则形成铀黑。二是在水岩作用时，铀被岩石中有机质、黏土矿物等或新生的褐铁矿、水铝英石等吸附，在弱氧化带和还原带形成工业矿体。[99]

（4）铀重新分配阶段。随着氧化作用的持续进行，完全氧化带前锋线向深部发展，已形成的铀矿体上部将遭到新的氧化，部分铀重新活化，向更深部迁移，并在深部重新富集，形成新的矿体。在垂向上，外生断裂、层间破碎带渗入式铀成矿作用自上而下可划分为铀次要浸出带、铀主要出浸带、铀主要沉淀富集带、铀次要沉淀富集带。铀次要浸出带主要为地表潜水氧化带；铀主要浸出带为富铀层层间破碎带内的强氧化带；铀主要沉淀富集带位于弱氧化带与氧化–还原过渡带内，主要以铀酰矿物形式沉淀，部分被吸附剂吸附；铀的次要沉淀富集带位于氧化带前锋线，铀主要以吸附形式沉淀或形成少量铀黑等（图7-6）。

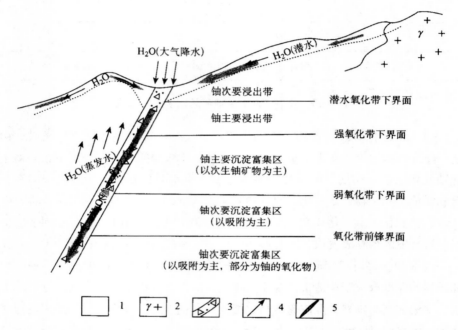

1—富铀碳硅泥岩层；2—花岗岩；3—层间破碎带；4—地下水迁移方向；5—铀矿体。

图7-6 外生渗入型铀矿床成矿垂向分带图

2.找矿模型的建立

同前两种类型一样，笔者也从以下四个方面建立外生渗入亚型铀床找矿模型。

（1）地球物理场。该类型矿床中的层间破碎带、断裂亚型产矿层岩性相对单一，在较大的范围内分布稳定；产矿层岩石与非矿化层岩石的物理参数往往差异不大，赋矿构造简单，铀矿化在较大的范围内分布稳定；产矿层岩石与非矿化层岩石的物理参数往往差异不大，赋矿构造简单，铀矿化在地表都有显示，所以在找矿中一般未采用普通物探方法。只采用磁法测量一些含矿构造。

（2）放射性场。产于上震旦统—下古生界内的矿床，由于赋矿层富铀，具有高的放射性照射量率，加上产矿层都出露地表，所以形成长数千米的放射性异常带，而且在矿化区内的第四系沉积层中出现放射性偏高场。上古生界岩石的铀含量一般不高，只是在矿区附近铀含量增高，形成局部异常。

氡场是在矿体上部地表都发育有氡子体异常晕。另外，通过氡子体剖面测量可以判断赋矿断裂的产状，一般在赋矿构造顶部异常峰最明显，沿其倾向异常有逐渐降低的趋势。

（3）地球化学场。

①元素地化晕：产于上震旦统—下古生界黑色薄层碳硅泥岩层中的矿床，具有明显的 U、Mo、V 的元素地球化学异常晕。产于上古生界内的矿床相对不明显。

②铅同位素：由于铅同位素在地表有稳定不易活动的特征，故在外生渗入亚型铀矿床地表会出现 ^{206}Pb 含量较高而铀含量偏低的现象。这表明近地表的铀发生了淋失，指示在深部可能出现外生渗入亚型铀矿化。

（4）地质找矿标志。

①位于陆块区被动边缘带下古生代地层发育区。

②发育上震旦统—下寒武统富铀薄层碳硅泥岩建造，特别是碳酸盐岩建造向泥质、硅质和页岩建的岩相过渡区；矿层结构复杂，有时具有明显的"排骨层"结构，岩石富含有机质和黄铁矿，整个岩层铀含量高（一般高于 30×10^{-6}），或者发育其他时代富铀层位。

③构造活动较强，地层发生褶皱，岩层产状变陡，层间破碎带发育。背斜与向斜被区域性断裂切割，上古生代以来出现长时期沉积间断。

④地表氧化带广泛发育，在地表有铀矿化显示，可以见到铀次生矿物。

⑤上震旦统—下古生界沉积 – 成岩型 V、Mo 等金属矿化发育区。

3. 找矿模型

综合该类铀矿床上述地质、地球物理、地球化学等成矿要素的显示特征，建立外生渗入亚型找矿模型列于表 7-6。

表7-6　外生渗入亚型铀矿床找矿模型

成矿要素		矿化信息显示	要素应用
		与断裂、层间碎裂岩带有关系	
地质	地层	以上震旦统—下寒武统富铀地层为主，其次为其他古生代富铀碳硅泥岩岩层	确定成矿远景地段
	构造	向斜、背斜翼被区域性断裂切割，发育层间破碎带，出现沉积间断	
	矿化	在地表有铀矿化显示，可见次生铀矿物	确定矿化地段
	地形、地貌	中低山区，在山坡、山脊低凹处	确定成矿环境、保矿情况
地球物理	磁法	寻找破碎带	确定矿化地段
放射性	航空伽马、能谱	有明显带状异常场	确定成矿远景地段
	地面伽马	发育带状伽马异常，范围大、强度相对均匀	确定矿化地段
	氡	有明显氡异常	
地球化学	水化异常	在产矿层下游的水系中见 U、Rn 的元素异常晕	确定成矿远景地段
	岩石元素	发育 U、Mo、V 的元素地化晕，异常范围大，分布连续	

7.3　研究区地质、地球物理综合找矿模型研究

　　我们建立了研究区的地质、地球物理以及地球化学区域和矿床模型，那么如何建立一种综合模型呢？本节在充分研究分析研究区内铀矿的地质背景、控矿因素、铀矿标志及典型铀矿床、区域铀成矿规律及铀成矿地球物理、地球化学等内容的基础上，建立了研究区综合信息找矿模型。

7.3.1 矿床综合找矿模型

综合第 6 章的矿床模型，笔者设计了碳硅泥岩矿床综合模型，如图 7-7 所示，模型主要有以下内容。

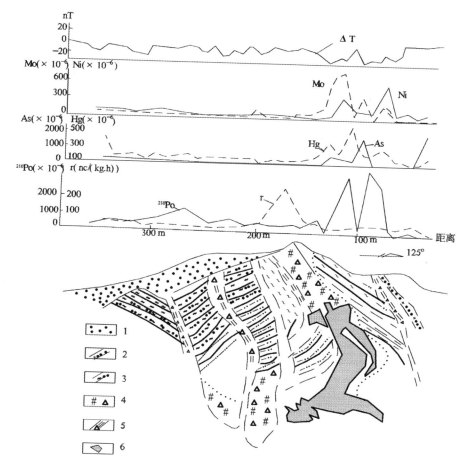

1—浮土；2—龙潭组砂岩；3—当冲组硅质岩；4—黑色石英角砾岩；5—断裂；6—矿体。

图 7-7 矿床综合模型剖面示意图

1.矿床地质特征

本矿床位于扬子陆块区湘中被动陆缘褶冲带永兴盆地南缘，为一热液亚型铀矿床，受湘东南、北北西向构造控制。赋矿地层为石炭系、二叠系、白垩—古近系。矿区内发育中酸性岩脉。矿体呈不规则柱状，单层厚 7 ~ 10 m，最厚达 13.5 m，铀品位为 0.08% ~ 0.12%，平均品位为 0.109%，共生矿物还有黄铁矿、闪锌矿等。围岩蚀变主要有硅化、高岭石化、黄铁矿化、褪色化。其他矿床可选用不同的地质信息来分析。

2. 地球物理特征

矿体分布区具有明显的局部负磁异常，矿床围岩蚀变带与负磁异常峰值区对应。其他矿床可根据不同的地质条件选用不同的地球物理方法。

3. 放射性特征

矿体分布区有较强的伽马和 ^{210}Po 异常，但两种方法测的峰值并不一致，根据伽马可以测地表矿化异常，^{210}Po 则可以测出测深部隐伏矿化位置的原理，该矿床可能深部有隐伏矿体。其他矿床可根据实际情况选用测氡等其他放射性方法。

4. 地球化学特征

在矿体上方，Hg、As、Mo、Ni 等元素都有较高的值，说明元素分散晕能很好地反映深部铀矿体。不同矿床的伴生的化学元素不同，可根据实际情况选用不同的化学元素进行预测。

以上综合模型的应用充分证明，利用地质、物探、化探相结合的方法进行隐伏铀矿床的预测是有效的。上述各种方法的合理性、准确性、可靠性在研究区也得到了充分的验证。通过将矿床综合模型应用在探索已知和未知的矿床上，如在探索铜湾矿床、杨利湾矿床上都取得了一定的效果，探明了这些矿床的位置和范围。在找矿难度日益加大的今天，综合模型的应用将会越来越显示出它的优越性和实用性。

7.3.2　区域综合找矿模型

1. 找矿模型技术思路

通过对研究区区域成矿地质模型、地球物理模型的研究建立了基于 GIS 技术平台的铀矿产资源评价系统为核心资源评价方法。按照野外和室内工作相结合、理论和实际工作相结合的原则，在综合分析与解译研究区已有地质、物探、化探等各种信息的基础上，提取研究区地质、物探、化探变量，构置预测变量，实现本区各种信息综合分析，从而定量圈定铀找矿预测远景区，实现研究区铀矿产资源定位评价，为研究区铀矿勘查提供科学依据。

具体工作步骤如下。

（1）充分收集研究区已有的地质、矿点、构造、物探（包括航磁和重力）、放射性、化探等资料，按 1∶20 万精度编图。

（2）在区域铀成矿地质背景、铀成矿规律和评价典型铀矿床研究的基础上，建立燕山期和喜马拉雅期有关的铀的综合信息的铀成矿系列找矿模式，确定研究区燕山期和喜马拉雅期碳硅泥岩有关的铀成矿的控矿因素。

（3）地质统计单元的划分、地质变量提取与赋值及模型单元的选择。

（4）在地、物、化等多源地学信息分析处理和解译的基础上，通过定性和定量的研究，确定碳硅泥岩型铀矿异常信息专题图层。

（5）利用 MRAS 软件提供的矿产资源评价功能，研究分析研究区已知铀矿床点与控矿因素的空间关系和分布规律，从而实现地质统计单元对地、物、化等综合铀异常信息专题图层信息的有机关联，建立地质统计单元为因变量，各地学信息为自变量的可计算的矩阵。

（6）对地质统计单元内铀综合异常信息进行统计分析，按地质统计单元的信息权重定量圈定找矿预测远景区。

2. 综合信息找矿模型的建立

（1）综合信息技术方法概述。综合信息技术方法是基于 GIS 的区域矿产资源评价系统，它是以 GIS 为平台，以地质、物探、化探、遥感、矿产等多元地学空间数据库为基础，将各种信息进行加工，从而可以更加迅速、高效地进行区域矿产资源综合评价，同时指导各类找矿工作的一种计算机系统工具。[100] 我们采用了综合信息地质单元法中的特征分析法和证据权法进行矿产资源预测。[101]

①特征分析法。特征分析是一种多元统计分析方法。[102] 在当前矿产资源靶区预测中，常采用它来圈定预测远景区。它是通过研究模型单元的控矿变量特征查明变量之间的内在联系，从而确定各个地质变量的找矿和成矿意义，建立起矿产资源体的成矿有利度类比模型。然后，将这种模型应用到研究区，类比预测单元与模型单元的各种特征，并用它们的相似程度表示预测单元的成矿有利性。据此圈定出有利成矿的远景区。特征分析法不要求因变量、自变量必须是二态或三态变量。该方法具有计算简单、意义明确的特点。它能充分利用资料，充分发挥地质人员的经验和学识，所以有着广泛的应用。[103]

②特征分析法原理。

a. 数学模型。特征分析方法进行资源靶区的定位预测，与成矿有关或对找矿有意义的变量是要选择的变量。它采用两种形式取值：二态取值是指只有两种状态变量，用数字 1 或 0 表示，当变量对找矿或成矿有利时取值为 1，否则取值为 0；三态取值是指数字表示 –1，0，1 变量有三种不同状态，当变量对成矿不利时赋值为 –1，有利时赋值为 1，其他情况赋值为 0。设有 m 个变量 x_j

（$j=1,2,\cdots,m$），n 个模型单元，第 j 个变量在第 i 个单元上的取值为 x_{ij}（$i=1,2,\cdots$, n；$j=1$，2，$\cdots$，m），原始数据矩阵为

$$y = Xa \qquad (7-1)$$

要解决的问题是，对每个变量赋予适当的数值 a_j（$j=1$，2，$\cdots$，m），称之为变量权，它反映了变量 j 的重要性。同时，要对每个单元相应赋予适当的数值 y_i（$i=1$，2，$\cdots$，n），称之为单元联系度，它反映的是单元与一组模型单元的联系程度。一般认为，预测单元与模型单元联系程度越高，成矿有利度也就会越大，这样可以通过单元联系度对单元的成矿有利程度进行评价。设取线性关系：

$$y = Xa \qquad (7-2)$$

上式写成向量形式 [104] 为

$$y = Xa \qquad (7-3)$$

b. 评价技术工作流程。其评价技术工作流程如图 7-8 所示。[105]

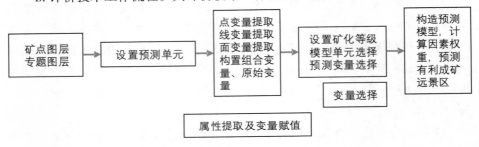

图 7-8　特征分析法的操作流程图

（2）地质统计单元划分、地质变量提取与赋值及模型单元选择。

①统计单元法。根据统计预测中使用的目的不同，单元可以分为模型单元和预测单元两类。

a. 建立矿产资源特征统计地质—数学转换模型研究涉及三个问题，即统计单元划分、地质变量提取与赋值以及模型单元选择。

一般来说，模型单元的地质工作程度和研究程度相对高，资源特征已经查清楚，资源的量的个数和工作质量都已经明确。[106]

b. 预测单元是资源特征还没有查明，需要通过统计预测来评估其资源工作质量和个数的统计单元。[107]

②网格单元法。所谓网格法，是把研究区按照一定的间隔划分成面积相等、形状相同的若干个单元。用网格法划分的单元，其面积大小、形状和起始

点的位置等都会对预测结果产生很大的影响，主要表现在如下几个方面。

a. 单元的面积不同将改变矿床点的分布形式。R. L. 米勒研究了网格单元面积大小对矿点分布的影响，发现不同网格尺寸划分单元会导致结论不同。[108] 随着单元面积由小到大，矿床点的均值、方差及矿床点的分布都将发生十分明显的变化。所以，我们认为单元面积是矿床点分布形式的重要影响因素。

b. 单元面积大小对资源的预测结果和资源量的分布都会产生直接影响。资源量同矿床数目存在着相互依存的关系。在不考虑矿石质量因素的情况下，资源量与矿床数目呈正比关系。定量预测模型是建立在模型单元基础上的。模型单元的资源量是模型的重要参数之一，单元的大小影响着资源量和定量预测模型，对资源预测的整个结果也存在影响。

c. 改变单元起始点影响预测结果和矿床点的分布。虽然起始点的改变能够直接影响网格的空间位置，但是矿床点的位置不因起始点位置的改变而改变，所以单元内矿床数发生变化会影响预测结果和矿床点的分布。

d. 单元形态影响矿床点的分布和预测结果。单元形态的改变会改变单元内矿床点的数目，影响预测结果和矿床点的分布。可见，采用网格单元法划分单元时，我们为了保证单元的大小，预测的质量、几何形态和起始点的位置选择都是值得认真研究的。在实际工作中，应当考虑单元划分的影响因素并进行一定的试验，如此才能确定单元的大小。应用网格单元的优点是方法的原理简单易懂，可以进行多方案试验，选择出较为理想的划分方案。[109]

③地质体单元法。

a. 基本概念。地质体单元法是指应用对预测矿种具有明显控制作用的地质条件和找矿意义明确的标志圈定地质统计单元的方法。

b. 单元划分方法。以地质体为统计单元，需要按综合信息找矿模型的地质特征客观地划分统计单元，确定统计单元的定义域和边界条件，并研究不同级别统计单元的特征。

（3）地质变量提取与赋值。地质变量是成矿地质条件和控矿有利因素的空间变化特征的一种数值表示方式。通过地质变量的研究，我们可以使用统计方法研究地质问题。

①地质变量的分类。在综合信息矿产预测中，地质变量的提取以地质体为单元进行。按照地质体单元的等级，可以将矿产预测中的地质变量分为矿床地质变量、矿田地质变量和矿床密集区地质变量。按照地质变量的来源，又可以划分为地质类变量、物化探类变量和遥感类变量等。按变量的表达形式和数学性质又可将其分为定性地质变量和定量地质变量两个大类。在两个大类的基

础上，进一步划分为名义尺度变量、有序尺度变量、比例尺度变量和间隔尺度变量。地质变量的这种分类系统如图 7-9 所示。[110]

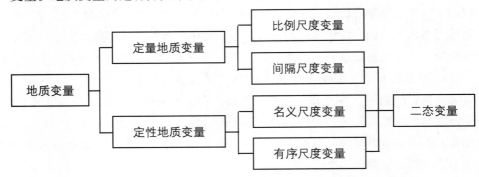

图 7-9　地质变量分类示意

a. 定性地质变量。定性地质变量是指用不同的数值或符号代表地质现象所处的各种状态，这种数值本身不能进行四则运算，只具有状态标志意义。定性地质变量可进一步划分为名义尺度变量和有序尺度变量。名义尺度变量是指各状态之间没有大小或先后顺序的关系；有序尺度变量是指各状态之间有一定的顺序关系。若用不同的数值表示各种状态的话，数值的大小只表示状态间差异的大小，不表示状态间的顺序。[111]

b. 定量地质变量。定量地质变量是指用数值表示取值的地质变量。定量地质变量的数值既可以进行各种数值计算，又可以比较大小。[112]

定量变量进一步划分为间隔尺度变量和比例尺度变量。为了使用上的方便，我们将它划分为连续型变量和离散型变量两类。连续型变量的特点是变量可以在数轴某一区间内取到任何可能值的变量。离散型变量的取值也是用数值表达的，其全部可能的取值是有限的、可列的，数据形式是离散的。

②基于 MRAS 的地质变量提取与变换。地质变量是控矿因素空间分布规律的一种数值表示。在 MRAS 平台支持下，自动提取地质变量的过程就是将地质统计单元专题图与点、线和区等控矿因素专题图放在一起进行空间叠置分析，并将叠置分析结果保存在统计单元专题图的属性数据表中的过程。

③模型单元的选择。

a. 模型单元的基本要求。选择来自同一母体的单元；具有较完善的标志组合的单元；具有较可靠的矿产资源体的成矿规模的单元。

b. 模型单元筛选的一般途径。单元与变量可看作互相对应的两个集合。单元与变量之间是一种环状结构关系，具体如图 7-10 所示。

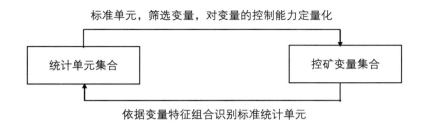

图 7-10 统计单元集合与变量集合之间的相依关系示意图

在矿产预测中，我们面对的是原始的单元集合，同时是原始变量集合。我们认为应从选择标准单元入手，打开环状结构，然后依据可靠的模型单元筛选变量，进一步研究矿产资源的内在规律性。为了提高统计分析的质量，对原始数据应该采取递次循环分析、多次逼近方式、反复"提纯"，最后获取客观规律。

c.模型单元选择的方法。依据表示单元的变量取值特征，对单元进行一定意义下的分类是用数学方法筛选模型单元的基本思想。这里只介绍两种最常用的方法。[112]一是可以反映单元是否具有系统差异，是否来自同一母体，从而决定进行分类研究还是总体研究。二是识别剔除某些发生畸变的单元。

3.已知铀矿床（点）、异常点提取

（1）地质信息的提取。

①基于建立的 MAPGIS 平台统一地理坐标系下的 1:20 万矿产基础数据库，并补充完善近年新发现的铀矿床（点），提取到矿床点专题图层。将碳硅泥岩型铀矿床（点）、异常点进行缓冲，把矿床以 1 000 m，矿点和异常点以 500 m 为半径进行缓冲作为预测变量之一。

②富含铀的岩体提取。研究区碳硅泥岩铀矿床受地层构造和裂隙控制，分布在构造附近，主要集中于黄岩向斜南部西翼的次级挠曲带上受岩相和岩层控制。主要赋存于厚度比为 0 ~ 0.2 的硅质泥岩区和厚度比为 0.2 ~ 0.8 的薄层硅泥岩，其次为厚度比为 0.8 ~ 1.6 的硅质泥岩相区，同时重力负异常带也是铀矿可能分布的地方。因此，提取这四类岩层为预测变量归入数据层。基于此，通过建立的 MAPGIS 平台统一地理坐标系下的 1:20 万地质基础数据库，并补充完善近年完成的 1:5 万、1:1 万地质调查成果，提取研究区这四类岩层为预测变量。

③赋铀地层提取。工业铀矿化主要赋存在上震旦统留茶坡组中段泥岩层内，其次在留茶坡组含碳硅质岩条带状硅质岩和陡山沱组泥质白云岩内，因此

提取这几类地层为预测变量归入数据层。基于此，通过建立的 MAPGIS 平台统一地理坐标系下的 1:20 万地质基础数据库，并补充完善近年完成的 1:5 万、1:1 万地层地质调查成果，提取研究区这三类地层为预测变量。

④含矿控矿构造提取。本区位于黄岩向斜西翼，在其上发育开阔的次级小短轴褶曲，轴向多为北西向，少数为北东向。褶皱构造被不同方向的断裂切割，主要的断裂为分水坳和马颈坳两条断层，麻池寨矿床位于它们之间。分水坳断层（F_1）：长约 8 km，近 EW 走向，倾向南，倾角 74° ~ 80°，属正断层，垂直断距大于 110 m，东段断距较大，具多期活动特点。马颈坳断层（F_2）：区域性断裂的分支断层，长大于 10 km，走向 NEE，倾向 160°，倾角 70° ~ 80°，为正断裂。更次一级断层发育，共查明 248 条，一般长几米到数十米，个别大于 100 m，宽 0.5 ~ 0.8 m，断距一般 1 m 左右，少数大于 10 m，多为正断层，平行排列，形成大小不等的地堑、地垒与陡壁峡谷，破坏矿体的连续性，在局部地段也造成铀矿的再富集或贫化。因此，把该类型断裂作为补充要素，利用 MAPGIS 软件对区域内的控矿含矿断裂以 500 m 为半径生成缓冲区作为预测变量之一。基于此，通过建立的 MAPGIS 平台统一地理坐标系下的 1:20 万地质基础数据库，补充完善近年完成的 1:5 万中构造成果，提取研究区这些构造为预测变量。

（2）物探信息的提取。

①航空放射性测量显示的铀的偏高场。

本区铀含量特高值晕圈（> 10×10^{-6}）集中分布在上震旦统留茶坡组中段、下寒武统小烟溪组下段，特别是小烟溪组下段岩体等部位；高值晕圈（5×10^{-6} ~ 10×10^{-6}），一部分集中于特高值晕圈附近；另一部分呈团块、状豆状零星散布于研究区；中值晕圈（3×10^{-6} ~ 5×10^{-6}），主要受控于工作区几个大岩体的外围部位。基于此，通过建立的 MAPGIS 平台统一地理坐标系下的 1:20 万地质基础数据库，补充完善近年完成的 1:5 万、1:1 万、1:2 000 中的放射性测量成果，提取研究区这些物探信息作为预测变量。

②重力信息提取。重力异常所测得的构造如通过已知矿区则提取为含矿构造。

（3）化探信息提取。已知研究区内的铀矿化均和富钾、放射性元素铀、钍的碳硅泥岩岩系或碱性岩体有关，因此钍元素地球化学异常图、氧化钾地球化学异常图都指示出铀成矿的区域作为预测变量之一。基于此，通过建立的 MAPGIS 平台统一地理坐标系下的 1:20 万地质基础数据库，补充完善近年完成的钍、钾量航空能谱解释成果，提取研究区这些化探信息作为预测变量。

4.综合模型对靶区圈定及优选

（1）预测变量标志权系数计算。加载所提取的预测要素，划分预测单元之后，选用矢量长度法（平方和法）并借助 MRAS 软件，进行各预测要素的权重计算，将获得各变量标志权系数，标志重要性阈值赋为 0.05，再次计算之后，对各预测变量进一步优选。

可见，计算出的各预测变量权重值有明显的区分性，预测要素中的成矿岩体、富矿地层、断裂缓冲、航空测量铀偏高场、氧化钾异常区、矿床（点）缓冲区等权重值均大于 0.2（表 7-7），而其他预测变量权重值相对较小，与研究区地质特征吻合程度较好，因此选择各预测变量的权重值为 0.2。

表 7-7　研究区预测标志权系数表

序　号	预测要素变量	标志权系数
1	含矿岩体	0.441
2	赋铀地层	0.234
3	含矿控矿构造	0.557
4	航空放射性铀偏高场	0.502
5	氧化钾异常区	0.447
6	铀矿床（点）、异常点	0.531
7	钍异常区	0.497

（2）成矿概率计算。在特征分析法定位预测中，成矿概率采用的是线性插值的计算方法。分组数的设置主要依据每组关联度平均值的模型、单元的个数和见矿概率的大小等。本次定位预测设置 55 组。

经过 MRAS 软件自动计算可以获得每个网格单元的成矿概率（P），分别以 0.597、0.657、0.717、0.817 为分界点把预测区分为 4 类，用色块图加以表示，$0.817 \leqslant P \leqslant 1$ 表示 A 类靶区；$0.717 \leqslant P < 0.817$ 表示 B 类靶区；$0.657 \leqslant P < 0.717$ 表示 C 类靶区；$0.597 \leqslant P < 0.657$ 表示 D 类靶区（图 7-11）。[113]

由图可以圈出异常区 55 片，但每个区都有不同颜色范围，难以确定哪个区片为异常较高区域。同时，由图可以看出大部分异常范围与已知矿点有关，但少部分异常区没有已知矿点，应在以后的研究中重点关注。由于此种方法难以确定异常高低，笔者用另一种方法进行计算，比较一下哪一种方法能够更好地预测异常范围。

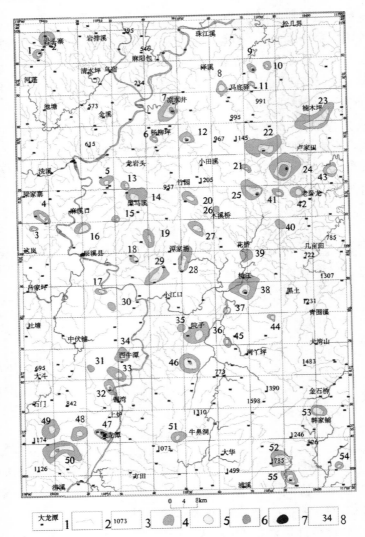

1—矿点；2—河流；3—高程；4—D 类靶区；5—C 类靶区；6—B 类靶区；

7—A 类靶区；8—异常区编号。

图 7-11　特征分析法定位预测图

5. 综合模型方法对比

为了进一步验证综合模型在实验区能够广泛应用，并应用于其他类型的铀矿找矿中，我们又采取了不同的方法应用同一模型对实验区进行了验证。

（1）方法概述。此次验证采取的方法是证据加权法[115]，这种方法是数理统计、图像分析和人工智能的有机综合，为在 GIS 系统中通过图层统计合成的方式圈定矿产资源靶区提供了有效的方法。与证据加权法相关的三个基本问题是条件独立性、估计的不确定性和拟合度。[116]

（2）证据加权法的基本原理。我们假设需要综合 m 个二态控矿地质因素图层，这些图层表示为 Z_j（$j=1,2,\cdots,m$）。Y 表示二态靶区变量（需要预测的），它是用来描述这些矿床产出的状态。这些变量可表示为

$$Z_j(x) = \begin{cases} Z^+ & \text{标志 } j \text{ 在位置} x \text{处存在} \\ Z^- & \text{标志 } j \text{ 在位置} x \text{处不存在或不清楚} \end{cases}$$

$$\text{和 } Y(x) = \begin{cases} Y^+ & \text{变量在} x \text{处存在} \\ Y^- & \text{变量在} x \text{处不存在} \end{cases}$$

我们先来考虑 $m=2$ 的情形。可由贝叶斯关系式给出 Y 的后验概率：

$$p(Y \mid Z_1 Z_2) = \frac{p(Z_1 Z_2 \mid Y) p(Y)}{p(Z_1 Z_2)} \tag{7-4}$$

式中，$p(Y)$ 为 Y 的先验概率。

由下式给出后验概率比（posterior odds）

$$o(Y \mid Z_1 Z_2) = \frac{p(Y^+ \mid Z_1 Z_2)}{p(Y^- \mid Z_1 Z_2)} = \frac{p(Y^+) p(Z_1 Z_2 \mid Y^+)}{p(Y^-) p(Z_1 Z_2 \mid Y^-)} \tag{7-5}$$

我们假设 Z_1 和 Z_2 相对于 Y 是条件独立的，即 $p(Z_1 Z_2 \mid Y) = p(Z_1 \mid Y) p(Z_2 \mid Y)$，那么，可由下式表示后验概率比的对数值：

$$\begin{aligned} \ln[o(Y \mid Z_1 Z_2)] &= \ln[p(Y^+)/p(Y^-)] \\ &\quad + \ln[p(Z_1 \mid Y^+)/p(Z_1 \mid Y^-)] \\ &\quad + \ln[p(Z_2 \mid Y^+)/p(Z_2 \mid Y^-)] \\ &= W_0 + W_1 + W_2 \end{aligned} \tag{7-6}$$

其中，W_0 是 Y 的先验概率比的对数值，分别表示上述方程右端的后两项为 W_j（$j=1,2$）。用以上的对数线性方程推广为控矿地质因素的个数为 m：

$$\ln[o(Y \mid Z_1 Z_2 \cdots Z_m)] = \sum_{j=0}^{m} W_j \tag{7-7}$$

其中，

$$W_j = \ln[p(Z_j \mid Y^+)/p(Z_j \mid Y^-)] \quad (j = 1,2,\cdots,m) \tag{7-8}$$

可以更进一步地将上式写为

$$W_j^+ = \ln[p(Z_j^+ \mid Y^+) / p(Z_j^+ \mid Y^-)] \quad (j=1,2,\cdots,m)$$
$$W_j^- = \ln[p(Z_j^- \mid Y^+) / p(Z_j^- \mid Y^-)] \quad (j=1,2,\cdots,m) \tag{7-9}$$

可以测区内的样品集来估算上述的权系数（W_j）。设控制区样品数为 n，我们构造一个二维列联表（关于 Z_j 和 Y 的），表中元素表示不同状态同时发生的频数的两个变量。将用相应的频率代替有关的概率，可由下式估算权系数：

$$W_j^+ = \ln\left[\left(\frac{n(Z_j^+ Y^+)}{n(Y^+)}\right) \middle/ \left(\frac{n(Z_j^+ Y^-)}{n(Y^-)}\right)\right]$$
$$W_j^- = \ln\left[\left(\frac{n(Z_j^- Y^+)}{n(Y^+)}\right) \middle/ \left(\frac{n(Z_j^- Y^-)}{n(Y^-)}\right)\right] \tag{7-10}$$

根据后验概率比与后验概率之间存在如下关系：

$$o(Y \mid Z_1 Z_2 \cdots Z_m) = \frac{p(Y \mid Z_1 Z_2 \cdots Z_m)}{1 - p(Y \mid Z_1 Z_2 \cdots Z_m)} \tag{7-11}$$

将该式简单变换并将后验概率比的计算公式代入，得

$$p(Y \mid Z_1 Z_2 \cdots Z_m) = \frac{o(Y \mid Z_1 Z_2 \cdots Z_m)}{1 + o(Y \mid Z_1 Z_2 \cdots Z_m)}$$
$$= \mathrm{Exp}(\sum_{j=0}^{m} W_j) \middle/ [1 + \mathrm{Exp}(\sum_{j=0}^{m} W_j)] \tag{7-12}$$

有关控矿的地质因素与矿床产出状态间的关联性强弱，可以通过一些地质标志的正权和负权之间的差值大小来度量，即 $C_j = W_j^+ - W_j^-$。差值大，意味着 Z_j 和 Y 之间关联性强，小则正好相反。根据权值定义（控矿地质因素），W_j^+（或 W_j^-）的取值决定于 Y 存在或不存在时 Z_j^+（或 Z_j^-）出现的相对频数。如果差值较大的两个条件频数，权值的强度也将较大。如果 Y 相对于 Z_j 来说分布于研究区内是随机的，所以从关系式 $p(Z_j \mid Y) = p(Z_j)$ 中得到 C_j 的值将趋近于 0。

C_j 可为正值也可为负值，Z_j 与 Y 之间具有正的关联性为正值表示，Z_j 与 Y 之间具有负的关联性为负值表示。如果 W_j^+ 和 W_j^- 取相异的符号，它们将永远不等于 0。如果 Z_j 和 Y 之间的关联性是正向的，那么 W_j^+ 是正的，反之亦然。可以用统计方法检验 Z_j 和 Y 之间的关联性强度。用 C_j 确定线性控矿地质因素（如控矿断裂）周围缓冲区的最优宽度。[117]

可由下式来计算权值的方差：

$$s^2(W_j) = \frac{1}{n(Z_jY^+)} + \frac{1}{n(Z_jY^-)} \tag{7-13}$$

该式来自最大似然法的渐近线。[118] 上式的有效性是有条件的，即概率既不能接近于 1 又不能接近于 0。同理，后验概率比的方差可由下式计算：

$$s^2[p(Y\,|\,Z_1 \cdots Z_m)] = p^2(Y\,|\,Z_1 \cdots Z_m)s^2(o)\,^{[119]} \tag{7-14}$$

（3）证据权法在成矿预测中的应用。证据权法（应用于矿产资源潜力评价领域的）的数据处理流程可分为以下几个部分。

①通过研究典型矿床特征和区域成矿规律，以此来建立矿化与控矿因素之间的关系，并指导证据图层的选择，其中必要的证据因子是矿床（点）图层，并且依据规模大小对各矿床（点）的属性设置大、中、小三个级别。

②借助 MRAS 软件将每个证据图层都转化为二值图像，将各证据因子的专题图层与矿床（点）图层相叠加，分别计算其权重 W^+、W^-，然后根据权重 W^+、W^- 筛选、优化各证据图层，确保各证据图层能充分反映研究区的成矿规律和成矿特征。

③确保后验概率计算准确的最重要一步是条件独立性检验，去除相关性过高的证据图层。通过条件独立性检验将证据图层进一步筛选、优化，然后再次计算各证据图层的权重 W^+、W^-。

④利用证据权模型将证据图层（经过独立性检验的）应用到矿产资源评价中去，计算各个预测单元的后验概率即成矿概率，然后根据成矿概率的高低圈定成矿远景预测区。

（4）基于 MRAS 的证据权法。所有参与统计的图层必须是二态的。该模型集成于证据权重找矿信息量子系统中。[120]

证据加权模型预测矿产资源靶区的方法步骤：

考虑由 n 个统计单元构成的成矿预测区。假设有 m 个二态控矿地质因素图层需要综合，这些图层用 Z_j（$j=1, 2, \cdots, m$）表示。需要预测的二态靶区变量用 Y 表示，它通常用来描述矿床产出的状态。可以将这些变量表示为如下形式：

$$Z_j(x) = \begin{cases} Z^+ & \text{标志 } j \text{ 在位置} x \text{处存在} \\ Z^- & \text{标志 } j \text{ 在位置} x \text{处不存在} \\ Z^0 & \text{标志 } j \text{ 在位置} x \text{处不确定} \end{cases} \text{和 } Y(x) = \begin{cases} Y^+ & \text{靶区变量在} x \text{处存在} \\ Y^- & \text{靶区变量在} x \text{处不存在} \end{cases}$$

矿产资源靶区用证据加权法预测的基本过程如下 [121]。

步骤 1：在 GIS 中生成形状、大小相同的 n 个网格单元专题图层。

步骤 2：对统计单元图层与其他图层进行空间叠加分析，并在统计单元图层属性表中保存分析结果，构成原始数据表。

步骤 3：计算统计证据图层的权系数（根据原始数据表）。

$$W_j^+ = \ln\left[\left(\frac{n(Z_j^+ Y^+)}{n(Y^+)}\right) \middle/ \left(\frac{n(Z_j^+ Y^-)}{n(Y^-)}\right)\right]$$

$$W_j^- = \ln\left[\left(\frac{n(Z_j^- Y^+)}{n(Y^+)}\right) \middle/ \left(\frac{n(Z_j^- Y^-)}{n(Y^-)}\right)\right]$$

（7–15）

步骤 4：计算 $\ln[o(Y \mid Z_1 Z_2 \cdots Z_m)] = \sum\limits_{j=0}^{m} W_j$，这是每一个统计单元的成矿后

验概率比。

其中，

$$W_j = \ln[p(Z_j \mid Y^+) / p(Z_j \mid Y^-)] \quad (j = 1, 2, \cdots, m) \tag{7–16}$$

可以进一步将该式写为

$$W_j^+ = \ln[p(Z_j^+ \mid Y^+) / p(Z_j^+ \mid Y^-)] \quad (j = 1, 2, \cdots, m)$$

$$W_j^- = \ln[p(Z_j^- \mid Y^+) / p(Z_j^- \mid Y^-)] \quad (j = 1, 2, \cdots, m)$$

（7–17）

步骤 5：把后验概率比与后验概率值转换。

$$p(Y \mid Z_1 Z_2 \cdots Z_m)] = \frac{1}{1 + \mathrm{Exp}(\sum\limits_{j=0}^{m} W_j)} \tag{7–18}$$

步骤 6：根据统计单元成矿后验概率的相对大小圈定矿产资源靶。

（5）综合模型应用证据权法在实验区的应用。此次研究区应用时，借助 MRAS 实现整个过程中各类别矿信息的提取与集成，预测过程是在 1∶20 万尺度的基础上开展的，具体步骤如下。

①证据层选择：依据相同研究区相同选取标准的原则，依旧选取同特征分析方法一致的富铀岩体、赋矿地层、含矿控矿构造、航空伽马放射性铀偏高场、钍高场、氧化钾异常区和铀矿床（点）异常点七个方面为预测因子。

②设置预测单元：同样划分为 10 mm × 10 mm（实际距离 2.5 km × 2.5 km）的预测网格单元，以连麻池寨、大龙潭、袁家等 15 个矿床与矿点所在的网格作为模型单元。

③证据因子先验概率计算：先验概率是反映本区已知矿床（点）与所选择成矿预测因子之间概率值的大小，研究区各预测因子的先验概率又分为矿床（点）出现时，该证据因子出现的概率；矿床（点）出现时，该证据因子没有出现的概率；矿床（点）没出现时，该证据因子出现的概率；矿床（点）没出

现时，该证据因子没出现的概率等不同情况出现的概率数值[122]如表 7-8 所示。

表 7-8　不同情况出现概率数值

	矿点出现、证据因子出现概率	矿点出现、证据因子没有出现概率	矿点没有点出现、证据因子出现概率	矿点没有点出现、证据因子没有出现概率
含矿岩体	0.121 0	0.096 5	0.879 0	0.903 5
赋铀地层	0.040 3	0.003 9	0.959 6	0.996 1
含矿控矿构造	0.048 4	0.015 4	0.951 6	0.984 6
航空放射性铀偏高场	0.016 1	0.007 7	0.983 9	0.992 3
氧化钾异常区	0.096 8	0.092 7	0.903 2	0.907 3
铀矿床（点）、异常点	0.080 6	0.092 7	0.913 5	0.907 3
钍异常区	0.080 6	0.081 1	0.913 5	0.978 9

④证据因子的权重值：权重值大小反映各预测因子对成矿预测所做的贡献，研究区预测因子各权重如表 7-9 所示，其中氧化钾异常、成矿岩体、断裂缓冲区、航放铀偏高场、矿床缓冲区五个预测因子的 W^+ 为正值，表示它们的证据因子存在，含铀地层的 W^+ 为负值表示该证据因子不存在，但该因子 W^+、W^- 值为正，表示该找矿标志的出现有利于成矿，所以将所有预测因素皆列入下一步预测工作。

表 7-9　研究区预测因子权重值

	W^+	W^-	C	W^+ 方差	W^- 方差
含矿岩体	0.225 7	−0.027 4	0.253 1	0.106 7	0.013 4
赋铀地层	1.142 0	−0.037 3	2.383 2	1.200 00	0.012 3
含矿控矿构造	0.736 5	−0.034 0	1.176 0	0.041 67	0.012 4
航空放射性铀偏高场	0.043 4	−0.085 1	0.745 1	1.000 0	0.012 1
氧化钾异常区	0.043 4	−0.004 5	0.047 9	0.125 0	0.013 2
铀矿床（点）、异常点	−0.138 9	0.013 16	0.152 1	0.141 7	0.013 0

	W^+	W^-	C	W^+方差	W^-方差
钍异常区	−0.005 4	0.000 4	0.005 9	0.147 6	0.012 9

⑤独立性检验：利用 MRAS 条件独立性检验功能对上述所有证据因子进行关于矿床（点）是否条件独立进行检验。

⑥预测结果表达：经过证据因子条件独立性检验后，利用 MRAS 软件中的证据权重模块对所优选的预测变量进行计算，不同网格单元将获得不同的成矿概率，分别以 0.33、0.54、0.75 为分界点把预测区分为四类，我们通过设置色图将预测成果表达出来。[123]

（6）本区成矿预测结果及优选。在靶区初步圈定之后，需要依据成矿预测及成矿规律要素反映的控矿和成矿信息，对预测区进一步排序、优选。预测区的优选工作应突出成矿的关键信息，尽量压制干扰信息，最大范围排除异常的多解性，提高矿产预测成果的可靠性。怀化地区的优选采用综合方法，以典型矿床成矿模式为指导，依据区域性铀成矿模式，以研究区物化遥综合信息和成矿地质条件与相应的预测要素匹配程度为指标，结合证据权法和特征分析法预测各成矿单元的成矿概率，经请教多位资深铀矿地质专家，对初步圈定结果进行优选。最终在本预测工作区圈定预测区 55 片（图 7-12），其中 A 类 1 处，B 类 8 处，C 类 46 处。

研究区的铀矿化与区域构造关系密切，区域上铀矿床（点）分布表明存在东北向铀成矿带，经统计分析，得出研究区各预测靶区地质要素发育情况（表7-10）。

由表 7-10 可以看出，A 级区分布在已知矿田、矿床周围，矿床勘查程度较高，其找矿方向为矿床的深部和外围；而 B 级区范围内主要为已知矿点、矿化点，地质工作程度较低，有必要开展区域性预查工作；C 级区范围内仅有少量矿化点，甚至无已知矿化信息，铀矿地质工作程度低，可开展铀矿地质区调工作。

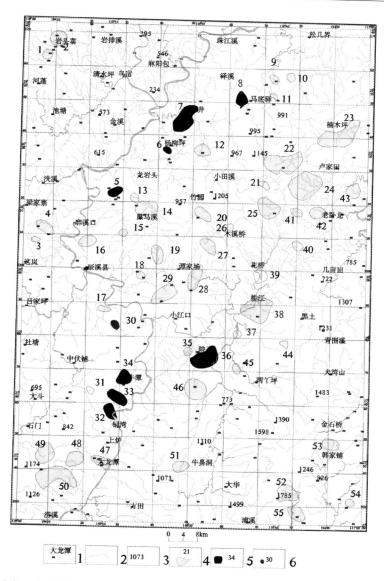

1—矿点；2—河流；3—高程；4—C 级预测区；5—B 级预测区；6—A 级预测区

图 7-12　预测成果图

通过与特征分析法的对比，可以发现证据权重法预测出的异常范围明显，如 A 级区对应麻池寨矿床。每片区域上只有一种颜色。可以直观看出区域上铀异常的大致范围、规模大小，但无法区分区域上的矿床周围的分层情况，而特征分析法可以大致看出矿床（点）周围的变化情况，所以应该两种方法结合起来应用，先用证据权法确定重点异常区域，再利用特征分析法的分层特点寻找重点异常区异常比较高的地区，从而进一步确定评价和普查地区。有的矿床如 A 级区在特征分析法预测的范围内属于 D 类靶区，在特征分析法预测的 A 类靶区在证据加权法预测的范围内则属于 C 级区，所以在确定重点研究区时还要结合当地实际情况进一步探讨。

表 7-10 研究区预测靶区地质评述一览表

编号	成矿概率	要素匹配	地质情况	矿化信息	分类级别
1	0.46	少 K、Th、U 异常区	较好	一个矿化点 一个矿床	C
2	0.36	少 K、Th、U 异常区	较好	一个矿化点	C
3	0.33	少 K、Th、U 异常区	较好	一个矿化点	C
4	0.40	少 K、Th、U 异常区	较好	一个矿化点	C
5	0.58	少成矿岩体	较好	一个矿化点	B
6	0.72	少成矿岩体	好	一个矿化点，一个矿床	B
7	0.73	少成矿岩体	较好	一个矿化点，两个矿床	B
8	0.70	少 K、Th、U 异常区	较好	一个矿化点	B
9	0.35	少 K、Th、异常区	较好	一个矿床	C
10	0.37	少 K、Th、U 异常区	较好	一个化点	C
11	0.34	全	较好	一个矿化点	C
12	0.33	全	较好	一个矿化点	C
13	0.37	全	较好	一个矿化点	C
14	0.38	全	较好	一个矿化点	C
15	0.34	全	较好	一个矿化点	C

编号	成矿概率	要素匹配	地质情况	矿化信息	分类级别
16	0.35	全	较好	一个矿化点	C
17	0.37	全	较好	一个矿化点	C
18	0.35	全	较好	一个矿化点	C
19	0.34	全	较好	一个矿化点	C
20	0.40	少成矿岩体、成矿地层	一般	一个矿化点	C
21	0.42	少成矿岩体、成矿地层	较好	一个矿化点	C
22	0.36	少成矿岩体少、成矿地层	较好	三个矿化点	C
23	0.42	少 K、Th、U 异常区	较好	三个矿化点	C
24	0.50	少 K、Th、U 异常区	较好	七个矿化点，一个矿床	C
25	0.45	少 K、Th、U 异常区	较好	两个矿化点，一个矿床	C
26	0.37	少 K、Th、U 异常区	较好	一个矿化点	C
27	0.35	少 K、Th、U 异常区	较好	一个矿化点	C
28	0.44	少 K、Th、U 异常区	较好	两个矿化点	C
29	0.45	少 K、Th、U 异常区	较好	两个矿化点	C
30	0.82	全	好	一个矿床	A
31	0.44	全	好	一个矿化点	C
32	0.56	少成矿岩体	好	一个矿化点	B
33	0.65	少成矿岩体	较好	一个矿化点	B
34	0.60	少成矿岩体	较好	一个矿化点	B
35	0.46	少成矿岩体	较好	一个矿化点	C
36	0.67	少 K、Th、U 异常区	较好	两个矿化点	B
37	0.45	少成矿岩体，少 K、Th、U 异常区	较好	一个矿化点	C
38	0.46	少成矿岩体，少 K、Th、U 异常区	好	四个矿化点	C
39	0.49	少成矿岩体，少 K、Th、U 异常区	较好	一个矿床	C

编号	成矿概率	要素匹配	地质情况	矿化信息	分类级别
40	0.45	少成矿岩体，少 K、Th、U 异常区	较好	一个矿化点	C
41	0.38	少 K、Th、U 异常区	较好	一个矿化点	C
42	0.41	少成矿岩体，少 K、Th、U 异常区	较好	一个矿化点	C
43	0.44	少成矿岩体，少 K、Th、U 异常区	较好	一个矿化点	C
44	0.42	少成矿岩体，少 K、Th、U 异常区	较好	一个矿化点	C
45	0.38	少成矿岩体，少 K、Th、U 异常区	较好	一个矿化点	C
46	0.41	少成矿岩体，少 K、Th、U 异常区	较好	一个矿化点	C
47	0.40	少 K、Th、U 异常区	好	两个矿化点	C
48	0.43	少成矿岩体，少 K、Th、U 异常区	较好	一个矿化点，一个矿床	C
49	0.48	少成矿岩体，少 K、Th、U 异常区	较好	两个矿床	C
50	0.52	少 K、Th、U 异常区	较好	三个矿化点，一个矿床	C
51	0.40	少成矿岩体，少 K、Th、U 异常区	较好	一个矿化点	C
52	0.46	少 K、Th、U 异常区	较好	两个矿化点	C
53	0.37	少成矿岩体，少 K、Th、U 异常区	较好	一个矿化点	C
54	0.36	少成矿岩体，少 K、Th、U 异常区	较好	一个矿化点	C
55	0.34	少成矿岩体，少 K、Th、U 异常区	较好	一个矿化点	C

第8章 结论与建议

8.1 结论与认识

通过对怀化地区碳硅泥岩型铀矿的地质与地球物理进行综合研究，对于区内铀矿床的成矿规律及成矿预测有如下结论与认识。

8.1.1 基础地质、地球物理方面的认识

（1）在工作区建立较完整含铀岩系"组、段、层"级岩石地层单位及层序地层系统。

按照岩石地层单位划分原则，加强了年代地层、岩石地层、层序地层等多重地层划分与对比研究，合理地建立了工作区青白口系（板溪群）、震旦系、寒武系、泥盆系、石炭系、二叠系、白垩系、第四系八个系级地层单位，通过剖面测制及地层对比与地质调查，将上震旦统—下寒武统含铀岩系划分出"组、段、层"级岩石地层单位34个，其中上震旦统陡山沱组划分为三段7层，留茶坡组划分为三段11层，下寒武统小烟溪组划分为二段6层，并对含铀岩系进行了详细的沉积序列、层序地层、岩性、岩相、层面构造、层理组合及含矿性分析，从而使工作区内含铀岩系地层研究提高到了一个新水平。

（2）厘定了工作区含铀岩系"两条古构造，两个海洼盆地，总体为陆棚边缘海沉积"的岩相古地理格局。

研究区控制含铀岩系发育的主要因素是古构造，初步查明晚震旦留茶坡组含铀岩系以主坡寨与袁家断裂为界，其两侧在发育程度、岩石类型及组合、岩相、厚度及含铀性方面存在较大差异，并阐明了该差异性的产生是雪峰运动造就的北西高、南东低的台阶式古地理格局与早期同生断裂双重控制的结果。根据区域柱状图对比及各剖面所反映的沉积岩相及厚度分布情况，陡山沱组含碳泥岩、粉晶白云岩夹硅质岩、硅质泥岩、碳质泥岩，为陆棚边缘滞流海潮

上—潮间沉积。留茶坡组薄至中层条带状硅质岩夹硅质泥岩，自下而上单层厚度由厚—薄—厚，硅质由多—少—多，泥质由少—多—少，构成退积—进积结构，硅质岩形成于陆棚边缘斜坡—盆地的热水环境。留茶坡中期海侵由北东至南西，由于早期北西高、南东低的台阶式古地理格局与同生断裂活动先后形成了两个较大的海底洼陷，一个是工作区北东的西牛潭—大岩头一带，另一个在工作区西南部的主坡寨—麻池寨一带。

（3）查明了黄岩—楼溪褶皱系三级褶皱系流变学特征，恢复了四期褶皱变形。研究区褶皱多为平缓—宽缓近直立—斜叠倾伏褶皱，叠加干扰明显。由黄岩向斜与楼溪复背斜组成一级复合褶皱系基本格架，一级褶皱的次级褶皱发育，如塘子边向斜、西牛潭背斜、田慢村向斜、大龙潭向斜等组成二级褶皱，这些次级褶皱的枢纽和翼部变形强烈，以等厚褶皱为主，并伴生有简单剪切作用形成的相似褶皱；在二级褶皱翼部变形中，含铀岩系层面为剪切面，剪切力作用于韧性夹层，从而形成高序次、不对称的三级层间小褶皱，并伴随有共轭逆断层、脆性破裂带及铀矿化。其形成以弯滑作用引起的剪切作用为主。根据野外调查及小褶皱的统计分析，恢复了四期褶皱变形：第一期发生于加里东运动早期，在南北向应力场作用下，形成北东东近直立宽缓—平缓短轴褶皱；第二期发生于加里东运动中期，南东—北西向应力场作用下形成北东向斜歪宽缓—紧闭线性褶皱；第三期发生于印支期，形成北东向近直立平缓倾伏褶皱；第四期发生于燕山期，在南西—北东向应力场作用下，形成北西向直立平缓水平型褶皱。四期褶皱变形机制均为弯滑剪切褶皱变形。

（4）建立了三个旋回，六个世代的构造变形序列与含铀岩系伸展–滑脱构造系统。

根据构造间的叠加，改造和控制关系作为鉴定构造变形事件相对顺序的主要原则，建立工作区构造变形序列和含铀岩系垂向伸展–滑脱构造系统。

（5）研究区重力研究取得一定成果。通过对 1:20 万比例尺重力资料的处理分析，结合航磁、地质、化探等前人资料的综合研究，取得了以下成果。

①根据重力异常特征，对重力场进行了分区，划分出 2 个重力场大区和 7 个重力异常小区；提取局部重力异常 7 个，其中重力高异常 5 个，重力低异常 2 个，对其逐个进行地质起因的定性分析，对主要异常进行半定量剖面反演计算，初步确定了各地质体（密度层）的产出状态。

②根据实测重力资料和中深层构造单元划分原则、标志、依据，按板块构造理论对本区地质构造单元进行了划分。划出三级构造单元 2 个（麻阳地块与白马山凹陷）、四级构造单元 7 个。

③根据布格重力异常特征和各种位场转换异常特征，划分出大小断裂 15 条，其中一级断裂 3 条、二级断裂 3 条、三级断裂 9 条。有 3 条断裂是本次工作首次发现的隐伏断裂。根据溆浦—团河梯级带在各种重力位场中的规模，推断 F_1 为深大断裂，是湖南两大地质构造单元（扬子准地台与华南褶皱带）在本区内的分界线。F_5 与 F_6 两条近东西向断裂对白马山构造岩浆岩带起着主要控制作用。

④根据布格重力异常特征对盆地重力高与凹陷重力低的形成机制进行了初步分析探讨，发现前者主要是由于早元古界和太古界高密度地层隆起及莫霍面抬升所致，后者则主要是凹陷过程中沉积了中生界白垩系低密度地层所致。

⑤根据重力异常特征和航磁异常特征及地质特征，推断构造 - 岩浆岩带 1 条，半隐伏岩体 3 处，并指出在白马山岩体北侧有可能存在岩体超覆现象；由金石桥—白马山—黄茅园—中华山—崇阳坪—瓦屋塘等岩体共同构成了一条弧形构造—岩浆岩带。

⑥初步探讨了重力场与成矿、控矿及矿产分布之间的关系，围绕岩体内外接触带与断裂构造有利部位，预测了 3 个一级找矿远景区（金锑远景区、金远景区、钨锡远景区）和 2 个二级找矿远景区（金锑钨远景区、锑远景区），可作为下一步找矿工作参考。

⑦ 区域环形重力低值异常周围及异常错断部位、过渡部位都是碳硅泥岩型铀矿成矿的有利空间。由此可见，根据重力资料可以解译出与铀成矿关系密切的不同规模的断裂构造侵入岩体等地质要素，尤其是在研究隐伏断裂和圈定岩体方面具有显著作用，因此在碳硅泥岩型铀矿预测评价中应充分利用重力资料解释的成果。

（6）研究区应用高精度磁测取得了初步认识。碳硅泥岩体具有微弱的磁性，总体引起的是 $-10 \sim 10$ nT 左右的磁场。经实地测量，该区围岩岩体分布有大量的含硅质、碳质的泥岩，造成了该区的磁场相对偏高，而靠近围岩的破碎带附近的断裂构造作用造成岩石破碎、地下水作用以及与铀矿化有关的去磁作用，使磁场降低。这就为用高精度磁测在本区圈定断裂构造、探测铀矿体提供了可靠的物性依据。

本研究在高精度磁测方面取得了如下认识。

①在岩性突变位置，一般出现强正负异常，峰值与谷值相差较大，这包括地层分界面及大型断层。

②层间破碎带上方一般出现磁负异常，正异常不明显，异常规模随破碎带规模愈大而愈强，如果破碎带产状较陡，则只出现负异常，与破碎带两侧岩

性相同，磁性差异不大有关。

③如果磁异常上方出现较强的伽马异常，指示有含矿破碎带的存在。

（7）综合应用物化探方法探测铀矿体的认识。根据研究区层间褶皱两翼伴生的脆性剪切破裂含矿构造的主要地球物理场特征；利用地面高精度磁测、重力测量、电法测量、地面伽马测量、化探测量、^{210}Po 等物化探测量方法对构造及铀矿化特征进行快速定位，追索隐伏的构造及铀矿化，这几种方法具有操作简便、迅速、受地形因素较小等特征，便于扫面和找寻重点含矿有利地段，查明层间褶皱及伴生的含铀脆性剪切破裂构造的展布情况和地层情况。

8.1.2 地质、物化探模型及其综合找矿模型的认识

（1）建立了区域找矿模型。针对研究区沉积－成岩亚型、热液亚型和外生渗入亚型矿床分别建立了侧重点不同的地质地球物理找矿模型。建立找矿模型的目的主要是通过对区域地质、航空能谱、地面物化探测量资料综合分析并结合地面调查和放射性测量结果圈出成矿远景地区。

（2）建立了矿床成矿模式、找矿模型。针对研究区沉积－成岩亚型、热液亚型和外生渗入亚型矿床分别建立了不同的成矿模式。针对不同的成矿模式建立了沉积－成岩亚型、热液亚型和外生渗入亚型矿床的找矿模型。

（3）建立了矿床、区域地质地球物理综合找矿模型。

①矿床综合找矿模型的建立。以金银寨矿床为例，利用地质、物探、放射性、化探相结合的方法建立了矿床综合找矿模型，并对隐伏铀矿床进行了预测。应用矿床综合找矿模型在探索已知和未知的矿床上取得了一定的效果，能够探明这些矿床矿体的大概位置和范围。

②区域地质地球物理找矿模型的建立。通过对研究区区域成矿地质模型、地球物理模型的研究，建立了基于 GIS 技术平台的铀矿产资源评价系统为核心的资源评价方法。按照野外和室内工作相结合、理论和实际工作相结合的原则，在综合分析与解译研究区已有的地质、物探、化探等各种信息的基础上，提取研究区地质、物探、化探变量，构置预测变量，对本区各种信息综合分析，从而定量圈定铀找矿预测远景区，实现研究区铀矿产资源定位评价，为研究区铀矿勘查提供了科学依据。

③研究区首次采用了综合信息地质单元法中的特征分析法和证据权法进行矿产资源预测。在预测中，成矿概率采用的是线性插值的计算方法。分组数的设置主要依据每组关联度平均值的模型、单元的个数和见矿概率的大小等方面设定，本次定位预测设置 55 组。

应用以上综合模型，在研究区进行了找矿远景区预测，取得了较好效果。共找到 55 片远景区，其中 A 类远景区 1 处，B 类远景区 8 处，C 类远景区 46 处。

8.2　建议

8.2.1　加强基础地质研究

过去碳硅泥岩型铀矿地质工作中心是找矿，基础研究工作比较薄弱，对许多基础地质与成矿问题研究不够，加上碳硅泥岩型铀矿的勘查与研究工作长时间中断，使其处于相对滞后的状态。近年来，地质工作有了很大的发展，在基础地质与成矿理论研究方面都有突破性的进展，应当运用新的地质资料与理论针对碳硅泥岩成矿的关键问题开展研究，为勘查与开发利用铀矿资源提供技术支撑。

（1）开展对赋矿碳硅泥岩系的系统研究。在中国赋矿的碳硅泥岩层很多，但并不都是富铀层，哪些应归为富铀层难以统一划分。这给资料的分析研究造成极大的不确定性。另外，碳硅泥岩层内的含铀性很不均匀，建议进一步编制《1 : 4 000 000 全国富铀碳硅泥岩建造分布图》，查明富铀碳硅泥岩层，特别是其中矿化层的分布规律，了解有用伴生元素情况，并对其潜在应用可能性做出分析评价，为铀矿勘查与非常规铀资源评价提供依据。

（2）深化对碳硅泥岩型铀成矿环境与机理的研究。基于碳硅泥岩型铀矿化的复杂性，有许多地质问题并未得到解决或未引起重视，这直接影响了铀矿勘查部署，需要深入研究。

（3）加强铀成矿理论研究。一种新观点、新理论的建立必须有充分的地质依据，只有查明与铀矿化有直接成因联系的控制因素，利用科学的理论进行综合分析，才能得出符合实际的观点或看法，切忌把那些无关的、虚拟的地质现象作为建立理论的基础。

（4）加强对同位素测年、包裹体分析等方法研究。分析数据是研究的基础，其精度直接影响到得出结论的正确性，针对碳硅泥岩型铀成矿的特点，建立同位素测年标准方法，其中包括样品采集、样品加工、分析方法、数据处理，以提供相对可靠的成矿年龄数据。同样，矿物包裹体成分分析、测温等方法无论在理论基础上还是在测试方法上仍需要进行完善与提高。

（5）加强学术交流。应召开相关的学术会议，交流研究成果与资料，对重要地学问题进行讨论，以普及相关知识，提高对碳硅泥岩型铀矿成矿规律与成矿作用的认识水平，为铀矿勘查提供技术支撑。

8.2.2　加强地球物理方面的研究

（1）加强对磁法勘探的研究。要进一步针对我国斜磁化特点，深入开展磁异常理论与方法研究，将数理计算、模糊数学理论等用于异常解释。深入研究磁性参数，扩大化磁性参数的应用范围。

（2）要加强电法、电磁法在本区铀矿找矿方面的研究。电法找铀矿一直是本区找矿工作的难点与弱点，尽管有过探索性的工作，但由于各种干扰没有获得理想的数据。在这一方面研究有待加强。

8.2.3　加强遥感影像的应用研究

在研究工作中应多应用遥感影像资料，以对本区有较全面的了解。

8.2.4　加强综合找矿信息研究

在工作中要进一步收集研究区地、物、水、化、遥资料，尽可能增加更多信息，进一步完善找矿模型，为研究区早日发现新矿、大矿做出贡献。

8.2.5　加强矿石的采冶工艺研究

矿石采冶工艺研究虽然不属于地质研究范畴，但碳硅泥岩型铀矿地质要得到大的发展，前提是其矿石能广泛开发利用。为了碳硅泥岩型铀矿地质得到大的发展，矿石的采冶工艺技术研究必须提前开展。

总之，碳硅泥岩型铀矿地质是一门新兴的地学分支，已建立了较系统的理论模型。为了迎接我国新一轮对碳硅泥岩型铀矿勘查的热潮，我们应加强更多的相关研究，提供必要的基础资料与技术储备，为我国寻找更多铀矿资源做出贡献。

参考文献

[1] 李顺初, 牛林. 白沙构造氧化带型铀矿床 [C]// 核工业北京地质研究院. 碳硅泥岩型铀矿床论文集. 北京: 原子能出版社, 1982: 129 –138.

[2] 张宝成. 雪峰山西北缘震旦系上统—寒武系下统沉积相及早期铀矿化特点 [J]. 铀矿地质, 1983. 2(6): 10–12.

[3] 徐家伦. 淋积型铀矿床的成矿特点 [J]. 铀矿地质, 1986, 2(1): 20–22.

[4] 黄广荣, 庞玉蕙. 碳硅泥岩型铀矿床地下水中铀的存在形式及其沉淀的物理化学条件 [J]. 矿床地质, 1992, 11(1): 76–83.

[5] 毛裕年, 闵永明. 西秦岭硅灰泥岩型铀矿 [M]. 北京: 地质出版社, 1989.

[6] 张待时. 中国晚震旦—古生代海相含铀碳硅泥岩沉积建造及主要含铀层 [J]. 铀矿地质, 1992, 8(1): 1–7.

[7] 伍三民. 铀与有机质的联系 [J]. 铀矿冶, 1993, 12(2): 1–7.

[8] 闵茂中. 华南古岩溶角砾岩中铀矿床研究 [M]. 北京: 原子能出版社, 1998.

[9] 姚振凯, 郑大瑜, 刘翔. 多因复成铀矿床及其成矿演化[M]. 北京: 地质出版社, 1988.

[10] 张庆玉. 雪峰山西侧海相碳酸盐岩沉积间断古岩溶发育规律研究 [J]. 石油实验地质, 2011, 33(3): 285–289.

[11] 漆富成, 张宇龙, 何中波, 等. 扬子陆块东南缘黑色岩系铀多金属成矿体系和成矿机制 [J]. 铀矿地质, 2011, 27(3): 129–134.

[12] 张宇龙, 漆富成, 李治兴, 等. 雪峰山 – 苗儿山地区碳硅泥岩型铀矿成矿规律 [J]. 铀矿地质, 2013, 29(4): 208–214.

[13] BREGER I A, WASHINGETON D C. The role of organic matter in the accumulation of uranium, formation of uranium ore deposits[J]. International Atomic Energy Agency Vienna, 1974, 44(6): 99–124.

[14] CHEN K M, WANG Z R, ZHONG N N, et al. The ory and practice of oil/gas generation in carbonate rocks(in Chinese)[M]. Beijing Petrocum Industy Press, 1996.

[15] UDAISAGAR, UDAIPUR DISTRICT, RAJASTHAN. Formation of uranium ore

deposits[J]. International atomic energy agency Vienna, 1973, 45(07): 89–98.

[16] BREGER I A, WASHINGETON D C. The role of organic matter in the accumulation of uranium, formation of uranium ore deposits[J]. International Atomic Energy Agency Vienna , 1974, 28(4): 156 –164.

[17] HUNT J M. Petroleum geochemistry and geology[J]. NEW York Freman, 1979, 22(7): 273.

[18] UDAISAGAR, UDAIPUR DISTRICT. Rajasthan, formation of uranium ore deposits[J]. International Atomic Energy Agency Vienna, 1973, 56(7): 89–98.

[19] DEMAISON G J, MOOR G T. Anoxic environmens and oil source bed genesis[C]. AAPG. 1980: 1179–1209.

[20] XIA X Y, DAI J X. A critical review on the evaluation of hydrocarbon potential of marine carbonaterocksinChina[J]. Acta Petrolei Sinica, 2000, 23(4): 36–41.

[21] ZHANG S C, LIANG D G, ZHANG D J. Evaluation criteria for Paleozoic effective hydrocarbon sourcerocks[J]. Petroleum Exploration and Development, 2002, 34(2): 8–12.

[22] HUNT J M. Petroleum geochemistry and geology[M]. New York: Freman, 1979.

[23] ROBERT G, LOUCKS J, FREDERICK S. 碳酸盐岩层序地层学—近期进展及应用 [M]. 马永生 , 刘波 , 邵龙义 , 等 , 译 . 北京 : 海洋出版社 , 2005: 50–52.

[24] LIANG D G, ZHANG S C, ZHANG B M. Understanding on marine oil generation in China based on Tarim Basin[J]. Earth Science Frontiers, 2000, 22(4): 534–547.

[25] ROY CHESTER. Marine Geochemistry[M]. London: Blackwell Publishing, 2003.

[26] LI R X. Application of thermal evolution of organic matters to study very low grademetamor phism[J]. Geological Scienceand Technology Information, 1996, 23(3): 64–66.

[27] 邓平 . 乌兹别克斯坦中卡兹库成矿省铀成矿规律 [J]. 华南铀矿地质 , 2001, 10(2): 25–32.

[28] 高尔特施金 . 外生后成铀矿床的一种分带类型 [J]. 放射性地质 , 1983, 1(1): 37–45.

[29] P.B.ГОПва, Н.Г.ЪеПЯеВСКаЯ, ПАЪеРеЗИНа. 层控铀矿床的形成机理 [J]. 国外铀金地质 , 1984, 1(3): 8–12.

[30] LANDAIS P, CONNAN J. 法国两个二叠系盆地中铀与有机质的关系 [J]. 国外铀金地质 , 1985, 2(1): 24–31.

[31] LEVENTAL J S, SANTOS E S. 怀俄明州卷状铀矿床中有机碳和硫化物硫的重

要性 [J]. 国外铀金地质 , 1986, 3(2): 34–37.

[32] GINGRICHV J E. 氡是一种地球化学勘探工具 [J]. 国外铀金地质 , 1987, 4(1): 36–41.

[33] SADEGHI A, STEELE F V. 在美国阿肯色州地化探中应用水系沉积物元素的富集作用指数寻找碳硅泥岩型铀 [J]. 国外铀金地质 , 1990, 7(2): 69–73.

[34] 李田港 . 波希米亚地块铀矿床 [J]. 国外铀金地质 , 1995, 12(4): 289–297.

[35] 邢绍和 , 周平 . 东西伯利亚铀矿区形成的主要规律和产出条件 [J]. 国外铀金地质 , 1997, 14(3): 24–30.

[36] 宁静 . 乌克兰地盾钠交代岩中铀矿床矿石的矿物类型 [J]. 国外铀金地质 , 2000, 17(2): 139–147.

[37] 列娜 . 预测铀矿靶区时航空地球物理资料及放射性地球化学参数处理的计算机操作 [J]. 国外铀金地质 , 2002, 19(1): 43–47.

[38] 丛卫克 . 澳大利亚蜜月铀矿区 [J]. 世界核地质科学 , 2005, 22(1): 44–49.

[39] 林子瑜 , 刘晓东 , 杨亚新 . 捷克斯特拉铀矿地质与原地浸出采矿 [J]. 世界核地质科学 , 2007, 24(4): 206–211.

[40] 姚振凯 , 向伟东 , 张子敏 , 等 . 乌兹别克斯坦江图阿尔大型复成因铀矿床 [J]. 世界核地质科学 , 2009, 26(3): 146–152.

[41] 许强 , 秦明宽 , 范洪海 , 等 . 尼日尔阿里克铀矿床控矿因素初探 [J]. 世界核地质科学 , 2012, 29(3): 149–155.

[42] 喻翔 , 张濡亮 , 腾善丛 , 等 . AMT 方法在纳米比亚欢乐谷地区的应用研究 [J]. 世界核地质科学 , 2013, 30(3): 153–158.

[43] 王木清 . 欧洲铀矿化与大地构造活动及演化的关系 [J]. 世界核地质科学 , 2014, 31(3): 499–502.

[44] 贺婷 , 林子喻 . 澳大利亚派因·克里克铀矿区成矿能分析 [J]. 铀矿地质 , 2015, 31(1): 12–18.

[45] 饶家荣 , 王纪恒 , 曹一中 . 湖南深部构造 [J]. 湖南地质 , 1993, 12(S1): 78–82.

[46] 吴伟奇 . 湖南省重磁异常特征与地震活动关系 [J]. 地震研究 , 2001, 23(1): 23–25.

[47] 彭学军 , 刘耀荣 , 李泽泓 , 等 . 都庞岭 – 九嶷山地区早元古代地壳存在证据 [J]. 华南地质与矿产 , 2005, 12(4): 30–33.

[48] 赵兵 . 西秦岭铀矿成带中志留系硅、灰岩的成因 [J]. 岩石学报 , 1996, 12(4): 2332–2441.

[49] 毛裕年 , 闵永明 . 西秦岭硅灰泥岩型铀矿 [C]. 北京 : 地质出版社 , 1989. 100–

106.

[50] 陈亮. 若尔盖碳硅泥岩型铀矿床成矿物质来源探讨 [D]. 成都：成都理工大学，2007.

[51] 何明友，金景福. 若尔盖铀矿床含矿热液性质的热力学研究 [J]. 矿物学报，1997, 17(1): 98–102.

[52] 黄昌华，张成江，周兵. 四川省若尔盖地区 510-1 热液型铀矿床形成的物理化学条件研究 [J]. 矿物学报，2012, 32(3): 398–402.

[53] 唐耀. 四川石棉碲矿床成矿流体物理化学特性的热力学研究 [D]. 成都：成都理工大学，2011.

[54] 何明友. 西秦岭铀矿床含矿热液物理化学条件改变对铀沉淀影响 [J]. 矿物岩石，1996, 16(2): 90–95.

[55] SHEPPARD S M F. Character ization and isotopic variations in natural waters[J]. Reviews in Mineraly, 1986, 16(3): 165–185.

[56] 陈亮. 若尔盖碳硅泥岩型铀矿床成矿物质来源探讨 [D]. 成都：成都理工大学，2007.

[57] 张扬，田少亭，吴一帆，等. 桐湾运动形成古风化壳对华南上震旦统储层的控制作用——以南山坪古油藏灯影组储层为例 [J]. 石油地质与工程，2012, 22(6): 29–31.

[58] 张待时. 中国碳硅泥岩型铀矿床成矿规律探讨 [J]. 铀矿地质，1994, 10(4): 207–211.

[59] 邵飞，李嘉，何晓梅，等. 华南铀成矿省火山岩花岗岩型铀成矿作用 [J]. 世界核地质科学，2010, 27(1): 1–5.

[60] 张金带，徐高中，陈安平，等. 我国可地浸砂岩型铀矿成矿模式初步探讨 [J]. 铀矿地质，2005, 21(3): 140–142.

[61] Van WAGONER J C, POSMENNER H W, MITCHUM R M.An overview of the foundation ental of eqence stractigraphy and key defintions in sea level change anlotegrated approch[J]. Special Publication, 1988, 43(04): 39–45.

[62] MALL A D. Strangraphic seqence and chronostraligraphic correlacary[J]. Journal of Sedmen Cary Petrology, 1991, 61(5): 497–505.

[63] SANLEY K W, MCCABE P J. Perspectives on the sequence stratigraphy of continental strata[J]. AAPG , 1994, 78(4): 544–568.

[64] POSAMENTIER H W, WEIMER P. Siliciclasttic sequence stratigraphy and petroleum geology where to from here[J]. AAPG, 1993, 77(5): 731–739.

[65] ADRIAHO. Synthesisand biologica evaluation of 5^1–O–dicarboxylic fattyacyl monoester derivatives of anti–HIV nucleoside reverse transcriptase inhibitors[J]. Tetrahedron Letters, 2014.

[66] NICKEL E H, ALLCHURCH P D. Supergence alteration at the perseverence nickel deposit[J]. Economy Geology, 1997, 72(8): 184–203.

[67] ALLIS R G. Geophysical anomalies over epithermal systems[J]. Journal of Geochemical Exploration, 1990, 36(8): 339–374.

[68] DOYLE H A . Geophysical Exploration for gold Areview[J]. Bulletin of Australian Society of Exploration Geophysicsts, 1986, 17(3): 119–123.

[69] IRVINE R J, SMITH M J. Geophysical exploration for epithernal gold desposits[J]. Journal of Geochemial Exploration, 1990, 36(9): 112–117.

[70] 巫建华 , 刘帅 , 余达淦 , 等 . 地幔流体与铀成矿模式 [J]. 铀矿地质 , 2005, 21(4): 196–202.

[71] 方适宜 . 雪峰山区晚震旦世—早寒武世含铀岩系沉积地球化学 [J]. 矿物岩石地球化学通讯 , 1987, 37(3): 02–05.

[72] 王伟 . 局部地区布格重力计算 [J]. 测绘信息与工程 , 2009, 34(6): 48–49.

[73] 宋才见 , 谭湘宁 . 湖南怀化地区重力场特征与构造单元初步划分 [C]. 长沙 : 中国地球物理学会第二十七届年会 , 2011. 77–82.

[74] 许明七 . 关于位场垂直二次导数换算公式的频率响应 [J]. 物探与化探 , 1985, 9(2): 143–144.

[75] 宋才见 , 覃贤禄 , 谭湘宁 , 等 . 湖南城步地区重力异常的初步研究 [J]. 物探与化探 , 2007, 31(5): 10–15.

[76] 朱自强 . 湖南地区中生代以来深部地球动力学演化的有限元数值模拟及成矿作用特征研究 [D]. 长沙 : 中南大学 , 2004.

[77] 许海红 , 方小良 . 重力资料在青东凹陷石油勘探中的应用 [J]. 辽宁化工 , 2010, 39(6): 618–621.

[78] 王甫仁 . 试论湖南省北西向构造及其与成岩成矿的关系 [J]. 湖南地质 , 1987, 6(2): 1–6.

[79] 王玉学 . 岩石、土壤中 ^{210}Po 测定方向的研究 [J]. 铀矿地质 , 2005, 21(4): 248–253.

[80] 蔡善钰 , 何舜尧 . 空间放射性同位素电池发展回顾和新世纪应用前 [J]. 核科学与工程 , 2004, 26(2): 98–103.

[81] SKRABEK. Performance of radioisotope[R]. CONT-900109, 1990.

[82] POSTOVAOV A A. Nuclear themoelectric power units in Russia European Space Agency Rearch Programs[C]. 16th International Conference on Ther-moelectrics, 1997: 559–561.

[83] 徐喆, 吴仁贵, 蔡建芳, 等. α 径迹蚀刻方法在砂岩型铀矿研究中的应用 [J]. 东华理工大学学报, 2010, 33(1): 9–14.

[84] 杨亚新, 刘庆成, 龙期华, 等. 氡气测量在下庄铀矿田扩大矿床范围中的应用 [J]. 物探与化探, 2003, 27(3): 184–186.

[85] 王志成. 土氡测量在海口市活动断层探测中的初步应用 [J]. 华南地震, 2006, 26(4): 61–66.

[86] 刘太平, 史良骥. 断层土壤氡观测方法的综合应用 [J]. 四川地震, 1998, 9(3): 59–64.

[87] 刘菁华, 王祝文, 田钢. 地面伽马能谱测量与磁测联合对浅覆盖区地质填图单元的快速划分 [J]. 地质与勘探, 2004, 40(5): 68–71.

[88] 曾昭发, 吴燕岗, 郝立波, 等. 基于泊松定理的重磁异常分析方法及应用 [J]. 吉林大学学报, 2006, 36 (2): 281–283.

[89] GARAND G D. Combined analysis of gravity and magnetic anomalies[J]. Geophysics, 1951, 16 (1): 51–62.

[90] 高飞, 林锦荣, 庞雅庆, 等. 302 铀矿床围岩蚀变分带性及地球化学特征 [J]. 铀矿地质, 2011, 27 (5): 274–281.

[91] GAO W L. Radioactivity hydrogeochemical prospecting[M]. 北京: 原子能出版社, 1980.

[92] HUANG L, WYLLIE P J. Melting relations of relations of muscovite–granite to 35kbars as a model for fusion of metamorphosed subducted oceanic sediments[J]. Contributions to Mineralogy and Petrology, 1973, 16(1): 215–230.

[93] FRASER W J. Geology and exploration of the Rum Jungle UraniumField[A]. IAE*A. Vienna, 1*988. 23–25.

[94] HARRIS N B W, PEARCE J A, TINDLE A G. Geochemical characteristics of collision–zone magatism[M]. Geological Society Special Publications, 1986.

[95] 黄振宇. 701 铀矿床含矿岩石的沉积期后变化及矿床成因 [J]. 铀矿地质, 1986, 2(1): 15–21.

[96] 杜乐天. 一种特殊的沉积岩亚类——碳硅泥岩系 [J]. 地质与勘探, 1995, 31(5): 136–135.

[97] 方适宜. 中国南方碳硅泥岩型铀矿床成矿地球动力学背景及找矿模式 [J]. 地

质地球化学, 2003, 38(2): 152–155.

[98] 魏观辉. 试论512铀矿床富矿控矿因素、成矿模式及其判别标志[J]. 铀矿地质, 1999, 15(6): 321–329.

[99] 张待时. 中国碳硅泥岩热液迭造型铀矿床成因探讨[J]. 矿床地质, 1994, 23(增刊): 145–150.

[100] 李世汉. 512铀矿床矿化特征及其成因探讨[J]. 四川地质学报, 1990, 10(3): 179–196.

[101] 陈芳, 陈凌瑾, 姚孝德, 等. MRAS技术在安徽庐枞地区铁矿预测中的应用[J]. 国土资源信息化, 2010, 20(4): 18–20.

[102] 薛顺荣. 云南三江地区西北部优势矿产资源潜力评价研究[D]. 北京: 中国地质科学院, 2008.

[103] BOTBOL J M. An appication of characteristic analysis to mineral exploration, proceedings of 9th Iternational Symporsium on Techniques for Decisionmaking in the mineral industry[M]. Canada institute of mining and metalurgy. 1971, 12(01): 92–99.

[104] COLLYER P L, MERRIAM D F. An application of cluster analysis in mineral exploration[J]. Journal of the International Association for Mathematical Geology, 1973, 5(3): 213–223.

[105] 黄照强, 黄树峰, 付勇, 等. 基于GIS的冈底斯东段铜多金属矿多元信息成矿预测与潜力评价[J]. 地质与勘探, 2011, 47(11): 113–1118.

[106] 伍伟. 云南老君山成矿区找矿信息集成及勘查靶区优选[D]. 昆明: 昆明理工大学, 2010.

[107] 李堃, 胡光道, 段其发. 基于MORPAS平台特征分析法的成矿远景区预测——以个旧西区锡多金属矿为例[J]. 地质科技情报, 2009, 28(4): 65–69.

[108] 合塔尔·买买提. 新疆土屋–延东斑岩铜矿带多源信息成矿机制与成矿预测研[D]. 北京: 中国矿业大学, 2011.

[109] 陈永良, 刘少华, 伍伟, 等. GIS(MapInfo)矿产预测地质体单元的自动生成[J]. 地质论评, 2000, 44(S1): 61–70.

[110] 张迪. 矿产资源预测中的地质变量功能性研究[D]. 长春: 吉林大学, 2010.

[111] 杨永强. 多维标度法在矿产预测中的应用[J]. 世界地质, 1998, 17(1): 18–26.

[112] 曾文波. GIS技术在桂西—滇东南大型锰矿预测评价中的应用[D]. 长沙: 中南大学, 2009.

[113] 张玉林. 淮北花沟西井田主采煤层赋存规律及赋存条件综合评价研究[D].

合肥 : 安徽理工大学 , 2009.

[114] WATSON G P, RENCZ, BONHAM-CARTE G F. Geographic information system are being applieto mineral resource assessment in Northern New Brunswick[J]. GEOS , 1989, 18(1): 37-43.

[115] 杨自安 . 西部高寒山区遥感与化探信息综合找矿定位预测研究 [D]. 北京 : 中国地质大学 , 2005.

[116] LESLEY WYBORN. Using GIS for mineral potential evalution in areas with few knowal miner occurences[J]. The second forum on GIS in the geosciences. AGSO, 1995, 56(9): 21-29.

[117] BLENKINSO P T. The fiactal distribution of goldde posits: Two example from the Zirnbabwe Arehean CratonIn; Kruh, J. H. ed, Fraetal sand dynamie system singe oscienc[M]. SPringer.NewYork: Berlin Heidelberg, 1994. 247-258.

[118] 丁清峰 . 东昆仑造山带区域成矿作用与矿产资源评价 [D]. 长春 : 吉林大学 , 2004.

[119] LYLE A, BURGRESS. Recent applications and research into mineral prospective using GIS[A]. proceeding of third national forum on GIS in the geoscience. AGSO, 1991, 121-129.

[120] KNOX R C M, WYBORN L A I. Towards a holistic: exploration strategy: Using geographic information systems as a tool to enhance exploration[J]. Australian Journal of Earth Sciences, 1997, 44(6): 453-463.

[121] 王健 . 辽东地区中酸性岩体铀成矿规律探讨及成矿靶区预测 [D]. 成都 : 成都理工大学 , 2011.

[122] 丁清峰 . 东昆仑造山带区域成矿作用与矿产资源评价 [D]. 长春 : 吉林大学 , 2004.

[123] WILQUS C K, POSAMENTIER, H W. SARG J F, et al; 层序学原理 [M]. 徐怀大 , 魏魁生 , 洪卫东 , 译 . 北京 : 石油工业出版社 , 1993.